Springer-Lehrbuch

Springer
*Berlin
Heidelberg
New York
Hongkong
London
Mailand
Paris
Tokio*

Harald Dyckhoff
Heinz Ahn
Rainer Souren

Übungsbuch
Produktions-
wirtschaft

Vierte, durchgesehene Auflage
mit 85 Abbildungen
und 45 Tabellen

Professor Dr. Harald Dyckhoff
Dr. Heinz Ahn
Dr. Rainer Souren
RWTH Aachen
Lehrstuhl für Unternehmenstheorie,
insb. Umweltökonomie und industrielles Controlling
Templergraben 64
52056 Aachen
lut@lut.rwth-aachen.de

ISBN 3-540-20705-8   4. Auflage
Springer-Verlag Berlin Heidelberg New York

ISBN 3-540-42780-5   3. Auflage   Springer-Verlag Berlin Heidelberg New York

Bibliografische Information Der Deutschen Bibliothek
Die Deutsche Bibliothek verzeichnet diese Publikation in der Deutschen Nationalbibliografie;
detaillierte bibliografische Daten sind im Internet über *http://dnb.ddb.de* abrufbar.

Dieses Werk ist urheberrechtlich geschützt. Die dadurch begründeten Rechte, insbesondere die der Übersetzung, des Nachdrucks, des Vortrags, der Entnahme von Abbildungen und Tabellen, der Funksendung, der Mikroverfilmung oder der Vervielfältigung auf anderen Wegen und der Speicherung in Datenverarbeitungsanlagen, bleiben, auch bei nur auszugsweiser Verwertung, vorbehalten. Eine Vervielfältigung dieses Werkes oder von Teilen dieses Werkes ist auch im Einzelfall nur in den Grenzen der gesetzlichen Bestimmungen des Urheberrechtsgesetzes der Bundesrepublik Deutschland vom 9. September 1965 in der jeweils geltenden Fassung zulässig. Sie ist grundsätzlich vergütungspflichtig. Zuwiderhandlungen unterliegen den Strafbestimmungen des Urheberrechtsgesetzes.

Springer-Verlag ist ein Unternehmen von Springer Science+Business Media
springer.de

© Springer-Verlag Berlin Heidelberg 1998, 2000, 2002, 2004
Printed in Italy

Die Wiedergabe von Gebrauchsnamen, Handelsnamen, Warenbezeichnungen usw. in diesem Werk berechtigt auch ohne besondere Kennzeichnung nicht zu der Annahme, dass solche Namen im Sinne der Warenzeichen- und Markenschutz-Gesetzgebung als frei zu betrachten wären und daher von jedermann benutzt werden dürften.

Umschlaggestaltung: design & production GmbH, Heidelberg
SPIN 10976401   43/3130 – 5 4 3 2 1 0 – Gedruckt auf säurefreiem Papier

Vorwort zur vierten Auflage

Gegenüber der dritten Auflage wurde das Übungsbuch wiederum nur geringfügig modifiziert. Neben der Beseitigung weniger Fehler und Unklarheiten betrifft dies insbesondere die begriffliche Anpassung an die Formulierungen in der vierten Auflage des Lehrbuchs „Grundzüge der Produktionswirtschaft" (/DY 03/).

Unter der Internetadresse www.lut.rwth-aachen.de/lehre/lehrangebot/gpw steht neuerdings für fast alle Lektionen des Lehrbuchs eine PowerPoint-Präsentation zum Download bereit. An gleicher Stelle finden sich auch aktuelle Korrekturhinweise zu Lehr- und Übungsbuch.

Unser besonderer Dank gilt wiederum den Studierenden, die durch das eifrige Studium des Buches Fehler entdeckten und uns auf Verständnisschwierigkeiten hingewiesen haben.

Aachen, im November 2003
Harald Dyckhoff
Heinz Ahn
Rainer Souren

Vorwort zur ersten Auflage

Aufgabe der Produktionswirtschaftslehre ist es, reale Phänomene der betrieblichen Produktion abzubilden und zu erklären sowie Gestaltungshinweise für die Praxis zu geben. Hierzu bedient sie sich zahlreicher, oft stark formalisierter Modelle. Mit dem vorliegenden Übungsbuch wird das Ziel verfolgt, den Umgang mit diesen Modellen einzuüben. Bezüglich seiner Inhalte und formaler Aspekte ist das Übungsbuch durchgängig an das Lehrbuch „Grundzüge der Produktionswirtschaft" /DY 98/ angelehnt. Die Bearbeitung der Übungsaufgaben soll helfen, die erlernten Sachverhalte stärker zu verinnerlichen und noch besser nachvollziehen zu können. Hierzu behandeln die Übungsaufgaben ein breites Spektrum von Problemstellungen, die teilweise, wenn auch meist stark vereinfachend, auf reale Produktionssysteme Bezug nehmen. Analog zum

Lehrbuch liegt ein Schwerpunkt auf der konstruktiven, systemorientierten Modellierung sowie der Beurteilung und Bewertung von Produktionsprozessen. Dadurch sollen theoretische Grundlagen zur Beantwortung zentraler Fragestellungen des Produktionsmanagement geschaffen werden, die im Buch ebenfalls angesprochen werden.

Die Motivation zur Erstellung dieses Übungsbuchs ergab sich in erster Linie aus Evaluationen von Vorlesungen und Erfahrungen aus Übungen, die wir in den letzten Jahren an der RWTH Aachen abgehalten haben. Zahlreiche Anregungen der Studierenden haben wir aufgenommen und dabei versucht, die besonderen Schwierigkeiten, die wir aus den immer wieder auftretenden Fragen ableiten konnten, durch ausführliche Erläuterungen möglichst weitgehend auszuräumen. Da die erste Auflage eines Buchs selten vom 'Fehlerteufel' verschont bleibt, bitten wir die Leser, uns Korrekturen mitzuteilen. Aber auch Anregungen und Verbesserungsvorschläge sowie Kritik aller Art sind willkommen.

Die rechtzeitige Fertigstellung des Übungsbuchs wäre ohne die Hilfe des gesamten Lehrstuhlteams nicht möglich gewesen. Stellvertretend möchten wir insbesondere Herrn *Dipl.-Math. Jan Esser* für die kritische Durchsicht der Aufgaben danken. Die Herren *Marc Cristofolini*, *Lothar Nussmann* und *René Ricken* haben uns bei der redaktionellen Arbeit unterstützt und dabei vor allem unsere Abbildungsskizzen in eine professionelle Druckvorlage übertragen. Unser Dank gilt überdies Herrn *Dr. Werner Müller* vom Springer-Verlag für die kooperative Zusammenarbeit.

Aachen, im August 1998
Harald Dyckhoff
Heinz Ahn
Rainer Souren

Inhaltsverzeichnis

0 Einführung	**1**
Kapitel A: Technologie	**5**
1 Objekte und Aktivitäten	**6**
Ü 1.1 Dynamische Mengenbilanzgleichung	6
Ü 1.2 Darstellungen einer Aktivität zur Fahrradproduktion	9
Ü 1.3 Darstellungen einer Aktivität zur Verpackungsabfallsortierung	11
Ü 1.4 Systematik wichtiger Produktionsbegriffe	13
2 Techniken und Restriktionen	**17**
Ü 2.1 Technikeigenschaften: Größenvariation	17
Ü 2.2 Technikeigenschaften: Additivität und Linearität	19
Ü 2.3 Technikeigenschaften: Konvexität	22
Ü 2.4 Produktionsmöglichkeiten eines Sachgüterherstellers	28
Ü 2.5 Produktionsmöglichkeiten eines abstrakten Beispiels	30
Ü 2.6 Produktionsmöglichkeiten einer Busreiseunternehmung	33
3 Additive Technologie	**41**
Ü 3.1 Elementare Techniken	41
Ü 3.2 Typen von I/O-Graphen und Elementare Techniken	47
Ü 3.3 Einstufige Techniken	49
Ü 3.4 Mehrstufige Techniken	61
Ü 3.5 Zyklische Techniken	64
Ü 3.6 Identifikation von Technikformen	65

Kapitel B: Produktionstheorie   69

4 Ergebnisse der Produktion   70

    Ü 4.1 Erwünschtheit von Objektarten   70

    Ü 4.2 Aufwands- und Ertragskategorien sowie Ergiebigkeitsmaße für einen Produktionsprozess   72

    Ü 4.3 Aufwands- und Ertragskategorien sowie Ergiebigkeitsmaße für einen Reduktionsprozess   76

    Ü 4.4 Grundannahmen an Techniken   78

5 Schwaches Erfolgsprinzip   82

    Ü 5.1 Dominanzanalysen   82

    Ü 5.2 Effiziente Aktivitäten in Techniken und Produktionsräumen einer Busreiseunternehmung   88

    Ü 5.3 Effiziente Ränder von Techniken   91

    Ü 5.4 Variabilität (Produktionsfunktionen und Isoquanten)   96

    Ü 5.5 Isoquanten   102

    Ü 5.6 Kompensationsmaße   104

6 Lineare Produktionstheorie   110

    Ü 6.1 Verfahrenswahl (Produktionsmodell und Effizienz)   110

    Ü 6.2 Sinnvolle und effiziente Aktivitäten   115

    Ü 6.3 Kombination von Aktivitäten zu einer fixierten Produktion   122

    Ü 6.4 Sinnvolle und effiziente Schnittmuster   124

    Ü 6.5 Messung der relativen Effizienz   127

Kapitel C: Erfolgstheorie   131

7 Erfolg der Produktion   132

    Ü 7.1 Kostenkategorien   132

    Ü 7.2 Lineare Erfolgsfunktionen   136

    Ü 7.3 Lern- bzw. Erfahrungskurve (Vergleich zweier Kurven)   138

Ü 7.4	Lern- bzw. Erfahrungskurve (Parameterbestimmung)	141
Ü 7.5	Erfolgsermittlung bei sprungfixem Preisverlauf	142
Ü 7.6	Erfolgsermittlung bei linearer Preis-Absatz-Funktion	146

8 Starkes Erfolgsprinzip 150

Ü 8.1	Erfolgsmaximale Produktion	150
Ü 8.2	Minimalkostenkombination und indirekte Kostenfunktion	155
Ü 8.3	Minimalkostenkombinationen einer Busreiseunternehmung	162
Ü 8.4	Erfolgsmaximierung bei mehreren Engpässen	164
Ü 8.5	Erfolgsmaximierung bei einem einzigen Faktorengpass und indirekte Gewinnfunktion	169
Ü 8.6	Erfolgsmaximierung bei mehreren Engpässen	172

9 Lineare Erfolgstheorie 177

Ü 9.1	Kofferfertigung als outputseitig determinierte Produktion	177
Ü 9.2	Erfolgsmaximale Schnittmuster	180
Ü 9.3	Erfolgsmaximierung eines Produktionsbetriebs	183
Ü 9.4	Expansionspfad (abstraktes Zahlenbeispiel)	186
Ü 9.5	Expansionspfad am Beispiel zweier Menüvarianten	191
Ü 9.6	Optimaler Mischprozess	195
Ü 9.7	Erfolgsmaximierung bei Kuppelproduktion	198

Kapitel D: Elemente der Produktionsplanung und -steuerung (PPS) 201

10 Bedarfsermittlung und Kostenkalkulation 202

Ü 10.1	Montageprozess als outputseitig determinierte Produktion	202
Ü 10.2	Produktkalkulation	207
Ü 10.3	Fremdbeschaffung und Änderung der Herstellkosten	209
Ü 10.4	Bruttobedarfsermittlung bei Lagerbeständen	212
Ü 10.5	Zyklische Produktion	213

11 Anpassung an Beschäftigungsschwankungen — 216

Ü 11.1 Effiziente Produktionsintensitäten — 216

Ü 11.2 Zeitliche und intensitätsmäßige Anpassung für einen einzigen Verbrauchsfaktor — 219

Ü 11.3 Zeitliche und intensitätsmäßige Anpassung für zwei Verbrauchsfaktoren — 224

Ü 11.4 Quantitative Anpassung — 231

12 Losgrößenbestimmung — 236

Ü 12.1 Wirtschaftliche Losgröße beim erweiterten Harris-Modell — 236

Ü 12.2 Wirkung sich verändernder Parameter — 239

Ü 12.3 Zentrale Kennzahlen und die Wirkung von Outsourcing — 240

Ü 12.4 Klassisches Harris-Modell und Lagerraumengpass — 243

Ü 12.5 Kapazitätsabgleich bei Wechselproduktion — 247

13 Dynamische Aspekte der Produktionsplanung und -steuerung (PPS) — 254

Ü 13.1 Mittelfristiger Kapazitätsabgleich — 254

Ü 13.2 Nettobedarfsermittlung — 257

Ü 13.3 Terminierte Bedarfsermittlung auf Basis des Dispositionsstufenverfahrens — 260

Ü 13.4 Erweiterte terminierte Faktorbedarfsermittlung — 264

Literaturverzeichnis — 269

Symbolverzeichnis — 270

0 Einführung

Im Mittelpunkt der Produktionswirtschaft stehen die *Transformationen* von Objekten. Sie sind durch qualitative, räumliche oder zeitliche Veränderungen gekennzeichnet. Gegenstand der Produktionswirtschaftslehre sind zumeist die qualitativen Veränderungen zur Erzeugung von Sachobjekten in Industriebetrieben. Das vorliegende Übungsbuch folgt weitgehend dieser traditionellen Schwerpunktsetzung. Gleichwohl lassen sich die vorgestellten Modelle auch auf logistische Prozesse (Transport, Sortierung etc.) sowie die Dienstleistungsproduktion übertragen, was an einigen Stellen verdeutlicht wird.

Den formalen Rahmen bildet eine *prozess- und systemorientierte* Theorie, die auf Basis der *Aktivitätsanalyse* große Teile der traditionellen Produktions- und Kostentheorie abdeckt. Durch die Verwendung grafischer (bzw. graphentheoretischer) Instrumente besitzt sie eine konstruktive Ausrichtung. Darüber hinaus erweist sie sich als anschlussfähig für eine Lehre des Produktions- und Logistikmanagements.

Den *Aufbau* der in diesem Buch behandelten (transformationsorientierten) Theorie betrieblicher Wertschöpfung gibt Bild 0-1 wieder. Die *reale Produktion* wird – von unten nach oben – in drei Stufen zunehmender Information über die Präferenzen des Produzenten dargestellt und analysiert.

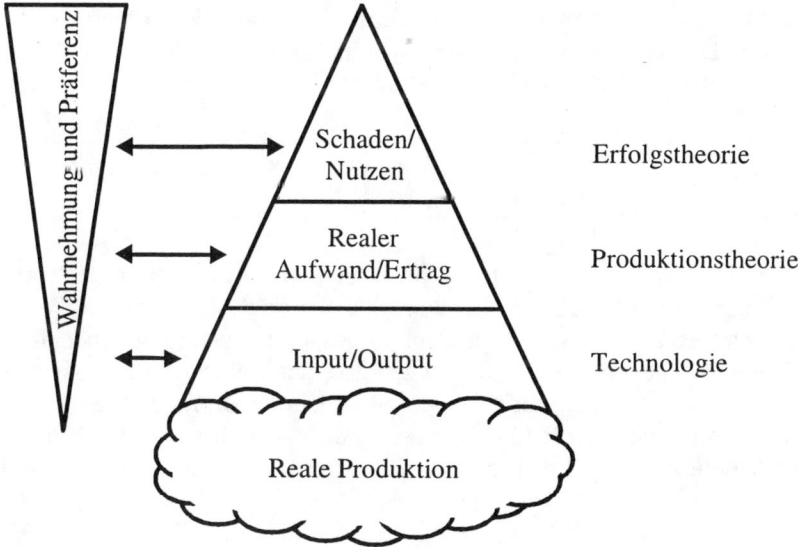

Bild 0-1: *Aufbau der Theorie betrieblicher Wertschöpfung*

Gemäß der Wahrnehmung und der Interessenlage des Produzenten wird der reale Produktionsprozess auf der untersten Ebene, der Objektebene, modellmäßig in seinen *Input/Output*-Beziehungen erfasst. Grundbegriffe dieser Betrachtungsebene sind Objekt, Aktivität, Technik und Restriktion. Die Wahrnehmung und das Interesse des Produzenten äußern sich auf dieser Ebene ausschließlich darin, welche Objekte im Modell beachtet und voneinander unterschieden werden und welche nicht. Außerdem werden diejenigen Objekte bestimmt, die in Verbindung mit bestimmten Sachzielen den Zweck der Produktion bilden. Weiter gehende Präferenzinformationen bleiben unberücksichtigt. Die Theorie der Objektebene bildet insofern noch keine eigentlich ökonomische Theorie und kann als *Technologie*, d.h. als Lehre von der Produktionstechnik, verstanden werden. Gleichwohl bildet sie eine notwendige Grundlage für die beiden ihr übergeordneten, produktionswirtschaftlichen Ebenen.

Die mittlere Ebene betrachtet die Ergebnisse der Produktion auf Basis rudimentärer Präferenzäußerungen. Auf dieser Ergebnisebene werden der *reale Aufwand und Ertrag* in Gestalt mehrdimensionaler Kennziffern, meist physikalischer Mengengrößen, analysiert. Mit ihrer Hilfe können Ergiebigkeitsmaße sowie über den Effizienzbegriff ein schwaches Erfolgsprinzip als verallgemeinerte Fassung des traditionellen Wirtschaftlichkeitsprinzips formuliert werden. Die auf dieser Ebene entwickelte Theorie wird als *Produktionstheorie* (im engeren Sinne) bezeichnet.

Die oberste Ebene behandelt den Erfolg der Produktion im Sinne einer eindimensionalen Kennziffer, welche die erzielte Wertschöpfung durch die Abwägung der *Schäden und Nutzen* als einheitlich bewerteten Vor- und Nachteilen beschreibt und bei ökonomischer Bewertung aus den *Kosten und Leistungen* resultiert. Die Forderung nach maximalem Erfolg charakterisiert das starke Erfolgsprinzip der Erfolgsebene. Demgemäß kann man von einer *Erfolgstheorie* sprechen.

Hinweise zur Lektüre des Buches:

Das Übungsbuch ist in Inhalt und Struktur sowie hinsichtlich der formalen Gestaltung auf das Lehrbuch "Grundzüge der Produktionswirtschaft" /DY 03/ abgestimmt. Es umfasst vier Kapitel mit insgesamt dreizehn Lektionen, in denen die Übungsaufgaben der jeweiligen Lektion des Lehrbuches gelöst werden. (Die Lektionen 0 'Einführung' sowie 14 'Resümee und Ausblick' des Lehrbuches bieten wenig Stoff für Übungen, sodass – analog zum Lehrbuch – auf eine Formulierung und Lösung diesbezüglicher Aufgaben verzichtet wurde.)

Lektion 0: Einführung 3

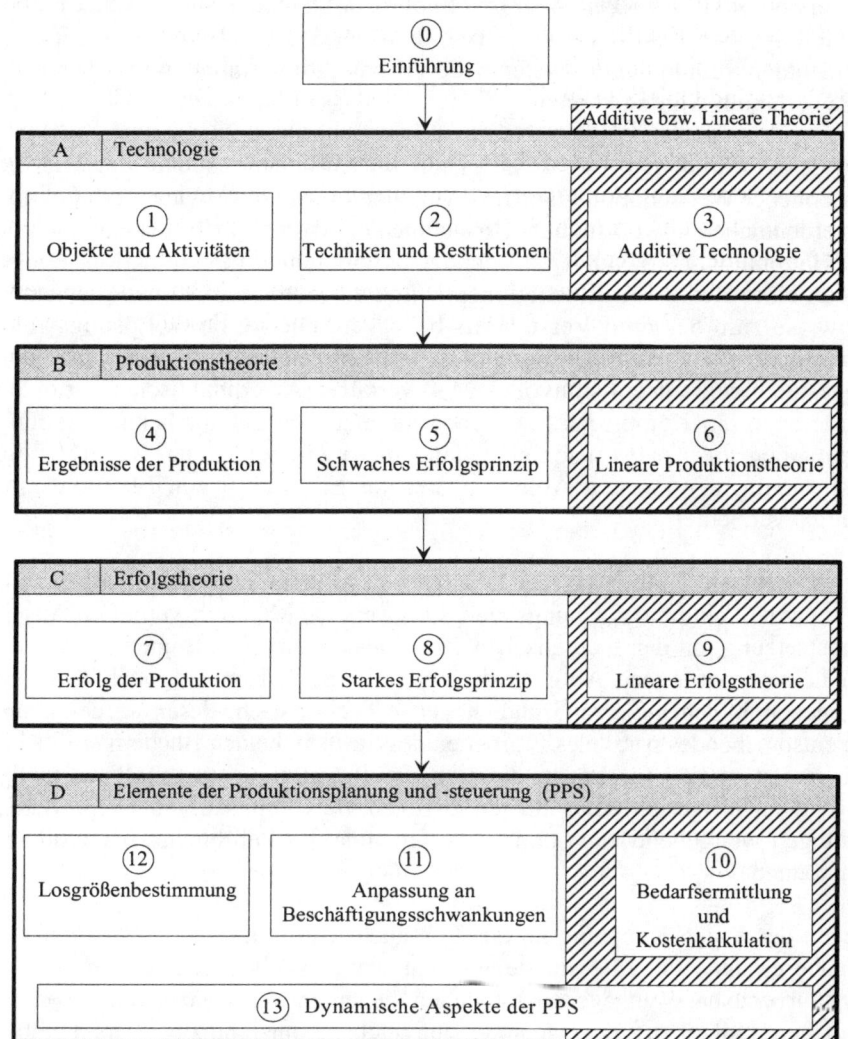

Bild 0-2:   *Aufbau des Übungsbuches*

Bild 0-2 verdeutlicht den Aufbau des Übungsbuches. Die *Kapitel A, B und C* behandeln die allgemeine Theorie betrieblicher Wertschöpfung. Sie sind den grundlegenden Darstellungen der drei o.g. Betrachtungsebenen gemäß Bild 0.1 gewidmet und bestehen aus je drei Lektionen: Während die erste Lektion in die betreffende Ebene einführt, stellt die mittlere zentrale Konzepte und Aussagen vor, welche dann in der letzten Lektion für die additive bzw. lineare Theorie spezifiziert werden. Das nachfolgende *Kapitel D* konkretisiert die vorangehende allgemeine, im Wesentlichen statisch-deterministische Theorie und erweitert sie zum Teil auch im Hinblick auf dynamische Aspekte. Es behandelt in vier Lektionen ausgewählte Modelle, an Hand derer zentrale Elemente herkömmlicher Systeme der Produktionsplanung und -steuerung (PPS) erläutert werden können.

Ziel des vorliegenden Buches ist es, die wesentlichen Aspekte der Theorie betrieblicher Wertschöpfung an Hand von vier bis sieben Aufgaben pro Lektion zu verdeutlichen und einzuüben. Hinsichtlich der dargestellten Lösungen wurde das Hauptaugenmerk auf eine leicht nachvollziehbare Präsentation gelegt. Neben einer Reihe von Illustrationen sollen vor allem zahlreiche ergänzende Hinweise zum besseren Verständnis beitragen. Die formalen Lösungswege wurden bewusst ausführlich gestaltet und erst bei gleichartig wiederkehrenden Fragestellungen auf ein sinnvolles Maß verkürzt. Aus didaktischen Gründen wurde auch ein Kompromiss zwischen allgemein verständlicher Darstellung und mathematischer Präzision eingegangen. So wird z.B. in der Regel auf die Bestimmung der zweiten Ableitung bei der Ermittlung von Maxima oder Minima verzichtet.

Die theoretische Fundierung der Lösungen beschränkt sich zudem auf das für die separate Lektüre des Übungsbuches notwendige Maß. Zur vertieften Auseinandersetzung mit den theoretischen Grundlagen werden zu Beginn der einzelnen Lektionen für jede Aufgabe die zentralen Stellen im Lehrbuch /DY 03/ angegeben, in denen die zu Grunde liegende Theorie nachgelesen werden kann. Ein entsprechendes paralleles Erarbeiten des Stoffs in beiden Büchern empfiehlt sich in jedem Fall für Leser, die sich der Produktionswirtschaft erstmalig zuwenden. Fortgeschrittene dürften dagegen die Übungsaufgaben und deren Lösungen weitgehend auch ohne Zuhilfenahme des Lehrbuches nachvollziehen können.

Wegen der engen Kopplung an das Lehrbuch wurde im Übungsbuch auf die Angabe ergänzender Literaturstellen weitgehend verzichtet. Die wenigen im Literaturverzeichnis angegebenen Quellen dienen entweder dazu, den Ursprung von Übungsaufgaben zu belegen oder auf Bücher explizit hinzuweisen, die über das Lehrbuch hinaus zum Verständnis der angesprochenen Fragestellungen unmittelbar beitragen. In der Regel reichen jedoch die aufgeführten Stellen im Lehrbuch sowie die dort angegebene weiterführende Literatur aus, um die jeweilige Thematik hinreichend zu erschließen.

Kapitel A

Technologie

Dieses Kapitel enthält drei Lektionen, in denen das Verständnis technologischer Grundlagen für die späteren produktionswirtschaftlichen Betrachtungen der darauf aufbauenden Produktions- und Erfolgstheorie vermittelt werden soll. Im Zentrum der Lektion 1 steht zum einen die für alle Objekte gültige *dynamische Mengenbilanzgleichung*. Zum anderen enthält sie die Beschreibung einer *einzelnen Produktionsaktivität* als singulärer Prozess des Input und Output von Objekten. Der Abbildung aller möglichen Aktivitäten durch *Techniken* und *Restriktionen* widmet sich Lektion 2. In Lektion 3, die den wichtigen Spezialfall *additiver Techniken* behandelt, soll die Darstellung und Modellierung verschiedener *Techniktypen* geübt werden.

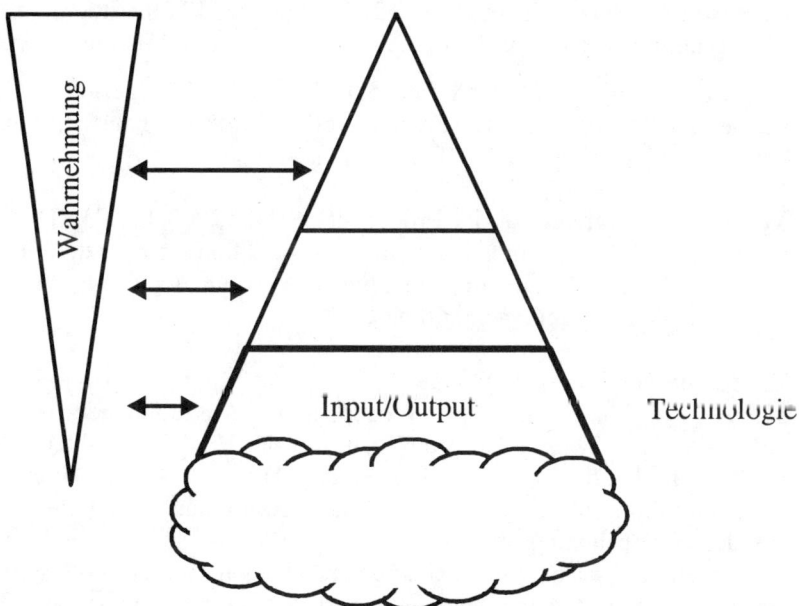

1 Objekte und Aktivitäten

Ü 1.1	Dynamische Mengenbilanzgleichung	/DY 03/, L. 1.2
Ü 1.2	Darstellungen einer Aktivität zur Fahrradproduktion	/DY 03/, L. 1.3
Ü 1.3	Darstellungen einer Aktivität zur Verpackungsabfallsortierung	/DY 03/, L. 1.3
Ü 1.4	Systematik wichtiger Produktionsbegriffe	/DY 03/, L. 1.4

Ü 1.1 Dynamische Mengenbilanzgleichung

Ein Fahrradhersteller verschafft sich an Hand interner Aufzeichnungen einen Überblick über die Produktionstätigkeit des Jahres 2003.

a) Aus seiner Buchhaltung entnimmt er folgendes Zahlenmaterial:

- Bestand an Fahrrädern zum 31.12.2002:   22.317 Stück
- Bestand an Fahrrädern zum 31.12.2003:   17.209 Stück
- verkaufte Fahrräder im Jahr 2003:   127.212 Stück.

Wie viele Fahrräder hat der Produzent im Jahr 2003 hergestellt? (Gehen Sie bei der Beantwortung der Frage davon aus, dass der Fahrradproduzent keinen Handel mit Fahrrädern betreibt.)

b) Von einem Zulieferer hat der Produzent im Jahr 2003 115.736 Dynamos gekauft. 122.704 Dynamos hat er in die Produktion eingesetzt. Wie hoch war die Bestandsveränderung an Dynamos, wenn der Produzent 2.417 Dynamos als Ersatzteile verkauft hat?

c) Zu Beginn des Jahres 2003 waren 17 reguläre Mitarbeiter (mit einer Arbeitszeit von 38,5 Stunden pro Woche) und 7 Auszubildende (mit einer Arbeitszeit von 27 Stunden pro Woche) in der Produktionsabteilung beschäftigt. Im Laufe des Jahres schlossen drei Auszubildende erfolgreich ihre Gesellenprüfung ab. Zwei davon wurden übernommen, der Dritte schied aus der Unternehmung aus, da er ein Maschinenbaustudium begann. Von den unbefristet beschäftigten Mitarbeitern schieden zwei aus Altersgründen aus, ein weiterer regulärer Mitarbeiter verließ die Unternehmung auf Grund eines lukrativen Angebots. Im Laufe des Jahres wurden darüber hinaus drei reguläre Mitarbeiter und vier Auszubildende neu eingestellt. Wie viele reguläre Mitarbeiter und wie viele Auszubildende sind am 31.12.2003 angestellt? Wie hat sich die maximale Arbeitskapazität (gemessen in Stunden pro Woche) im Laufe des Jahres verändert?

Lektion 1: Objekte und Aktivitäten

Lösung:

Für jede dauerhafte, materielle Objektart, die an der Produktion beteiligt ist, gilt stets die *fundamentale dynamische Mengenbilanzgleichung* (da Transportvorgänge keine Rolle spielen, wird im Gegensatz zur Notation bei /DY 03/, Lektion 1.2, auf die explizite Angabe des Index o für die Ortsangabe verzichtet!):

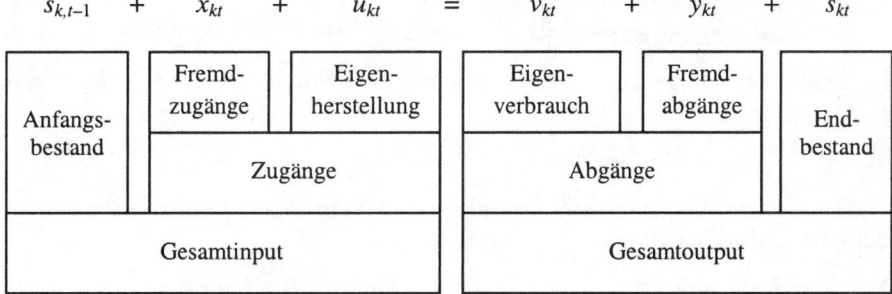

a) Mit $k = 1$ als Index für die Objektart Fahrräder gilt:

$s_{1,2002} = 22.317$ (Beachte: Endbestand 2002 = Anfangsbestand 2003)
$s_{1,2003} = 17.209$
$y_{1,2003} = 127.212$

Da der Produzent keinen Handel mit Fahrrädern betreibt, also keine Fahrräder verkauft, die er nicht selber herstellt, und zudem davon ausgegangen werden kann, dass keine Fahrräder (eigen-)verbraucht, d.h. in den Produktionsprozess eingesetzt werden, gilt weiterhin:

$x_{1,2003} = v_{1,2003} = 0$

Die dynamische Mengenbilanzgleichung für die Fahrräder lautet somit:

$22.317 + 0 + u_{1,2003} = 0 + 127.212 + 17.209$
$\Leftrightarrow \quad u_{1,2003} = 127.212 + 17.209 - 22.317 = 122.104$

Der Fahrradhersteller hat also 122.104 Fahrräder im Jahr 2003 hergestellt.

b) Mit $k = 2$ als Index für die Objektart Dynamos gilt:

$x_{2,2003} = 115.736$
$v_{2,2003} = 122.704$
$y_{2,2003} = 2.417$ (Handel mit Dynamos als Ersatzteilen)

Da eine Eigenerstellung von Dynamos auszuschließen ist, gilt weiterhin:

$u_{2,2003} = 0$

Die dynamische Mengenbilanzgleichung für die Objektart Dynamos lautet:

$$s_{2,2002} + 115.736 + 0 = 122.704 + 2.417 + s_{2,2003}$$

Die Gleichung enthält zwei Unbekannte, sodass es nicht möglich ist, einen eindeutigen Wert für den Anfangs- und/oder den Endbestand zu berechnen. (Es gibt unendlich viele Wertepaare von Anfangs- und Endbestand, die diese Gleichung erfüllen.) Man kann daher nur die Bestandsveränderung ermitteln:

$$\Delta s_{2,2003} = s_{2,2003} - s_{2,2002} = 115.736 - 122.704 - 2.417 = -9.385$$

Im Laufe des Jahres 2003 ist der Bestand an Dynamos um 9.385 Stück zurückgegangen.

c) Die dynamische Mengenbilanzgleichung kann auch für Fragestellungen der Personalbedarfsplanung genutzt werden.

Mit $k = 3$ als Index für die Objektart 'reguläre Mitarbeiter' und $k = 4$ als Index für die Objektart 'Auszubildende' gilt für den Anfangsbestand:

$$s_{3,2002} = 17$$
$$s_{4,2002} = 7$$

Da man Mitarbeiter physisch weder in der Produktion (eigen-)herstellen noch (eigen-)verbrauchen kann, gilt zudem:

$$u_{3,2003} = u_{4,2003} = v_{3,2003} = v_{4,2003} = 0$$

Die Fremdabgänge und -zugänge resultieren aus den in der Aufgabenstellung angegebenen personalwirtschaftlichen Vorfällen wie folgt:

$y_{3,2003} = 2 + 1 = 3$ (Ausscheiden aus Altersgründen bzw. auf Grund eines lukrativen Angebots)
$y_{4,2003} = 3$ (Ende der Lehrzeit)
$x_{3,2003} = 3 + 2 = 5$ (Neueinstellungen und Übernahme der Azubis)
$x_{4,2003} = 4$ (Neueinstellungen)

Setzt man diese Werte in die dynamischen Mengenbilanzgleichungen für die regulären Mitarbeiter und die Auszubildenden ein, so ergibt sich:

$$17 + 5 + 0 = 0 + 3 + s_{3,2003} \iff s_{3,2003} = 19$$
$$7 + 4 + 0 = 0 + 3 + s_{4,2003} \iff s_{4,2003} = 8$$

Am 31.12.2003 sind 19 reguläre Mitarbeiter und 8 Auszubildende angestellt.

Die maximale Arbeitskapazität ergibt sich durch Multiplikation der Anzahl Mitarbeiter mit der wöchentlichen Arbeitszeit. (Hinweis: Es werden hier keinerlei qualitative Unterschiede zwischen der Arbeitsleistung der regulären Mitarbeiter und der Auszubildenden gemacht, sodass die beiden Objektarten für diese Fragestellung zusammengefasst werden können.)

Die maximale Arbeitskapazität zum 1.1.2003 beträgt:

17·38,5 + 7·27 = 843,5 (Stunden pro Woche)

Die maximale Arbeitskapazität zum 31.12.2003 beträgt:

19·38,5 + 8·27 = 947,5 (Stunden pro Woche)

Die maximale Arbeitskapazität ist somit um 104 Stunden pro Woche (= 947,5 − 843,5) gestiegen.

Ü 1.2 Darstellungen einer Aktivität zur Fahrradproduktion

Der Fahrradhersteller aus Ü 1.1 hat in der letzten Woche 2.000 Fahrräder montiert. Als Input der Produktion standen ihm 2.050 Dynamos, 2.200 Rahmen, 5.000 Pedale, 3.500 Lenker und 4.500 Speichenräder zur Verfügung. Bei der Montage sind 50 Lenker und 150 Speichenräder zerbrochen, die gemeinsam als Altmetall entsorgt werden müssen (beide wiegen jeweils 1 kg). Der Produzent möchte bei der Darstellung der wöchentlichen Produktion auf die explizite Auflistung der Bestände verzichten und modelliert daher die übrig bleibenden Materialien als Output. Zwischenprodukte und Handelswaren sind nicht vorhanden.

a) Stellen Sie die der Produktion zu Grunde liegende Aktivität in der x,y- und der z-Version dar! Diskutieren Sie an Hand der Ergebnisse die Vorteilhaftigkeit beider Versionen!

b) Zeichnen Sie den zur z-Version kompatiblen I/O-Graphen der Aktivität!

c) Beinhaltet die Aktivität alle zur Fahrradproduktion relevanten Objektarten? Welche weiteren Objektarten fallen Ihnen ein?

Lösung:

Da laut Aufgabenstellung weder Zwischenprodukte noch Handelswaren vorhanden sind und die Bestände nicht explizit aufgelistet werden, können hier, wie in weiten Teilen des Buches, Input und Output einer Objektart k gesamthaft mit den Variablen x_k bzw. y_k sowie z_k angegeben werden.

a) Aus der Aufgabenstellung ergeben sich 7 beachtete Objektarten (Hinweis: Die abweichende Nummerierung gegenüber Ü 1.1 wurde hier gewählt, um Input- und Outputobjekte besser voneinander abgrenzen zu können):

$k = 1$:   Dynamos [Stück]
$k = 2$:   Rahmen [Stück]
$k = 3$:   Pedale [Stück]
$k = 4$:   Lenker [Stück]
$k = 5$:   Speichenräder [Stück]
$k = 6$:   Fahrräder [Stück]
$k = 7$:   Altmetall [kg]

Die (Brutto-)Input- und Output-Vektoren lauten in Zeilenschreibweise:

x = (2.050, 2.200, 5.000, 3.500, 4.500, 0, 0)
y = (50, 200, 1.000, 1.450, 350, 2.000, 200)

bzw. zusammengefasst zu einem (Brutto-)Input/Output-Vektor:

(**x**; **y**) = (2.050, 2.200, 5.000, 3.500, 4.500, 0, 0;
50, 200, 1.000, 1.450, 350, 2.000, 200)

Die Outputquantitäten für die Objektarten Dynamos, Rahmen, Pedale, Lenker und Speichenräder ($k = 1, ..., 5$) erhält man, wenn man die für die Produktion notwendigen Quantitäten von den Inputquantitäten abzieht. Dabei ist zu berücksichtigen, dass von Dynamos, Rahmen und Lenkern jeweils 1 Stück, von Pedalen und Speichenrädern jeweils 2 Stück zur Herstellung eines Fahrrads benötigt werden. Außerdem müssen die zerbrochenen Lenker und Speichenräder zusätzlich von den Inputquantitäten subtrahiert werden. Die Outputquantität an Altmetall ergibt sich durch Summation der zerbrochenen Lenker und Speichenräder, die laut Aufgabenstellung jeweils 1 kg/Stück wiegen.

Der (Netto-)Input/Output-Vektor **z** = **y** − **x** ergibt sich zu:

z = (−2.000, −2.000, −4.000, −2.050, −4.150, 2.000, 200)

Die Vor- und Nachteile der beiden Versionen lassen sich folgendermaßen beschreiben:

Übersichtlichkeit: Die **z**-Version ist auf Grund ihres geringeren Umfangs übersichtlicher. So entfallen vor allem alle 'logischen Nullen', d.h. Inputquantitäten von Objektarten, die nur als Output vorkommen, et vice versa (im Beispiel der Input von Fahrrädern und Altmetall).

Informationsgehalt: Die *x,y*-Version besitzt einen höheren Informationsgehalt, da sie implizit auch die Bestände der einzelnen Objektarten zu Beginn und am Ende der Produktion abbildet. Die **z**-Version verdeutlicht dagegen auf Grund ihres Charakters als Nettorechnung nur den Durchsatz bzw. den Saldo der einzelnen Objektarten. Der o.a. (Netto-)Input/Output-Vektor **z** würde jedoch genauso z.B. einen Netto-Input von 2.000 Dynamos ausweisen, wenn 2.100 Dynamos als (Brutto-)Input zur Verfügung stehen und 100 nach der Produktion als (Brutto-)Output übrig bleiben.

(*Potenzialfaktormodellierung* gemäß ihrer Stückzahlen: Potenzialfaktoren, wie Maschinen oder Arbeiter, lassen sich nur dann in ihrer Anzahl angeben, wenn die Aktivität in der x,y-Version aufgeschrieben wird. Ansonsten saldiert sich ihr Input und Output immer zu Null. Dieses Problem ergibt sich allerdings nicht bei der häufig sinnvolleren Modellierung ihrer Einsatzzeit.)

Bei vielen produktionswirtschaftlichen Problemstellungen spielen die beiden letztgenannten Gründe keine wesentliche Rolle, sodass die z-Version oftmals der x,y-Version vorgezogen wird.

b) Bild 1.2-1 zeigt den zur z-Version kompatiblen I/O-Graphen.

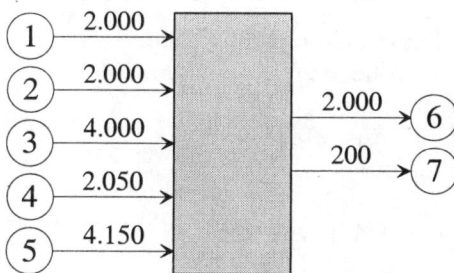

Bild 1.2-1: *I/O-Graph der Fahrradproduktion in der z-Version*

c) In der Aktivität fehlt eine Reihe notwendiger Objektarten, so etwa Radkränze, Tretlager, Lampen, Schutzbleche etc. Deren Nichtbeachtung bedeutet aber nicht unbedingt, dass die Fahrradproduktion unzureichend beschrieben ist. Die Beachtung der Objektarten ist subjektiv von der Wahrnehmung des Produzenten abhängig. Er wird bestimmte Objektarten immer dann unbeachtet lassen, wenn sie für die konkrete Entscheidungssituation und dabei vor allem für die verfolgten Ziele nicht relevant sind.

Ü 1.3 Darstellungen einer Aktivität zur Verpackungsabfallsortierung

Bei der Aufbereitung von 20,78 Mg Verpackungsabfällen werden in 6 Stunden 0,97 Mg Kunststofffolie, 0,83 Mg Kunststoffhohlkörper, 4,04 Mg sonstige Kunststoffe, 1,13 Mg Getränkekartons, 0,61 Mg NE-Metalle, 3,18 Mg FE-

Metalle, 0,20 Mg Elektronikschrott und 5,98 Mg Papier und Pappe heraussortiert. Auf dem Sortierband verbleiben 3,84 Mg Restmüll. In der manuellen Sortierung werden durchgehend 4 Mitarbeiter eingesetzt. (Hinweis: Mg = Megagramm = Tonne)

a) Stellen Sie die der Produktion zu Grunde liegende Aktivität in der x,y- und der z-Version dar!

b) Stellen Sie die Produktion durch einen I/O-Graphen und eine I/O-Tabelle dar!

Lösung:

a) Bei der Verpackungsabfallsortierung werden 11 Objektarten beachtet:

$k = 1$: Verpackungsabfälle [Mg]
$k = 2$: Kunststofffolie [Mg]
$k = 3$: Kunststoffhohlkörper [Mg]
$k = 4$: sonstige Kunststoffe [Mg]
$k = 5$: Getränkekartons [Mg]
$k = 6$: NE-Metalle [Mg]
$k = 7$: FE-Metalle [Mg]
$k = 8$: Elektronikschrott [Mg]
$k = 9$: Papier und Pappe [Mg]
$k = 10$: Restmüll [Mg]
$k = 11$: Sortierarbeit [h: Personalstunden]

Die beschriebene Aktivität lautet in der x,y- bzw. in der z-Version (aus Übersichtlichkeitsgründen werden der x- und der y-Vektor separat aufgelistet):

x = (20,78; 0; 0; 0; 0; 0; 0, 0; 0; 0; 24)
y = (0; 0,97; 0,83; 4,04; 1,13; 0,61; 3,18; 0,20; 5,98; 3,84; 0)
z = (–20,78; 0,97; 0,83; 4,04; 1,13; 0,61; 3,18; 0,20; 5,98; 3,84; –24)

Die z-Version ist kompakter und weist zudem in diesem Beispiel bezüglich des Informationsgehalts keinerlei Nachteile auf, da – wie auch im Folgenden meist der Fall – jede Objektart eindeutig als Input ($y_k = 0$) oder Output ($x_k = 0$) des Prozesses identifiziert werden kann (vgl. Ü 1.2a).

b) Bild 1.3-1 zeigt den zur z-Version kompatiblen I/O-Graphen, Tabelle 1.3-1 die zur z-Version kompatible I/O-Tabelle. Diese beiden Darstellungen sind übersichtlicher als der I/O-Vektor, nehmen dafür aber auch mehr Platz ein.

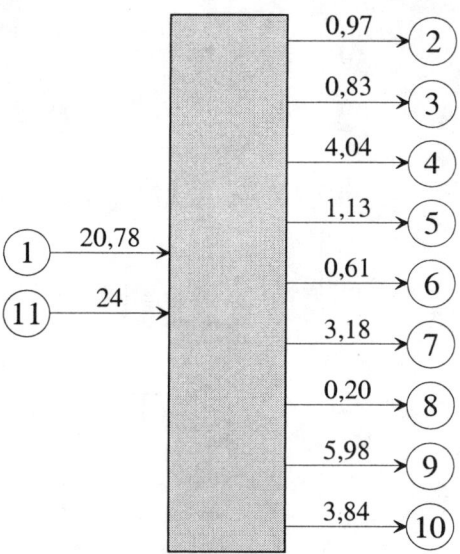

Bild 1.3-1: *I/O-Graph der Verpackungsabfallsortierung in der z-Version*

Tab. 1.3-1: *I/O-Tabelle der Verpackungsabfallsortierung in der z-Version*

INPUT		OUTPUT	
(1) Verpackungsabfälle [Mg]	20,78	(2) Kunststofffolie [Mg]	0,97
(11) Sortierarbeit [h]	24	(3) Kunststoffhohlk. [Mg]	0,83
		(4) sonst. Kunststoffe [Mg]	4,04
		(5) Getränkekartons [Mg]	1,13
		(6) NE-Metalle [Mg]	0,61
		(7) FE-Metalle [Mg]	3,18
		(8) Elektronikschrott [Mg]	0,20
		(9) Papier und Pappe [Mg]	5,98
		(10) Restmüll [Mg]	3,84

Ü 1.4 Systematik wichtiger Produktionsbegriffe

Erläutern Sie an Hand folgender Beispielbetriebe die im nachfolgenden Bild aufgeführten wichtigen Produktionsbegriffe:

− Möbelfabrik
− Abfallsortierungsanlage
− Reiseveranstalter für Tagesbusreisen.

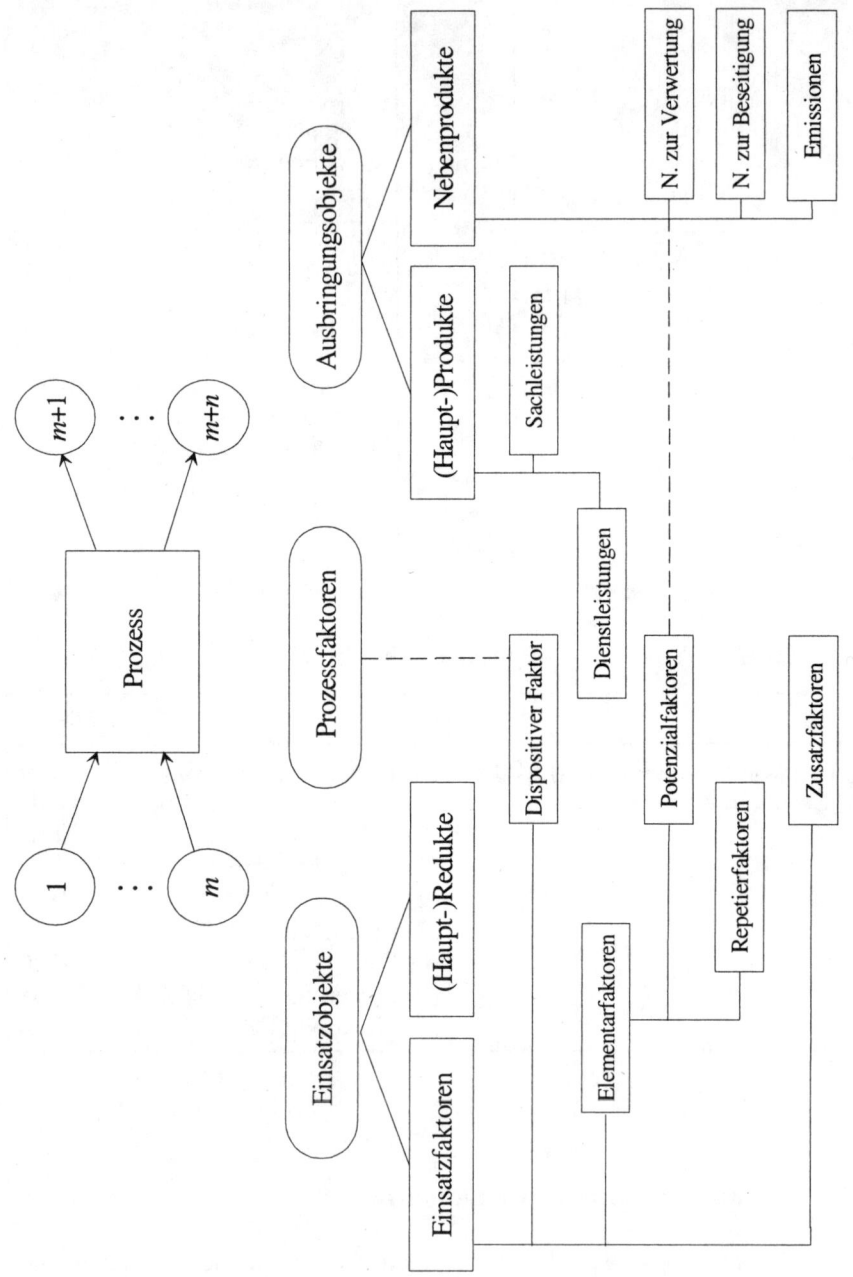

Lösung:

An jeder Produktion sind Einsatzobjekte, Prozessfaktoren und Ausbringungsobjekte als Objektkategorien beteiligt. Eine eindeutige Klassifizierung konkreter Objektarten gemäß dieser drei Objektkategorien gelingt allerdings nicht immer, da die Objektarten je nach Betrachtungswinkel mehreren Kategorien zuzuordnen sind. Im Folgenden werden die unterhalb der drei Objektkategorien aufgeführten Produktionsbegriffe erläutert.

Einsatzfaktoren sind solche Einsatzobjekte, deren Einsatz bzw. Vernichtung nicht das Sachziel der Produktion darstellen. Sie treten sowohl in Erzeugungssystemen (z.B. Möbelfabrik) als auch in Reduktionssystemen (z.B. Abfallsortierungsanlage) in mannigfaltiger Form auf und lassen sich in den dispositiven Faktor, die Elementarfaktoren und die Zusatzfaktoren unterscheiden.

Zum *dispositiven Faktor* (originär die Unternehmungsleitung) der Möbelfabrik zählt etwa der Betriebsleiter, der für die Produktionsplanung und -steuerung der Möbelherstellung verantwortlich ist. Beim Reiseveranstalter gehört derjenige Mitarbeiter dem dispositiven Faktor an, der die Touren inklusive des Einsatzes der Busfahrer plant.

Unter die *Zusatzfaktoren* (Leistungen vom Staat, von Kreditinstituten und Versicherungen etc.) fallen für alle drei Beispielbetriebe etwa die öffentlichen Straßen, über die die Bustouren führen, die Produkte ausgeliefert bzw. im Falle der Abfallsortierungsanlage die Redukte angeliefert werden.

Die *Elementarfaktoren* sind zentraler Gegenstand der Theorie betrieblicher Wertschöpfung. Sie lassen sich weiter unterteilen in Potenzial- und Repetierfaktoren. Zu den *Repetierfaktoren*, die ihre Qualität bei der Produktion substanziell ändern, zählen bei der Möbelfabrik alle Materialien wie Holz, Nägel, Leim etc. Für die Abfallsortierungsanlage stellen Schmierstoffe zum reibungslosen Lauf des Sortierbandes Repetierfaktoren dar. Beim Reiseveranstalter gehören hierzu das Benzin und das Frostschutzmittel in der Scheibenwaschanlage. Zu den *Potenzialfaktoren*, die ihre Qualität während der Transformation nicht oder nur unwesentlich ändern, zählen neben den Gebäuden aller drei Betriebe die Hobel-, Fräs- und Sägemaschinen in der Möbelfabrik, das Sortierband, Magnetabscheider oder Siebtrommeln bei der Abfallsortierungsanlage sowie die Busse beim Reiseveranstalter. Daneben sind auch Arbeitskräfte, wie die Busfahrer oder die Sortierarbeiter, Potenzialfaktoren.

(Haupt-)*Redukte* sind im Gegensatz zu den Einsatzfaktoren Objekte, deren Einsatz das Sachziel des Produktionssystems begründet. Sie kommen nur in Reduktionssystemen, deren Sachziel ja gerade die Umwandlung bzw. Vernichtung der Redukte ist, vor. Bei der Abfallsortierung stellt der auf das Band aufgebrachte Müll das Redukt dar.

(Haupt-)*Produkte*, die das Sachziel von Erzeugungssystemen begründen, unterscheidet man grob in Sachleistungen und Dienstleistungen.

Zu den *Sachleistungen*, die eine materielle Erscheinungsform auszeichnet, zählen bei der Möbelfabrik Tische, Stühle, Kücheneinrichtungen, Schlafzimmer etc. Das Sachziel des Reiseveranstalters umfasst dagegen im strengen Sinn keine Sachleistungserstellung. In einer weiteren Sichtweise stellt er aber ebenfalls Sachleistungen her, z.B. Getränke, die während der Fahrt im Bus zubereitet werden.

Dienstleistungen besitzen eine immaterielle Erscheinungsform. Als solche Dienstleistungen sind die verschiedenen Bustouren des Reiseveranstalters anzusehen. In einem weiteren Sinn zählen hierzu aber auch Beratungsgespräche des Möbelfabrikanten oder des Leiters der Abfallsortierungsanlage, der einem Kunden Vorschläge zur getrennten Sammlung verschiedener Abfallfraktionen unterbreitet.

Nebenprodukte sind solche Ausbringungsobjekte, die nicht einem Sachziel des Erzeugungs- oder Reduktionssystems entsprechen. Sie lassen sich in Nebenprodukte zur Verwertung, zur Beseitigung und in Emissionen unterteilen.

Nebenprodukte *zur Verwertung* sind etwa die aus dem Abfall aussortierten Wertstoffe, wie Glas, Papier, Metalle etc., Späne aus der Möbelfabrik, die zu Spanplatten verarbeitet werden oder ein ausgedienter Bus, der vom Reiseveranstalter nicht mehr gebraucht und daher an eine Hilfsorganisation zum Transport von Lebensmitteln verschenkt wird.

Nebenprodukte *zur Beseitigung*, die erst nach einer geeigneten Aufbereitung an die Natur abgegeben werden, sind Farb- und Lösungsmittelreste in der Möbelfabrik sowie Restabfälle der Abfallsortierungsanlage, die verbrannt und danach deponiert werden.

Zu den *Emissionen*, die ohne Aufbereitung an die Natur abgegeben werden, zählen die Abgase und der Reifenabrieb des Busses sowie ungeklärte Abwässer und Lärm der Möbelfabrik oder der Abfallsortierungsanlage.

Es sei nochmals darauf hingewiesen, dass die Einteilung aller an der Produktion beteiligten Objekte nicht immer eindeutig gelingt. Besondere Probleme ergeben sich z.B. auf der Outputseite bei der genauen Abgrenzung zwischen Sach- und Dienstleistungen. So könnte die Abfallsortierung bei einem weiten Begriffsverständnis auch als Dienstleistung eingestuft werden. Darüber hinaus ist die Unterscheidung in Haupt- und Nebenprodukte nicht immer einfach. Dies gilt etwa für die Abfallsortierungsanlage, bei der die aussortierten Wertstoffe je nach Zwecksetzung auch als Hauptprodukte angesehen werden können und der eingesetzte Abfall dann einen Einsatzfaktor (bzw. ein sog. Nebenredukt) darstellt.

2 Techniken und Restriktionen

Ü 2.1   Technikeigenschaften: Größenvariation   /DY 03/, L. 2.2.1
Ü 2.2   Technikeigenschaften: Additivität und Linearität   /DY 03/, L. 2.2.2 + 2.2.3
Ü 2.3   Technikeigenschaften: Konvexität   /DY 03/, L. 2.2.3
Ü 2.4   Produktionsmöglichkeiten eines Sachgüterherstellers   /DY 03/, L. 2.3 + 2.4.1
Ü 2.5   Produktionsmöglichkeiten eines abstrakten Beispiels   /DY 03/, L. 2.3 + 2.4.1
Ü 2.6   Produktionsmöglichkeiten einer Busreiseunternehmung   /DY 03/, L. 2.3 + 2.4.1

Ü 2.1   Technikeigenschaften: Größenvariation

Die nachfolgenden Grafiken stellen zweidimensionale Techniken dar. Prüfen Sie, ob sie größendegressiv, -progressiv oder -proportional sind!

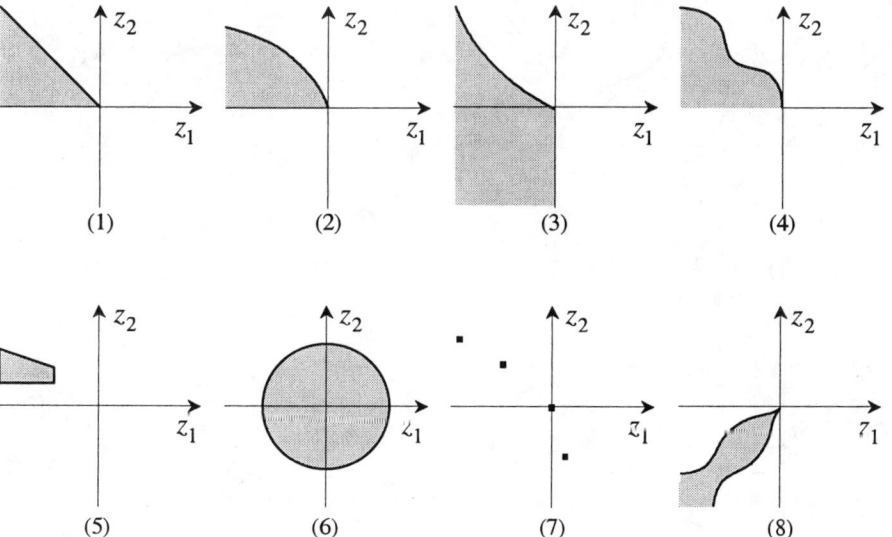

Lösung:

Techniken erfüllen die verschiedenen Formen der Größenvariation, wenn für *jede* Aktivität **z** und für *bestimmte* Skalenfaktoren λ gilt:

$$z \in T \Rightarrow \lambda z \in T$$

Die Technikeigenschaften der Größenprogressivität, -degressivität und –proportionalität unterscheiden sich bzgl. des Niveauvariationsbereichs:

$\lambda > 1$ (Niveauerhöhungen) $\Rightarrow$ **T** ist größenprogressiv,
$0 \leq \lambda < 1$ (Niveausenkungen) $\Rightarrow$ **T** ist größendegressiv,
$\lambda \geq 0$ (positive Niveauveränderungen) $\Rightarrow$ **T** ist größenproportional.

Grafisch bedeutet dies für die zweidimensionalen (in den Abbildungen grau schattierten) Techniken, dass

- bei *Größenprogressivität* für jede Aktivität, d.h. jeden Punkt der Technik, auch derjenige Teil des Ursprungsstrahls durch diesen Punkt in der Technik liegt, der vom Ursprung weg zeigt, d.h. vom Punkt ins Unendliche verläuft
- bei *Größendegressivität* für jeden Punkt der Technik auch die Strecke vom Punkt zum Ursprung innerhalb der Technik liegt
- bei *Größenproportionalität* für jeden Punkt der Technik sowohl die Strecke vom Punkt zum Ursprung als auch der über den Punkt hinauslaufende Ursprungsstrahl ins Unendliche in der Technik liegt.

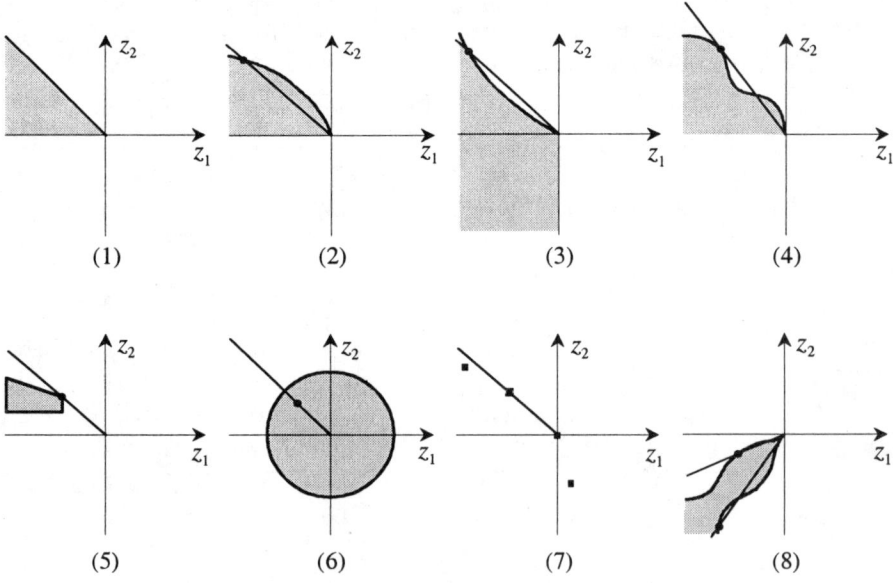

Bild 2.1-1: *Überprüfung der Größenvariationseigenschaften*

Um das Vorliegen einer bestimmten Technikform zweifelsfrei konstatieren zu können, muss man *alle* Aktivitäten der Technik entsprechend überprüfen. Dies ist i.d.R. grafisch unmöglich, da die Technik zumeist aus sehr vielen, oft sogar unendlich vielen Aktivitäten besteht. (Mit einem gewissen Maß an Übung erkennt man bei 2-dimensionalen Techniken allerdings die Größenvariationseigenschaften meist schon durch 'bloßes Hinsehen'.) Dagegen reicht das Auffinden einer Aktivität aus, für die die Eigenschaft nicht gilt, um diese Eigenschaft für die Technik auszuschließen. In Bild 2.1-1 sind, wo dies möglich ist, solche Aktivitäten und ihre Ursprungsstrahlen eingezeichnet. (Hinweis: Bei Technik 1 ist keine solche Aktivität eingezeichnet, da sie größenproportional ist.) Aus der grafischen Überprüfung ergibt sich die Lösungstabelle 2.1-1.

Tab. 2.1-1: *Größenvariationseigenschaften der 8 Techniken*

	(1)	(2)	(3)	(4)	(5)	(6)	(7)	(8)
größendegressiv	X	X	–	–	–	X	–	–
größenprogressiv	X	–	X	–	–	–	–	–
größenproportional	X	–	–	–	–	–	–	–

Legende: X: Eigenschaft liegt vor;   –: Eigenschaft liegt nicht vor

Wie schon in der Herleitung gezeigt, verdeutlicht auch die Lösungstabelle, dass Größenproportionalität immer nur dann vorliegt, wenn sowohl Größendegressivität als auch -progressivität gegeben sind (Technik 1).

Unter der hier implizit unterstellten Prämisse, dass *sämtliche* (für den Variationsbereich erlaubten) Vielfachen einer Aktivität der Technik wiederum der Technik angehören, ist eine diskrete Technik (z.B. Technik 7), die nur aus einzelnen Aktivitäten besteht, nie größendegressiv bzw. -progressiv. Dagegen lässt sich eine Technik beispielsweise als diskret größenprogressiv beschreiben, wenn sie alle ganzzahligen Vielfachen jeder Aktivität enthält.

Nicht konvexe Bereiche in einer ansonsten konvexen Technik bedeuten nicht unbedingt, dass die Technik nicht größendegressiv ist. Sie ist nur dann nicht größendegressiv, wenn Verbindungen aus dem 'oberen' konvexen Bereich zum Ursprung außerhalb der Technik liegen. Verschiebt man den äußeren Rand der Technik 4 nur weit genug nach oben, dann ist sie größendegressiv.

Ü 2.2   Technikeigenschaften: Additivität und Linearität

Zur Herstellung eines Produktes stehen einer Unternehmung zwei Verfahren zur Verfügung, die sich vereinfacht durch folgende Aktivitäten darstellen lassen:

$z^1 = (-2; 2)$ und $z^2 = (-5; 3)$

a) Geben Sie eine formale Beschreibung der Technik für den Fall an, dass sich die beiden Aktivitäten additiv kombinieren lassen! Zeichnen Sie diese Technik!

b) Wie lautet die Technik für den Fall, dass sie größenproportional, aber nicht additiv ist? Zeichnen Sie auch diese!

c) Bestimmen und zeichnen Sie die Technik für den Fall, dass sie linear ist!

Lösung:

a) Die Technik ist additiv, wenn sämtliche positiven ganzzahligen Vielfachen der beiden Aktivitäten sowie die Kombinationen dieser Vielfachen in der Technik liegen. Eine formale Beschreibung der in Bild 2.2-1 dargestellten additiven Technik lautet:

$$T = \left\{ z \in \mathbb{R}^2 \,\middle|\, z = \lambda^1 \cdot \begin{pmatrix} -2 \\ 2 \end{pmatrix} + \lambda^2 \cdot \begin{pmatrix} -5 \\ 3 \end{pmatrix} ; \; \lambda^1, \lambda^2 \in \mathbb{N}_0 \right\} \setminus \{0\}$$

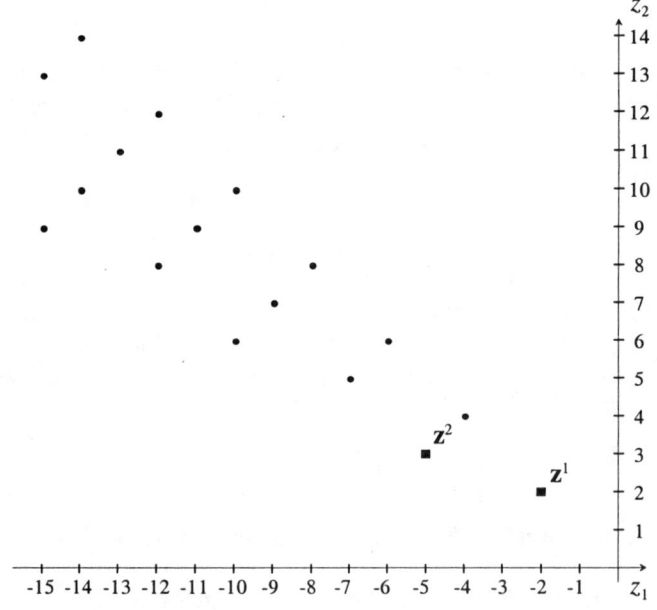

Bild 2.2-1:   *Additive Technik*

b) Die Technik ist größenproportional, wenn sämtliche nicht-negativen Vielfachen der beiden Aktivitäten in der Technik liegen. Eine formale Beschreibung der größenproportionalen Technik lautet für den Fall, dass sie nicht additiv ist:

$$\mathbf{T} = \left\{ \mathbf{z} \in \mathbb{R}^2 \,\middle|\, \mathbf{z} = \lambda^1 \cdot \begin{pmatrix} -2 \\ 2 \end{pmatrix} + \lambda^2 \cdot \begin{pmatrix} -5 \\ 3 \end{pmatrix} ; \; \lambda^1, \lambda^2 \geq 0, \; \lambda^1 \cdot \lambda^2 = 0 \right\}$$

Die Beziehung $\lambda^1 \cdot \lambda^2 = 0$ stellt sicher, dass die Technik nicht additiv ist, d.h. dass sich keine echten Kombinationen der beiden Aktivitäten bilden lassen. (Hinweis: λ^1 oder λ^2 müssen gleich Null sein, damit diese Gleichung erfüllt ist.)

Grafisch ist diese Technik in Bild 2.2-2 dargestellt.

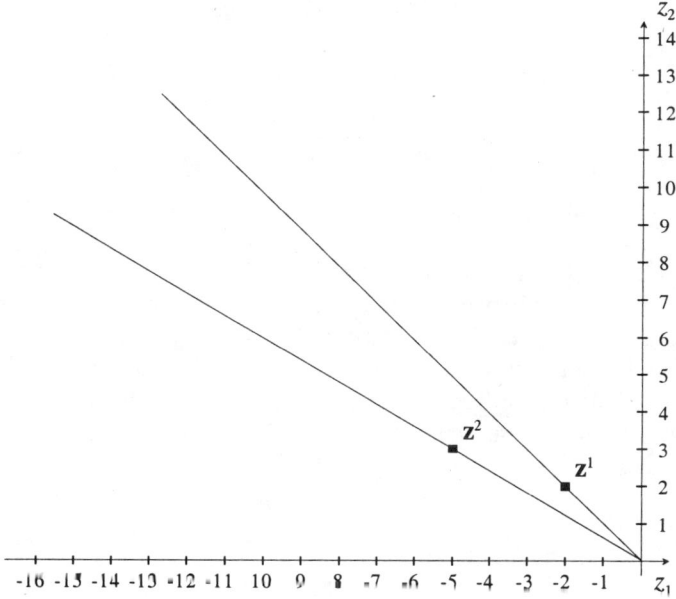

Bild 2.2-2:   *Größenproportionale, nicht additive Technik*

c) Die Technik ist linear, wenn sie sowohl additiv als auch größenproportional ist. Eine formale Beschreibung der linearen Technik lautet:

$$\mathbf{T} = \left\{ \mathbf{z} \in \mathbb{R}^2 \,\middle|\, \mathbf{z} = \lambda^1 \cdot \begin{pmatrix} -2 \\ 2 \end{pmatrix} + \lambda^2 \cdot \begin{pmatrix} -5 \\ 3 \end{pmatrix} ; \lambda^1, \lambda^2 \geq 0 \right\}$$

Grafisch ist diese Technik in Bild 2.2-3 dargestellt.

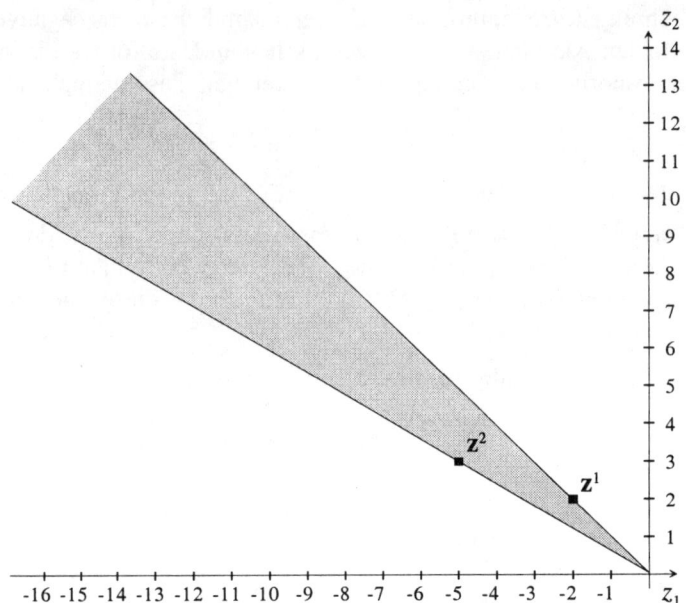

Bild 2.2-3: *Lineare Technik*

Wie Bild 2.2-3 zeigt, enthält die lineare Technik alle Punkte, die zwischen den beiden Prozessstrahlen der größenproportionalen, aber nicht additiven Technik aus Teilaufgabe b) liegen. Grafisch betrachtet kann man sich die Generierung der linearen Technik quasi so vorstellen, dass man für alle (unendlich vielen) Aktivitäten der additiven Technik ihre Prozessstrahlen aus dem Ursprung einzeichnet und somit den gesamten Bereich zwischen den beiden Prozessstrahlen der Teilaufgabe b) ausfüllt.

Ü 2.3 Technikeigenschaften: Konvexität

Einer Unternehmung stehen für die tägliche Produktion folgende Aktivitäten zur Verfügung:

$$\mathbf{z}^1 = (-2; 1), \quad \mathbf{z}^2 = (-6; 4), \quad \mathbf{z}^3 = (-9; 8), \quad \mathbf{z}^4 = (-10; 12)$$

Dabei lässt die Produktion auch Konvexkombinationen der Aktivitäten zu. Ein zeitweiser Stillstand ist auf Grund technischer Gegebenheiten nicht möglich.

a) Zeichnen Sie die aus den obigen vier Aktivitäten resultierende konvexe Technik!

b) Überprüfen Sie zeichnerisch und rechnerisch, ob und wenn ja, in welchen Anteilen, folgende Aktivitäten als Konvexkombinationen der obigen Aktivitäten möglich sind:

$$z^I = (-8; 7), \quad z^{II} = (-6,5; 5), \quad z^{III} = (-3; 2,5), \quad z^{IV} = (-6; 5,5), \quad z^V = (-3; 4)$$

Ermitteln Sie dabei vorrangig solche Konvexkombinationen, die nur eine einmalige Umstellung der Produktion erfordern!

c) Bestimmen Sie diejenige Konvexkombination, die zur Produktion von 5 Outputeinheiten den geringsten Input benötigt!

Lösung:

a) Die konvexe Technik ergibt sich durch alle Linearkombinationen der Grundaktivitäten, bei denen die Summe aller Aktivitätsniveaus λ^ρ (mit $\rho = 1, ..., 4$) genau 1 ist:

$$T = \left\{ z \in \mathbb{R}^2 \,\middle|\, z = \lambda^1 \cdot \begin{pmatrix} -2 \\ 1 \end{pmatrix} + \lambda^2 \cdot \begin{pmatrix} -6 \\ 4 \end{pmatrix} + \lambda^3 \cdot \begin{pmatrix} -9 \\ 8 \end{pmatrix} + \lambda^4 \cdot \begin{pmatrix} -10 \\ 12 \end{pmatrix}; \right.$$
$$\left. \lambda^1 + \lambda^2 + \lambda^3 + \lambda^4 = 1; \; \lambda^1, \lambda^2, \lambda^3, \lambda^4 \geq 0 \right\}$$

Wie Bild 2.3-1 verdeutlicht, stellt die Technik grafisch ein Viereck dar, das durch die äußeren Verbindungslinien der vier Aktivitäten aufgespannt wird. Auf den Verbindungslinien zwischen zwei Punkten liegen die Konvexkombinationen der diesen Punkten zu Grunde liegenden Grundaktivitäten.

b) In Bild 2.3-1 sind die fünf Aktivitäten z^I bis z^V eingezeichnet. Man erkennt auf den ersten Blick, dass die Aktivität z^V nicht innerhalb der konvexen Technik liegt, d.h. dass sie nicht aus den vier Grundaktivitäten konvex kombiniert werden kann. Ob und wenn ja, wie die Aktivitäten z^I bis z^{IV} aus den Grundaktivitäten konvex kombinierbar sind, soll im Folgenden untersucht werden. Da laut Aufgabenstellung möglichst nur ein Wechsel zwischen den Grundaktivitäten erfolgen soll, werden vorzugsweise Konvexkombinationen aus nur zwei Grundaktivitäten gebildet.

Am Beispiel der Aktivität z^I sei im Folgenden das Vorgehen zur Ermittlung der Aktivitätsniveaus ausführlich erläutert. Die Grafik legt die Vermutung nahe, dass sich z^I aus einer Konvexkombination von z^1 und z^3 ergibt. Um die Aktivitätsniveaus der beiden Grundaktivitäten zu bestimmen, muss daher folgendes Gleichungssystem gelöst werden:

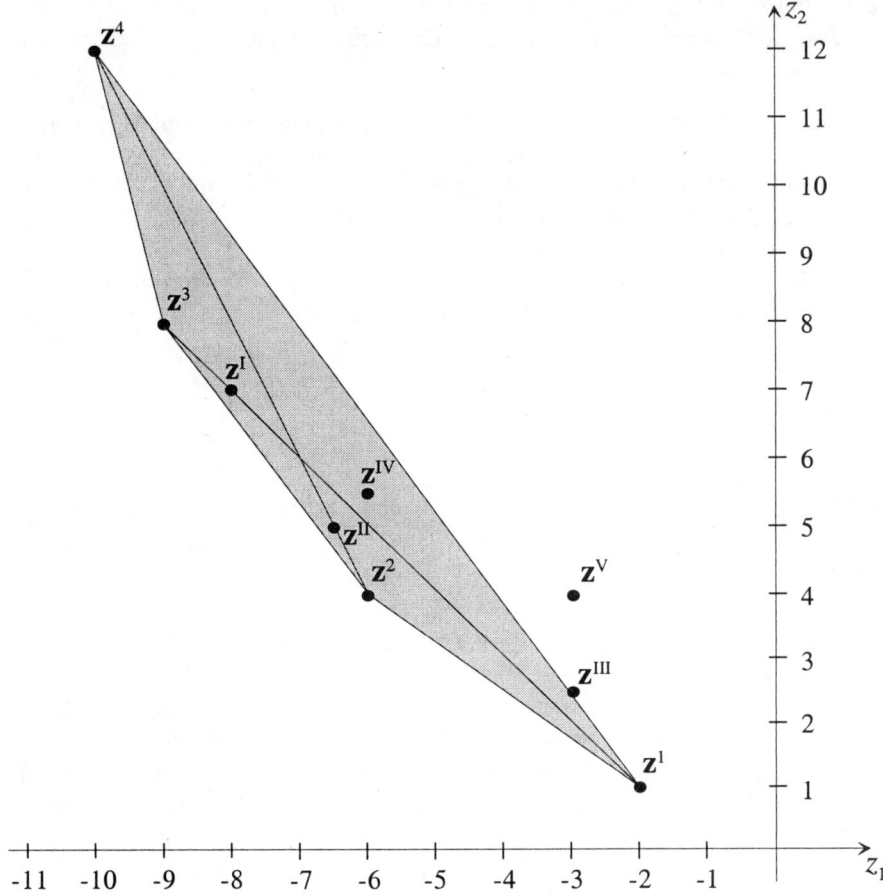

Bild 2.3-1: *Aus vier Grundaktivitäten generierte konvexe Technik*

$$\lambda^1 \cdot \mathbf{z}^1 + \lambda^3 \cdot \mathbf{z}^3 = \mathbf{z}^I$$
$$\lambda^1 + \lambda^3 = 1$$

Formuliert man die erste Gleichung, in der Vektoren addiert werden, für jede Objektart als eigenständige Gleichung, so erhält man folgendes Gleichungssystem:

$$\lambda^1 \cdot z_1^1 + \lambda^3 \cdot z_1^3 = z_1^I$$
$$\lambda^1 \cdot z_2^1 + \lambda^3 \cdot z_2^3 = z_2^I$$
$$\lambda^1 + \lambda^3 = 1$$

Nach Einsetzen der Input- und Outputquantitäten ergibt sich:

(1) $\lambda^1 \cdot (-2) + \lambda^3 \cdot (-9) = -8$
(2) $\lambda^1 \cdot 1 + \lambda^3 \cdot 8 = 7$
(3) $\lambda^1 + \lambda^3 = 1$

Dieses Gleichungssystem mit drei Gleichungen und zwei Unbekannten ist überbestimmt, d.h. es existiert nur dann eine Lösung, wenn zwei Gleichungen voneinander abhängig sind. Formt man die Gleichung (3) so um, dass λ^3 auf der linken Seite steht, und setzt dann den Term auf der rechten Seite der Gleichung in (1) ein, so erhält man:

$$\lambda^1 \cdot (-2) + (1 - \lambda^1) \cdot (-9) = -8$$
$$\Leftrightarrow \quad 7\lambda^1 - 9 = -8$$
$$\Leftrightarrow \quad \lambda^1 = 1/7$$

Setzt man den Wert für λ^1 in Gleichung (3) ein, so ergibt sich:

$$1/7 + \lambda^3 = 1$$
$$\Leftrightarrow \quad \lambda^3 = 6/7$$

Zur Probe setzt man nun noch die Werte für λ^1 und λ^3 in Gleichung (2) ein und erhält:

$$1/7 \cdot 1 + 6/7 \cdot 8 = 7$$
$$\Leftrightarrow \quad 7 \equiv 7$$

Das bedeutet, dass man die Aktivität z^I durch eine Konvexkombination von z^1 und z^3 erhält, bei der die beiden Grundaktivitäten gemäß der Aktivitätsniveaus $\lambda^1 = 1/7$ und $\lambda^3 = 6/7$ kombiniert werden, d.h. 6/7 der täglichen Produktionszeit wird nach der Aktivität z^3 und 1/7 der täglichen Produktionszeit nach der Aktivität z^1 produziert.

Grafisch lassen sich die Aktivitätsniveaus beider Grundaktivitäten – wenn auch nur ungenau – ebenfalls ermitteln und zwar, indem man die Streckenlänge zwischen der anderen Grundaktivität und der kombinierten Aktivität ins Verhältnis zur Streckenlänge zwischen den beiden Grundaktivitäten setzt:

$$\lambda^1 = \frac{\overline{z^3 z^I}}{\overline{z^1 z^3}} = \frac{1}{7}; \quad \lambda^3 = \frac{\overline{z^1 z^I}}{\overline{z^1 z^3}} = \frac{6}{7}$$

(Hinweis: Je näher die kombinierte Aktivität an eine Grundaktivität heranrückt, desto größer ist das Aktivitätsniveau, mit dem diese Grundaktivität an der Kombination beteiligt ist.)

Analog zu den ausführlich beschriebenen Berechnungen lässt sich auch die Konvexkombination aus zwei Grundaktivitäten bestimmen, die zur Aktivität z^{II} führt. Aus der Grafik ist ersichtlich, dass, wenn überhaupt, nur eine Kombination der Grundaktivitäten z^2 und z^4 in Frage kommt. Im Folgenden sind das Ausgangsgleichungssystem sowie die Lösung angegeben:

(1) $\lambda^2 \cdot (-6) + \lambda^4 \cdot (-10) = -6{,}5$
(2) $\lambda^2 \cdot 4 + \lambda^4 \cdot 12 = 5$
(3) $\lambda^2 + \lambda^4 = 1$

$\Rightarrow \quad \lambda^2 = 7/8 \; ; \; \lambda^4 = 1/8$

Die Probe bestätigt dieses Ergebnis.

Will man die Aktivität z^{III} aus den Grundaktivitäten konvex kombinieren, so kommt hierfür am ehesten eine Kombination der Grundaktivitäten z^1 und z^4 in Betracht. Das Ausgangsgleichungssystem lautet:

(1) $\lambda^1 \cdot (-2) + \lambda^4 \cdot (-10) = -3$
(2) $\lambda^1 \cdot 1 + \lambda^4 \cdot 12 = 2{,}5$
(3) $\lambda^1 + \lambda^4 = 1$

Durch Auflösen der Gleichung (3) nach λ^4 und Einsetzen in Gleichung (1) erhält man:

$\lambda^1 \cdot (-2) + (1 - \lambda^1) \cdot (-10) = -3$
$\Leftrightarrow \quad 8\lambda^1 - 10 = -3$
$\Leftrightarrow \quad \lambda^1 = 7/8$

Daraus folgt nach Einsetzen in Gleichung (3):

$\lambda^4 = 1/8$

Setzt man die Werte für λ^1 und λ^4 in Gleichung (2) ein, so *müsste* gelten:

$7/8 \cdot 1 + 1/8 \cdot 12 = 2{,}5$
$\Leftrightarrow \quad 19/8 = 2{,}5$

$\Rightarrow \quad$ falsch, denn $19/8 = 2{,}375$!

Der Fehler in der Probe zeigt, dass es nicht gelingt, die Grundaktivitäten z^1 und z^4 konvex zur Aktivität z^{III} zu kombinieren. Bei genauerer (grafischer oder rechnerischer) Überprüfung erkennt man, dass die Aktivität z^{III} außerhalb der konvexen Technik liegt. (Hinweis: Mit einem Einsatz von 3 Einheiten des Inputs kann man bei Konvexkombination der Grundaktivitäten z^1 und z^4 nur 2,375 anstatt der geforderten 2,5 Einheiten des Outputs erzielen.)

Wie schon die Grafik zeigt, lässt sich die Aktivität z^{IV} nicht durch Konvexkombination zweier Grundaktivitäten generieren. Man benötigt also mindestens drei Grundaktivitäten. Wählt man etwa die Grundaktivitäten z^1, z^2 und z^4, so erhält man folgendes Gleichungssystem:

(1) $\lambda^1\cdot(-2) + \lambda^2\cdot(-6) + \lambda^4\cdot(-10) = -6$
(2) $\lambda^1\cdot 1 + \lambda^2\cdot 4 + \lambda^4\cdot 12 = 5{,}5$
(3) $\lambda^1 + \lambda^2 + \lambda^4 = 1$

Das Gleichungssystem besteht aus drei Gleichungen mit drei Unbekannten und liefert folgende Lösung (die durch ein zweistufiges Einsetzungsverfahren ermittelt werden kann):

$$\lambda^1 = 3/10;\ \lambda^2 = 4/10;\ \lambda^4 = 3/10$$

(Hinweis: Die Lösung ist, wie in diesem Beispiel, nur dann zulässig, wenn alle drei Aktivitätsniveaus positiv sind. Allgemein lässt sich die Realisierbarkeit durch Linear- oder Konvexkombinationen anderer Aktivitäten mittels Methoden der Linearen Programmierung nachweisen.)

c) Grafisch ermittelt man die Konvexkombination, mit der fünf Outputeinheiten mit minimalem Input hergestellt werden, indem man in der Grafik von der Ordinate auf der Höhe von $z_2 = 5$ solange nach links geht, bis man die konvexe Technik berührt. Dabei erkennt man, dass eine Konvexkombination der Grundaktivitäten $\mathbf{z}^1$ und $\mathbf{z}^4$ den geringsten Input zur Herstellung von fünf Outputeinheiten benötigt. Die genaue Inputquantität ermittelt man dann durch folgendes Gleichungssystem:

(1) $\lambda^1\cdot(-2) + \lambda^4\cdot(-10) = z_1$
(2) $\lambda^1\cdot 1 + \lambda^4\cdot 12 = 5$
(3) $\lambda^1 + \lambda^4 = 1$

Da die Inputquantität z_1 unbekannt ist, handelt es sich um ein Gleichungssystem mit drei Gleichungen und drei Unbekannten, für das es i.d.R. genau eine Lösung gibt. Durch Einsetzen der nach λ^4 umgestellten Gleichung (3) in die Gleichung (2) erhält man:

$\quad\quad \lambda^1\cdot 1 + (1 - \lambda^1)\cdot 12 = 5$
$\Leftrightarrow \quad \lambda^1 = 7/11$
$\Rightarrow \quad \lambda^4 = 4/11$

Setzt man nun die Werte für λ^1 und λ^4 in Gleichung (1) ein, so ergibt sich:

$\quad\quad 7/11\cdot(-2) + 4/11\cdot(-10) = z_1$
$\Leftrightarrow \quad z_1 = -54/11 = -4{,}91$

Man muss also mindestens 4,91 Inputeinheiten in die Produktion einsetzen, um mittels einer Konvexkombination der Grundaktivitäten $\mathbf{z}^1$ und $\mathbf{z}^4$ 5 Outputeinheiten herzustellen.

Ü 2.4 Produktionsmöglichkeiten eines Sachgüterherstellers
(Die Aufgabe wird in Ü 8.4 weitergeführt.)   (vgl. /BA 79/, S. 7ff.)

Eine mittelständische Unternehmung der Investitionsgüterindustrie produziert automatische Rufnummerngeber (ARG) und Gebührenzähler (GZ). Die Unternehmungsleitung überlegt, wie ihr Erzeugnisprogramm für die nächste Planperiode ausgelegt sein soll. Die relevanten Fertigungs- und Absatzdaten hat die Stabsabteilung 'Planung' für die Unternehmungsleitung in der folgenden Tabelle zusammengestellt:

Erzeugnis	maximale Absatzmenge [Stück]	Fertigungskapazitäten [ZE]		
		Gehäusebau	Elektrische Ausrüstung	Montage
ARG	700	8.000	9.600	8.000
GZ	1.000			6.000

Die Fertigungsstellen 'Gehäusebau' und 'Elektrische Ausrüstung' werden von beiden Erzeugnissen durchlaufen. Ihre Kapazitäten können beliebig zwischen beiden Outputarten aufgeteilt werden. Um jeweils eine Einheit der Geräte produzieren zu können, werden folgende Zeiteinheiten (ZE) benötigt:

- Gehäusebau: 10 ZE für 1 ARG;   8 ZE für 1 GZ,
- Elektr. Ausrüstung: 6 ZE für 1 ARG;   12 ZE für 1 GZ.

Die Geräte werden in getrennten Abteilungen montiert. Zur Montage eines ARGs sind 10 Zeiteinheiten notwendig, für einen GZ ebenfalls.

a) Bestimmen Sie die Technik der Unternehmung unter der Voraussetzung, dass sie linear ist!

b) Bestimmen Sie formal und grafisch den Produktionsraum! (Hinweis: Grafisch genügt die Darstellung als Erzeugnisdiagramm.)

Lösung:

a) Outputobjektarten der Produktion sind die automatischen Rufnummerngeber (kurz: ARG), bezeichnet mit dem Index $k = 5$, und die Gebührenzähler (kurz: GZ), bezeichnet mit dem Index $k = 6$. Als Inputobjektarten lassen sich die (Arbeits-)Leistungen der folgenden Produktiveinheiten ansehen: Gehäusebau ($k = 1$), elektrische Ausrüstung ($k = 2$), Montage der ARG ($k = 3$) und Montage der GZ ($k = 4$). Sämtliche Inputobjektarten sind Potenzialfaktoren, die gemäß ihrer Einsatzzeit in Zeiteinheiten gemessen werden. (Hinweis: Die

Darstellung der Inputobjektarten ist stark vereinfacht, da sowohl sämtliche Repetierfaktoren unbeachtet bleiben als auch die Potenzialfaktoren stark komprimiert modelliert werden. Eine ausführlichere Modellierung der Inputobjektarten würde etwa die Maschinen und Arbeiter der einzelnen Anlagen beinhalten.)

Die lineare Technik der Produktion lautet (in z-Version) für $\mathbf{z} = (z_1, ..., z_6)$:

$$\mathbf{T} = \left\{ \mathbf{z} \in \mathbb{R}^6 \middle| 10z_5 + 8z_6 \leq -z_1; 6z_5 + 12z_6 \leq -z_2; 10z_5 \leq -z_3; \right.$$
$$\left. 10z_6 \leq -z_4; z_1, z_2, z_3, z_4 \leq 0; z_5, z_6 \geq 0 \right\}$$

(Hinweis: Wegen $z_k \leq 0$ für die Inputobjektarten muss in den ersten vier Ungleichungen der Technik ein Minuszeichen vor dem Term z_k auf der rechten Seite der Ungleichung stehen.)

b) Während die Technik alle prinzipiell möglichen Aktivitäten enthält, beschreibt die Produktionsmöglichkeitenmenge – kurz Produktionsraum genannt – jenen Bereich der Technik, der auf Grund tatsächlicher Gegebenheiten möglich ist. Der Produktionsraum $\mathbf{Z}$ ergibt sich gemäß $\mathbf{Z} = \mathbf{T} \cap \mathbf{R}$. Eine formale Beschreibung der Restriktionen lautet:

$$\mathbf{R} = \left\{ \mathbf{z} \in \mathbb{R}^6 \middle| -8.000 \leq z_1 \leq 0; -9.600 \leq z_2 \leq 0; -8.000 \leq z_3 \leq 0; \right.$$
$$\left. -6.000 \leq z_4 \leq 0; 0 \leq z_5 \leq 700; 0 \leq z_6 \leq 1.000 \right\}$$

Die unteren Schranken für die Inputobjektarten ergeben sich durch die Fertigungskapazitäten, die oberen Schranken für die Outputobjektarten durch die Absatzrestriktionen. Die anderen (Vorzeichen-)Beschränkungen der Variablen z_k bedeuten hier, dass die Potenzialfaktoren ($k = 1, ..., 4$) nicht nur nicht hergestellt, sondern auch nicht veräußert, sowie die beiden Erzeugnisse nicht zugekauft werden können.

Der Produktionsraum lässt sich folgendermaßen formal beschreiben (wobei die Vorzeichenbeschränkungen für z_1 bis z_4 redundant sind):

$$\mathbf{Z} = \left\{ \mathbf{z} \in \mathbb{R}^6 \middle| 10z_5 + 8z_6 \leq -z_1 \leq 8.000; 6z_5 + 12z_6 \leq -z_2 \leq 9.600; \right.$$
$$10z_5 \leq -z_3 \leq 8.000; 10z_6 \leq -z_4 \leq 6.000;$$
$$\left. z_1, z_2, z_3, z_4 \leq 0; 0 \leq z_5 \leq 700; 0 \leq z_6 \leq 1.000 \right\}$$

Bild 2.4-1 stellt den Produktionsraum in einem Produktdiagramm dar. (Hinweis: Mit den Ziffern I bis IV sind dabei die Kapazitätsrestriktionen bezeichnet, die Ziffern V und VI bezeichnen die beiden Absatzrestriktionen. Die Pfeile an den Geraden geben den Bereich an, für den die Ungleichungsbeziehung gilt.)

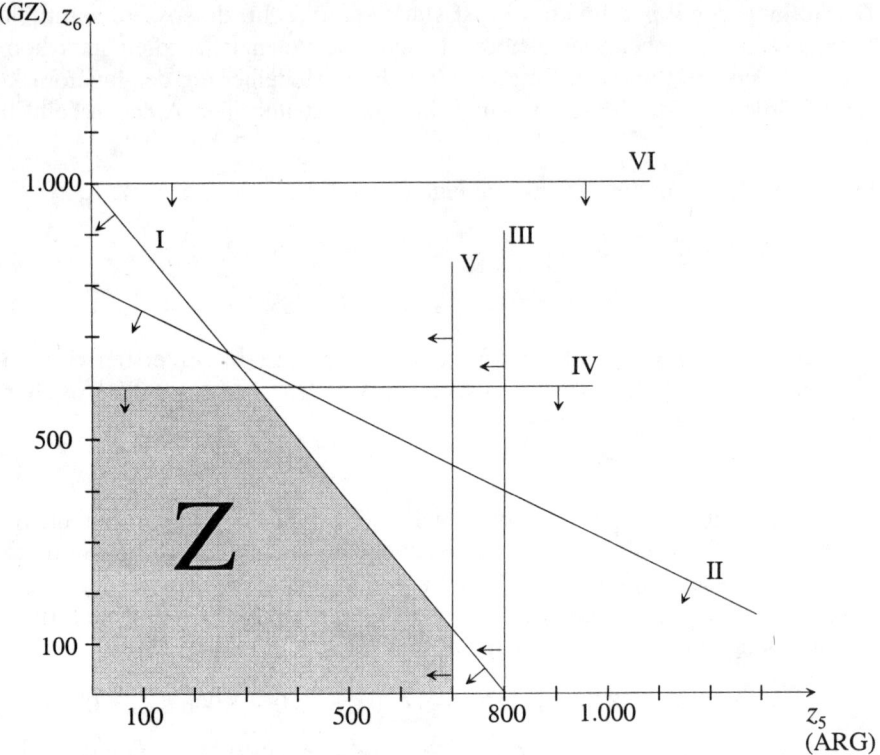

Bild 2.4-1: *Produktdiagramm des Produktionsraumes*

Ü 2.5 Produktionsmöglichkeiten eines abstrakten Beispiels

Zeichnen Sie für die folgende Technik

$$T = \left\{ (-x_1, -x_2, y_3) \in \mathbb{R}^3 \mid x_1 \geq 0,\, x_2 \geq 0,\, 0 \leq y_3 \leq 4(x_1)^2 (x_2)^{0,5} \right\}$$

geeignete Produktionsdiagramme jeweils unter einer der folgenden Restriktionen:

a) Die herzustellende Erzeugnisquantität beträgt 36 Einheiten.

b) Von der ersten Inputart sind 10 Einheiten verfügbar.

c) Von der zweiten Inputart sind 25 Einheiten verfügbar.

Lösung:

Die Produktionsräume erhält man, indem man die entsprechende Variable der Technik durch den in der Aufgabenstellung vorgegebenen Wert ersetzt und die sich dadurch ergebende Ungleichung mit zwei Unbekannten in ein Produktionsdiagramm einzeichnet.

a) Bei Vorgabe der Produktmenge $y_3 = 36$ ergibt sich für die Produktionsbeziehung zwischen den Inputarten und der Outputart:

$$36 \leq 4(x_1)^2 (x_2)^{0,5} \iff (x_2)^{0,5} \geq \frac{9}{(x_1)^2} \iff x_2 \geq \frac{81}{(x_1)^4}$$

Der zugehörige Produktionsraum ist in Bild 2.5-1 als 2-dimensionaler Schnitt durch die Technik dargestellt.

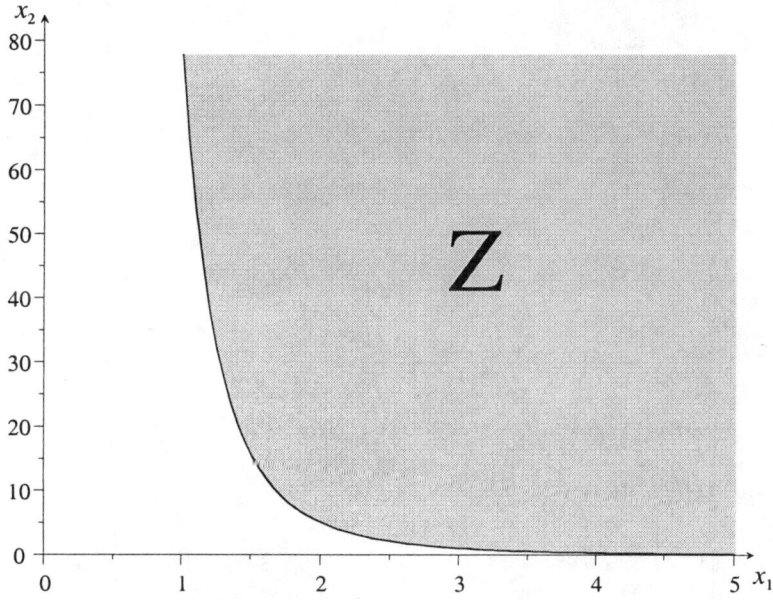

Bild 2.5-1: x_1,x_2-(Faktor-)Diagramm des Produktionsraumes für $y_3 = 36$

b) Bei Vorgabe der verfügbaren Inputquantität $x_1 \leq 10$ ergibt sich für die Produktionsbeziehung zwischen den Inputobjektarten und der Outputobjektart:

$$y_3 \leq 4(10)^2 (x_2)^{0,5} \iff y_3 \leq 400(x_2)^{0,5}$$

Bild 2.5-2 verdeutlicht den entsprechenden Produktionsraum.

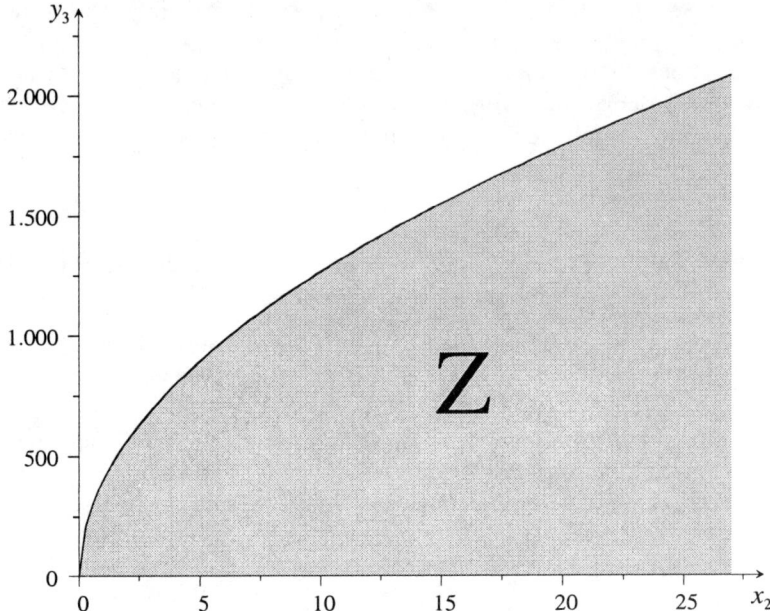

Bild 2.5-2: x_2, y_3-Diagramm des Produktionsraumes für $x_1 \leq 10$

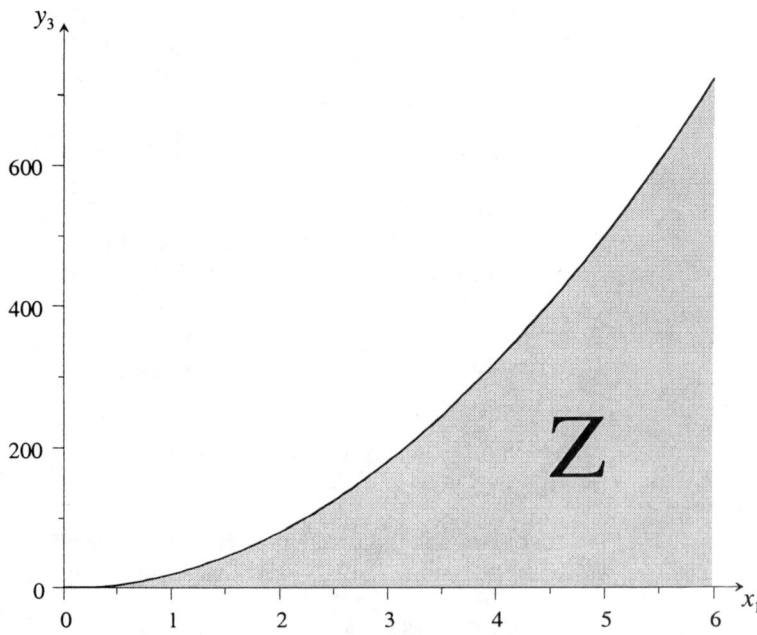

Bild 2.5-3: x_1, y_3-Diagramm des Produktionsraumes für $x_2 \leq 25$

c) Bei Vorgabe der verfügbaren Inputquantität $x_2 \leq 25$ ergibt sich für die Produktionsbeziehung zwischen den Inputobjektarten und der Outputobjektart:

$$y_3 \leq 4(x_1)^2 (25)^{0,5} \Leftrightarrow y_3 \leq 20(x_1)^2$$

Der entsprechende Produktionsraum ist in Bild 2.5-3 in Form eines Faktor/Produkt-Diagramms dargestellt.

Ü 2.6   Produktionsmöglichkeiten einer Busreiseunternehmung
(Die Aufgabe wird in Ü 5.2 und Ü 8.3 weitergeführt.)

Die Technik einer Unternehmung, die verschiedene Bustouren anbietet, lässt sich stark vereinfacht durch den Dieselverbrauch (x_1, gemessen in Litern) und die Einsatzzeit des Busses, inklusive des Busfahrers (x_2, gemessen in Stunden) sowie die zurückgelegte Fahrstrecke (y_3, gemessen in km) folgendermaßen beschreiben:

$$\mathbf{T} = \left\{ (-x_1, -x_2, y_3) \in \mathbb{R}^3 \,\middle|\, x_1 \geq 0{,}0035 \rho y_3;\, x_2 \geq \frac{y_3}{\rho};\, y_3 \geq 0;\, 60 \leq \rho \leq 100 \right\}$$

Die durchschnittliche Fahrgeschwindigkeit ρ des Busses ist eine Stellgröße des Prozesses. (Der lineare Zusammenhang zwischen Dieselverbrauch und durchschnittlicher Fahrgeschwindigkeit dürfte der Realität nicht unbedingt entsprechen, wird aber vereinfachend angenommen.)

Bestimmen Sie analytisch und grafisch die Produktionsräume, wenn folgende Restriktionen gelten:

a) Für eine Kaffeefahrt in den Taunus (einfache Strecke 225 km) ist die durchschnittliche Fahrgeschwindigkeit auf 75 km/h fixiert, die Dauer der Tour ist dagegen nicht vorgegeben.

b) Die durchschnittliche Fahrgeschwindigkeit lässt sich bei der Fahrt in den Taunus gemäß dem in der Technik angegebenen Intervall variieren, die Dauer der Tour ist weiterhin flexibel.

c) Das Reiseziel und die damit verbundene Fahrstrecke liegen noch nicht fest. Der Bus soll die gesamte Tour jedoch in jedem Fall mit maximal 210 Litern Diesel bewältigen.

d) Das Reiseziel und die damit verbundene Fahrstrecke liegen noch nicht fest. Die Tour darf aber insgesamt nur maximal zehn Stunden dauern, wovon mindestens vier Stunden für das Programm vorzusehen sind.

Lösung:

Ähnlich wie in Ü 2.5 lassen sich die Produktionsräume ermitteln, indem man die vorgegebenen Werte in die Produktionsbeziehungen der Technik einsetzt.

a) Wird die durchschnittliche Fahrgeschwindigkeit mit $\rho = 75$ km/h fixiert, so ergibt sich der folgende, in Bild 2.6-1 dargestellte Produktionsraum für die Tour in den Taunus (Hinweis: Die Fahrstrecke des Hin- und Rückweges beträgt insgesamt 450 km, d.h. $y_3 = 450$).

$$Z = \left\{ (-x_1, -x_2, 450) \in \mathbb{R}^3 \mid x_1 \geq 118{,}125;\ x_2 \geq 6;\ \rho = 75 \right\}$$

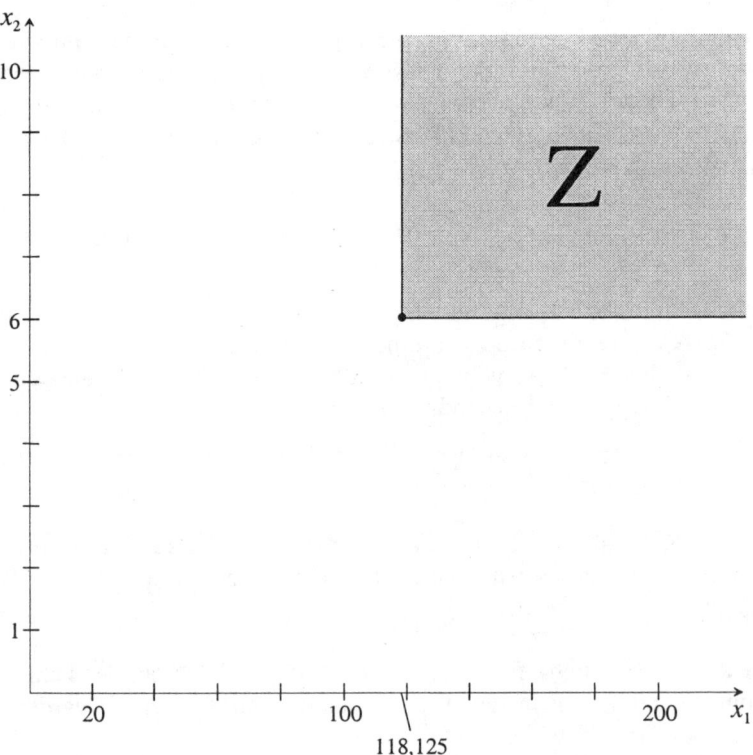

Bild 2.6-1: *Faktordiagramm des Produktionsraumes für $\rho = 75$*

Die Abbildung verdeutlicht, dass für die Fahrt in den Taunus mindestens 118,125 Liter Diesel verbraucht werden und die Tour mindestens 6 Stunden dauert. Die Einsatzzeit des Busses samt Busfahrer wird i.d.R. wesentlich höher sein, da der Bus nach Ankunft im Taunus nicht direkt wieder zurückfährt, sondern während des Programms warten muss. Der Dieselverbrauch wird z.B. dann über 118,125 Liter liegen, wenn der Busfahrer die Klimaanlage einschaltet oder zum Vorheizen des Busses den Motor laufen lässt.

b) Im Gegensatz zur Teilaufgabe a) ist die durchschnittliche Fahrgeschwindigkeit jetzt in den Grenzen der Technik variabel. Der Produktionsraum für die Fahrt in den Taunus lässt sich formal folgendermaßen beschreiben:

$$Z = \{(-x_1, -x_2, 450) \in \mathbb{R}^3 \mid x_1 \geq 1{,}575\rho; \; x_2 \geq \frac{450}{\rho}; \; 60 \leq \rho \leq 100\}$$

Da der Produktionsraum drei Variablen beinhaltet, lässt sich eine 2-dimensionale Darstellung nur durch Elimination einer Variablen erreichen. Wie Bild 2.6-1 in Teilaufgabe a) für $\rho = 75$ verdeutlicht, stellt der Produktionsraum für konstante Werte der Fahrgeschwindigkeit ρ einen 'verschobenen Quadranten' dar. Ein funktionaler Zusammenhang für die unteren Ecken aller solcher verschobenen Quadranten lässt sich bestimmen, indem man die Ungleichungen der beiden Inputobjekte in Gleichungen umwandelt und zusammenfasst:

$$\rho = \frac{x_1}{1{,}575} \quad \Rightarrow \quad x_2 = \frac{450}{\frac{x_1}{1{,}575}} \quad \Leftrightarrow \quad x_2 = \frac{708{,}75}{x_1}$$

Wegen der Beschränkung der durchschnittlichen Fahrgeschwindigkeit gilt dieser Zusammenhang allerdings nicht für sämtliche Werte von x_1 bzw. x_2. Daher müssen die minimalen Inputquantitäten in Abhängigkeit von der durchschnittlichen Fahrgeschwindigkeit bestimmt werden. Aus der formalen Beschreibung des Produktionsraumes Z ergibt sich:

für $\rho = 60$: $x_1 \geq 94{,}5$ und $x_2 \geq 7{,}5$
für $\rho = 100$: $x_1 \geq 157{,}5$ und $x_2 \geq 4{,}5$

Der minimale Dieselverbrauch beträgt 94,5 Liter (bei einer Fahrzeit von 7,5 Stunden) und die minimale Fahrzeit 4,5 Stunden (bei einem Dieselverbrauch von 157,5 Litern).

Der Produktionsraum ist in Bild 2.6-2 dargestellt. Dort sind auch die Produktionsräume für $\rho = 60$, $\rho = 75$, $\rho = 90$ und $\rho = 100$ angedeutet, um zu zeigen, dass sich der Produktionsraum quasi aus unendlich vielen Produktionsräumen für fixierte Fahrgeschwindigkeiten – wie sie in Teilaufgabe a) gegeben waren – zusammensetzt. Außerdem wird durch die Produktionsräume für die untere und obere Schranke der Fahrgeschwindigkeit auch die weiter oben beschriebene Eingrenzung des Bereichs deutlich, für den der ermittelte funktionale Zusammenhang zwischen Dieselverbrauch und Einsatzzeit des Busses gilt.

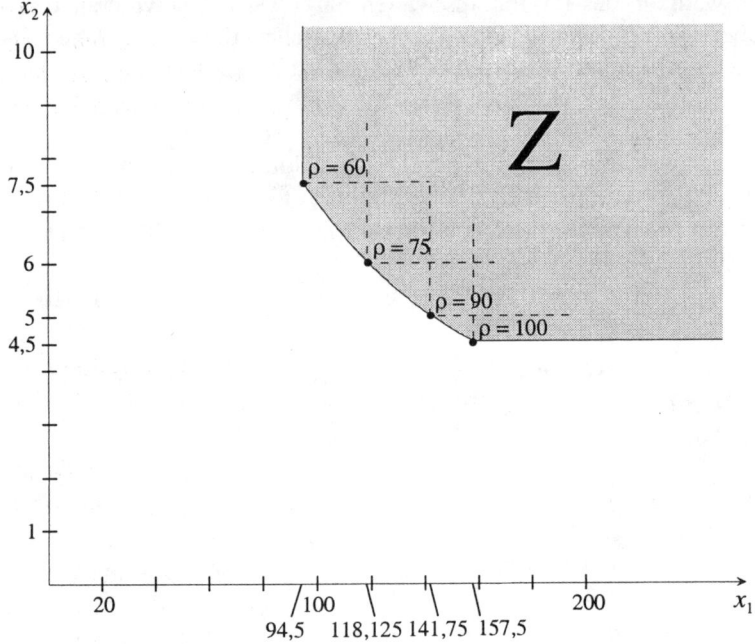

Bild 2.6-2: *Faktordiagramm des Produktionsraumes für variable durchschnittliche Fahrgeschwindigkeiten*

c) Die Inputquantität an verbrauchtem Diesel wird auf höchstens 210 Liter beschränkt, was zu folgendem Produktionsraum führt:

$$\mathbf{Z} = \left\{ (-x_1, -x_2, y_3) \in \mathbb{R}^3 \middle| 210 \geq x_1 \geq 0{,}0035 \rho y_3;\ x_2 \geq \frac{y_3}{\rho};\ y_3 \geq 0;\right.$$

$$\left. 60 \leq \rho \leq 100 \right\}$$

Um den Produktionsraum in einem x_2, y_3-Diagramm darstellen zu können, werden zuerst analog zu Teilaufgabe b) die beiden ersten Ungleichungen in Gleichungen umgeformt und zusammengefasst:

$$\rho = \frac{210}{0{,}0035 y_3} \Leftrightarrow \rho = \frac{60.000}{y_3} \Rightarrow x_2 = \frac{y_3}{\frac{60.000}{y_3}} \Leftrightarrow x_2 = \frac{y_3^2}{60.000}$$

Die letzte Gleichung gibt die minimale Einsatzzeit des Busses in Abhängigkeit von der Fahrstrecke an, und zwar unter der Bedingung, dass 210 Liter Diesel verbraucht werden. (Hinweis: Je nach Entfernung des Reiseziels muss entsprechend sparsam gefahren, d.h. die Fahrgeschwindigkeit angepasst werden.) Allerdings gilt auch dieser Zusammenhang nicht für sämtliche Werte von x_2 bzw. y_3, denn die Beschränkung der Fahrgeschwindigkeit ρ muss auch hier weiterhin berücksichtigt werden. Für die untere und obere Grenze der durchschnittlichen Fahrgeschwindigkeit ergibt sich gemäß der ersten Ungleichung der formalen Darstellung des Produktionsraumes:

$$\text{für } \rho = 60: \quad 60 \leq \frac{60.000}{y_3} \quad \Leftrightarrow \quad y_3 \leq 1.000$$

$$\text{für } \rho = 100: \quad 100 \leq \frac{60.000}{y_3} \quad \Leftrightarrow \quad y_3 \leq 600$$

Die maximale Fahrstrecke mit 210 Litern Benzin beträgt 1.000 km bei einer durchschnittlichen Fahrgeschwindigkeit von 60 km/h und 600 km bei einer durchschnittlichen Fahrgeschwindigkeit von 100 km/h.

Die minimale Einsatzzeit des Busses hängt nicht nur von der Fahrgeschwindigkeit ab, sondern auch von der tatsächlich zurückgelegten Fahrstrecke. Aus obigen Ungleichungen folgt, dass bis zu einer Fahrstrecke von 600 km ohne Rücksicht auf die Tankfüllung mit der höchsten Durchschnittsgeschwindigkeit ($\rho = 100$) gefahren werden kann und die Einsatzzeit des Busses insofern gemäß der zweiten Ungleichung in der formalen Darstellung des Produktionsraumes nur von der Fahrstrecke abhängt:

$$x_2 \geq \frac{y_3}{100} \quad \text{für } y_3 \leq 600$$

Will der Bus eine weitere Strecke als 600 km zurücklegen und dabei gleichzeitig möglichst kurze Zeit unterwegs sein, so muss er die Fahrgeschwindigkeit so anpassen, dass er gerade mit den 210 Litern Diesel auskommt. Die Einsatzzeit des Busses ergibt sich dann – unter der Voraussetzung, dass auch Verschwendungen dieses Faktors möglich sind – dadurch, dass man die oben ermittelte Gleichung für die minimale Einsatzzeit in eine Ungleichung umwandelt:

$$x_2 \geq \frac{y_3^2}{60.000} \quad \text{für } 600 < y_3 \leq 1.000$$

Eine weitere Ausdehnung der Fahrstrecke über 1.000 km ist, wie bereits erwähnt, wegen des beschränkten Tankinhalts nicht mehr möglich. Die Einsatzzeit des Busses kann auf Grund von Wartezeiten während des Programms etc. jedoch höher als die sich aus obiger Ungleichung für $y_3 = 1.000$ ergebende reine Fahrzeit von 16 $^2/_3$ Stunden liegen.

Bild 2.6-3 verdeutlicht grafisch den durch den Tankinhalt eingeschränkte Produktionsraum.

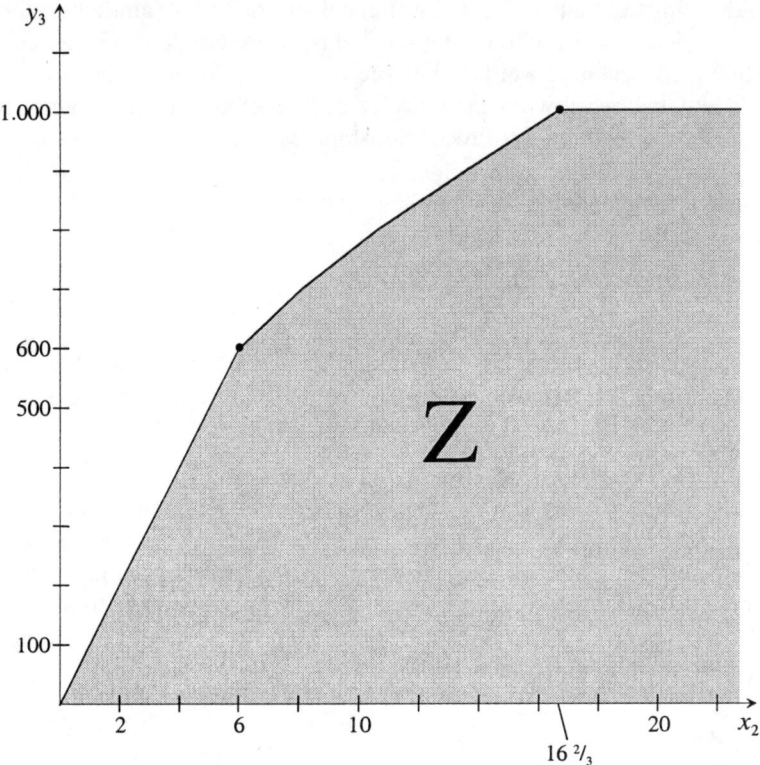

Bild 2.6-3: x_2, y_3-Diagramm des Produktionsraumes für einen maximalen Dieselverbrauch von 210 Litern

d) Wenn die Einsatzzeit des Busses auf 10 Stunden beschränkt ist und mindestens vier Stunden für das Programm vorgesehen sind, darf die reine Fahrzeit maximal sechs Stunden betragen. Nicht die maximale Einsatzzeit von 10 Stunden, sondern die maximale Fahrzeit von 6 Stunden ist daher für die technischen Zusammenhänge zur Fahrstrecke und zum Dieselverbrauch relevant, sodass sie zur Bestimmung des Produktionsraumes herangezogen werden muss:

$$\mathbf{Z} = \left\{ (-x_1, -x_2, y_3) \in \mathbb{R}^3 \middle| \; x_1 \geq 0{,}0035 \rho y_3; \; 6 \geq x_2 \geq \frac{y_3}{\rho}; \; y_3 \geq 0; \; 60 \leq \rho \leq 100 \right\}$$

Um den Produktionsraum in einem x_1, y_3-Diagramm darstellen zu können, werden zuerst wieder wie in den Teilaufgaben b) und c) die beiden ersten Ungleichungen in Gleichungen umgeformt und zusammengefasst:

Lektion 2: Techniken und Restriktionen

$$6 = \frac{y_3}{\rho} \quad \Leftrightarrow \quad \rho = \frac{y_3}{6} \quad \Rightarrow \quad x_1 = 0{,}0035\left(\frac{y_3}{6}\right)y_3 \quad \Leftrightarrow \quad x_1 = \frac{0{,}0035 y_3^2}{6}$$

Die letzte Gleichung gibt den minimalen Dieselverbrauch in Abhängigkeit von der Fahrstrecke an, und zwar unter der Bedingung, dass die Fahrzeit des Busses sechs Stunden bzw. seine Einsatzzeit zehn Stunden beträgt. Allerdings gilt auch dieser Zusammenhang nicht für sämtliche Werte von x_1 bzw. y_3, denn die Beschränkung der Fahrgeschwindigkeit ρ muss auch hier wieder berücksichtigt werden. Für die untere und obere Schranke der durchschnittlichen Fahrgeschwindigkeit ergibt sich gemäß der zweiten Ungleichung der formalen Darstellung des Produktionsraumes **Z**:

für $\rho = 60$: $\quad 60 \geq \dfrac{y_3}{6} \quad \Leftrightarrow \quad y_3 \leq 360$

für $\rho = 100$: $\quad 100 \geq \dfrac{y_3}{6} \quad \Leftrightarrow \quad y_3 \leq 600$

Die maximale Fahrstrecke in sechs Stunden beträgt 600 km bei einer durchschnittlichen Fahrgeschwindigkeit von 100 km/h und 360 km bei einer durchschnittlichen Fahrgeschwindigkeit von 60 km/h.

Der minimale Dieselverbrauch hängt nicht nur von der Fahrgeschwindigkeit ab, sondern auch von der tatsächlich zurückgelegten Fahrstrecke. Aus obigen Ungleichungen folgt, dass bis zu einer Fahrstrecke von 360 km ohne Rücksicht auf die maximale Fahr- bzw. Einsatzzeit des Busses mit der niedrigsten Durchschnittsgeschwindigkeit ($\rho = 60$) gefahren werden kann, und der minimale Dieselverbrauch insofern gemäß der ersten Ungleichung der formalen Darstellung des Produktionsraumes **Z** von der Fahrstrecke abhängt:

$$x_1 \geq 0{,}0035 \cdot 60 y_3 \quad \Leftrightarrow \quad x_1 \geq 0{,}21 y_3 \quad \text{für } y_3 \leq 360$$

Soll der Bus weiter als 360 km und dabei gleichzeitig möglichst treibstoffsparend fahren, so muss man die Fahrgeschwindigkeit so anpassen, dass der Bus gerade sechs Stunden für die Hin- und Rückfahrt benötigt. Der mögliche Dieselverbrauch ergibt sich dann an Hand der zur oben ermittelten Gleichung für den minimalen Dieselverbrauch kompatiblen Ungleichung:

$$x_1 \geq \frac{0{,}0035 y_3^2}{6} \quad \text{für } 360 < y_3 \leq 600$$

Eine weitere Ausdehnung der Fahrstrecke über 600 km ist wegen der beschränkten Einsatzzeit nicht mehr möglich. Der Dieselverbrauch kann jedoch höher liegen als der sich aus obiger Ungleichung für $y_3 = 600$ ergebende Wert von 210 Litern, z.B. wenn der Busfahrer den Motor beim Warten auf die Reisenden warm laufen lässt.

In Bild 2.6-4 ist der durch die Einsatzzeit beschränkte Produktionsraum dargestellt.

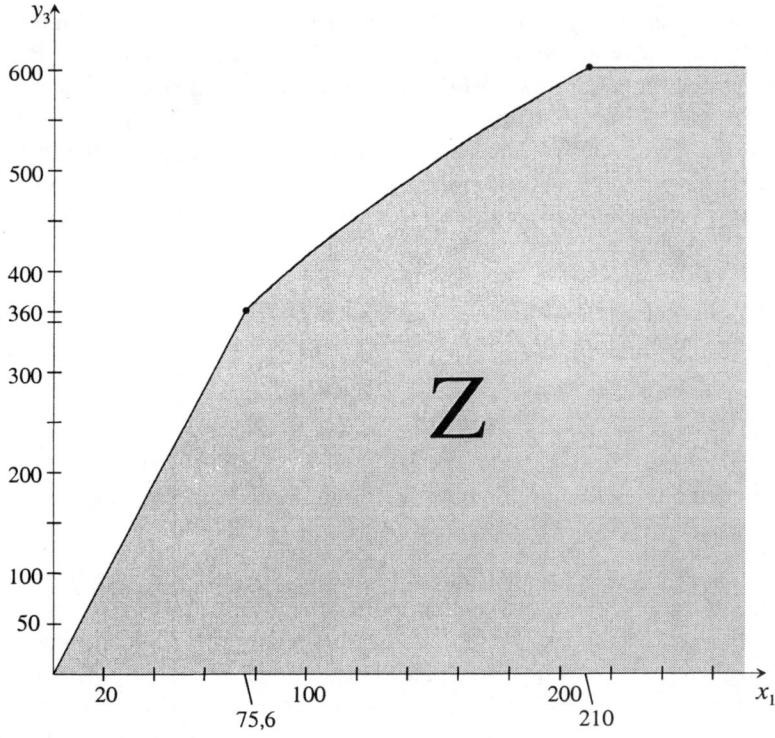

Bild 2.6-4: x_1, y_3-Diagramm des Produktionsraumes für eine maximale Einsatzzeit des Busses von 10 Stunden

3 Additive Technologie

Ü 3.1	Elementare Techniken	/DY 03/, L. 3.3.1 + 3.2
Ü 3.2	Typen von I/O-Graphen und Elementare Techniken	/DY 03/, L. 3.2.3 + 3.3.1
Ü 3.3	Einstufige Techniken	/DY 03/, L. 3.3.2 + 3.2
Ü 3.4	Mehrstufige Techniken	/DY 03/, L. 3.3.3 + 3.2
Ü 3.5	Zyklische Techniken	/DY 03/, L. 3.3.4 + 3.2
Ü 3.6	Identifikation von Technikformen	/DY 03/, L. 3.3

Ü 3.1 Elementare Techniken
(Die Aufgabe wird in Ü 3.4 weitergeführt.)

Bei der Fertigung von Antriebswellen werden unter anderem folgende Arbeitsgänge durchgeführt:

- Kreissäge: Eine Eisenstange (3 m lang) wird vollständig in 10 cm lange Stücke zersägt
- Schrägbettdrehmaschine: Ein Eisenstück wird mit Hilfe von 0,2 l Kühlwasser 30 Sekunden lang zu einer ungeschliffenen Welle gedreht
- Rundschleifmaschine: Während des Schleifvorgangs der ungeschliffenen Welle fallen neben der fertigen Welle 5 g Metallspäne und 0,5 l Abwasser an.

a) Zeichnen Sie jeweils zu den einzelnen Vorgängen die I/O-Graphen, geben Sie die Grundaktivitäten an und stellen Sie das allgemeine algebraische Modell unter der Prämisse auf, dass die beschriebenen Aktivitäten eine additive Technik beschreiben! Berücksichtigen Sie dabei nur die im Text genannten Objektarten!

b) Erweitern Sie den letzten Teilschritt derart, dass er durch Hinzufügen bisher unbeachteter Objektarten einen anderen Strukturtyp annimmt!

Lösung:

Bei den in dieser Aufgabe beschriebenen Arbeitsgängen handelt es sich um elementare Techniken, d.h. Techniken, die aus einem einzelnen Prozess bestehen. Sie lassen sich jeweils durch eine einzige Grundaktivität darstellen. Nach der Anzahl der beachteten Input- und Outputobjekte lassen sich vier verschiedene Typen klassifizieren:

- glatte Produktion: Ein Input und ein Output (Typ 1:1)
- konvergierende Produktion: Mehrere Inputs und ein Output (Typ m:1)
- divergierende Produktion: Ein Input und mehrere Outputs (Typ 1:n)
- umgruppierende Produktion: Mehrere Inputs und mehrere Outputs (Typ m:n).

Die vier verschiedenen Strukturtypen werden an Hand der folgenden Beispiele verdeutlicht. Erwähnt sei vorab, dass in der Produktionswirtschaftslehre die Einteilung der Prozesse üblicherweise nicht an Hand sämtlicher Input- und Outputobjekte vorgenommen, sondern lediglich auf die stofflichen Objekte (materielle Repetierfaktoren und Produkte) bezogen wird. In diesem Fall wird von einem glatten, konvergierenden, divergierenden bzw. umgruppierenden Materialfluss gesprochen.

a) Beim Sägeprozess handelt es sich um eine *glatte* bzw. durchgängige Produktion (Typ 1:1), bei der aus einer Inputart (Eisenstangen) eine Outputart (Eisenstücke) entsteht. Bild 3.1-1 zeigt hierzu den abstrakten I/O-Graphen.

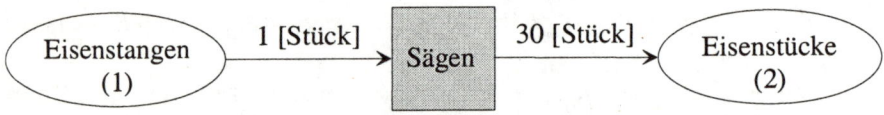

Bild 3.1-1: *Abstrakter I/O-Graph des Arbeitsgangs 'Sägen'*

Die Grundaktivität des Sägeprozesses lautet in der z-Version für die Objektarten Eisenstangen ($k = 1$) und Eisenstücke ($k = 2$):

$$\mathbf{z} = (z_1; z_2) = (-1; 30)$$

und das algebraische Modell in x,y-Version

$$x_1 = 1\lambda$$
$$30\lambda = y_2$$

oder verkürzt:

$$y_2 = 30 x_1$$

Der Koeffizient in der Gleichung ($b_2/a_1 = 30$) ist der so genannte *Ausbeutekoeffizient*, der angibt, wie viele Einheiten des Outputs entstehen, wenn eine Einheit des Inputs eingesetzt wird. Der umgedrehte funktionale Zusammenhang

$$x_1 = \tfrac{1}{30} y_2$$

verdeutlicht an Hand des sog. *Produktionskoeffizienten* ($a_1/b_2 = 1/30$), wie viele Einheiten des Inputs eingesetzt werden müssen, damit eine Einheit des Outputs entsteht.

Welcher dieser beiden Gleichungen man sich sinnvollerweise bedient, hängt von der Sichtweise des Produzenten ab. Will er wissen, wie viele Eisenstücke beim Einsatz einer bestimmten Quantität an Eisenstangen entstehen, so eignet sich hierfür die erste Gleichung. Dagegen beantwortet die zweite Gleichung eher die Frage, wie viele Eisenstangen benötigt werden, um eine bestimmte Anzahl an Eisenstücken herzustellen. Wenn die Technik nicht größenproportional ist (sondern wie angenommen nur additiv), gilt die Gleichung nur für bestimmte Vielfache der Größe y_2, nämlich für 30, 60, 90 usw.

Der in Bild 3.1-2 dargestellte Prozess 'Drehen' ist bei ausschließlicher Beachtung der in der Aufgabenstellung angegebenen Objektarten dem *konvergierenden* Strukturtyp (Typ m:1) zuzuordnen. Da mit den Eisenstücken und dem Kühlwasser zumindest zwei materielle Repetierfaktoren Berücksichtigung finden, ist der Prozess auch durch einen konvergierenden Materialfluss gekennzeichnet. Ohne Berücksichtigung des Kühlwassers würde er hingegen – obwohl vom Typ m:1 – einen glatten Materialfluss aufweisen.

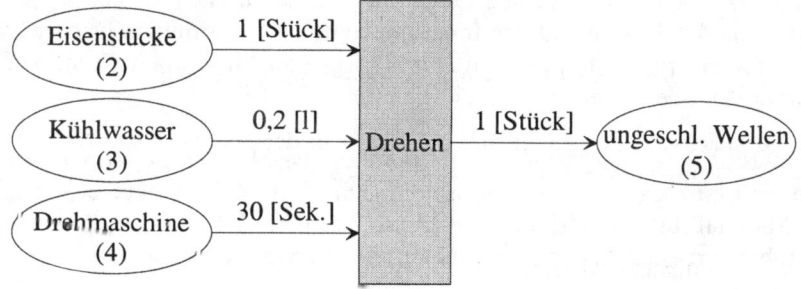

Bild 3.1-2:   *Abstrakter I/O-Graph des Arbeitsgangs 'Drehen'*

Die Grundaktivität lautet für die Objektarten Eisenstücke ($k = 2$), Kühlwasser ($k = 3$), Maschineneinsatz ($k = 4$) und ungeschliffene Wellen ($k = 5$):

$\mathbf{z} = (z_2; z_3; z_4; z_5) = (-1; -0{,}2; -30; 1)$

(Hinweis: Um den 'Zusammenbau' der Prozesse zu einem mehrstufigen Prozess in Ü 3.4 zu vereinfachen, werden die Objektnummern nicht für jeden Prozess neu vergeben, sondern sind für gleiche Objektarten stets identisch. Die Grundaktivität enthält daher keine Objektart 1.)

Aus der Grundaktivität ergibt sich das folgende algebraische Modell:

$x_2 = 1\lambda$
$x_3 = 0,2\lambda$
$x_4 = 30\lambda$
$1\lambda = y_5$

Will man die Abhängigkeiten der Inputquantitäten von der Outputquantität direkt modellieren, so ergibt sich durch Einsetzen der vierten Gleichung des Modells in die anderen Gleichungen:

$x_2 = 1y_5$
$x_3 = 0,2y_5$
$x_4 = 30y_5$

Die Koeffizienten in den Gleichungen sind wiederum als Produktionskoeffizienten (a_i/b_5 für $i = 2, 3, 4$) aufzufassen. (Hinweis: Analog zum Arbeitsgang 'Sägen' ist es auch denkbar, den Zusammenhang zwischen Eisenstücken und ungeschliffenen Wellen anders herum darzustellen, wenn die Eisenstücke die den Prozess bestimmende Objektart sind. Dagegen erscheint es aus sachlichen Erwägungen nicht sinnvoll, den Output an ungeschliffenen Wellen in Abhängigkeit von den beiden anderen Inputobjektarten zu bestimmen. Dann wäre es schon besser, die Quantitäten an Kühlwasser und Maschineneinsatz auf die Inputquantität der Eisenstücke zu beziehen.)

Der in Bild 3.1-3 dargestellte Schleifprozess ist als *divergierender* Prozess (Typ 1:*n*) einzustufen. Da er ausschließlich stoffliche Objekte beachtet, ist sein Materialfluss ebenfalls divergierend, d.h. beim Einsatz einer materiellen Inputobjektart entstehen mehrere materielle Outputobjektarten.

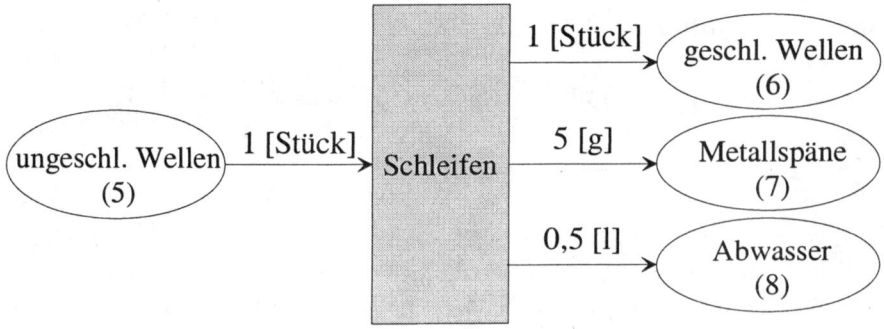

Bild 3.1-3: *Abstrakter I/O-Graph des Arbeitsgangs 'Rundschleifen'*

Lektion 3: Additive Technologie

Für die Objektarten ungeschliffene Wellen ($k = 5$), geschliffene Wellen ($k = 6$), Metallspäne ($k = 7$) und Abwasser ($k = 8$) gilt folgende Grundaktivität:

$$\mathbf{z} = (z_5; z_6; z_7; z_8) = (-1; 1; 5; 0{,}5)$$

aus der sich das algebraische Modell ableiten lässt:

$$x_5 = 1\lambda$$
$$1\lambda = y_6$$
$$5\lambda = y_7$$
$$0{,}5\lambda = y_8$$

Zur Vereinfachung lassen sich durch Einsetzen der ersten Gleichung in die übrigen Gleichungen die Abhängigkeiten der Outputquantitäten von der Inputquantität direkt modellieren:

$$y_6 = 1x_5$$
$$y_7 = 5x_5$$
$$y_8 = 0{,}5x_5$$

Die Koeffizienten der drei Gleichungen geben die Outputquantitäten an, die bei Einsatz einer ungeschliffenen Welle entstehen. Der Koeffizient der ersten Gleichung ist dabei als Ausbeutekoeffizient zu bezeichnen, während die Koeffizienten der beiden anderen Gleichungen Rückstands- bzw. Emissionskoeffizienten sind. (Hinweis: Spiegelbildlich zur Modellierung des Drehprozesses ist, wenn überhaupt, eine Modellierung mittels Produktionskoeffizienten nur für die Beziehung zwischen ungeschliffenen und geschliffenen Wellen sinnvoll.)

b) Der Arbeitsgang 'Schleifen' aus Teilaufgabe a) wird dem *umgruppierenden* Strukturtyp *m:n* zugeordnet, wenn noch weitere Inputobjektarten beachtet werden. Handelt es sich dabei um zusätzliche materielle Inputobjektarten, dann weist er auch eine umgruppierende Materialflussstruktur auf. Dies wäre z.B. dann der Fall, wenn wie beim Arbeitsgang 'Drehen' der Einsatz eines Kühlmittels beachtet wird.

Für einen Maschineneinsatz ($k = 9$) von 60 Sekunden und einen Input an Kühlmitteln ($k = 10$) von 0,3 l pro Prozessdurchführung ergibt sich beispielsweise folgende Grundaktivität:

$$\mathbf{z} = (z_5; z_6; z_7; z_8; z_9; z_{10}) = (-1; 1; 5; 0{,}5; -60; -0{,}3)$$

Bild 3.1-4 verdeutlicht diese Grundaktivität an Hand des entsprechenden I/O-Graphen.

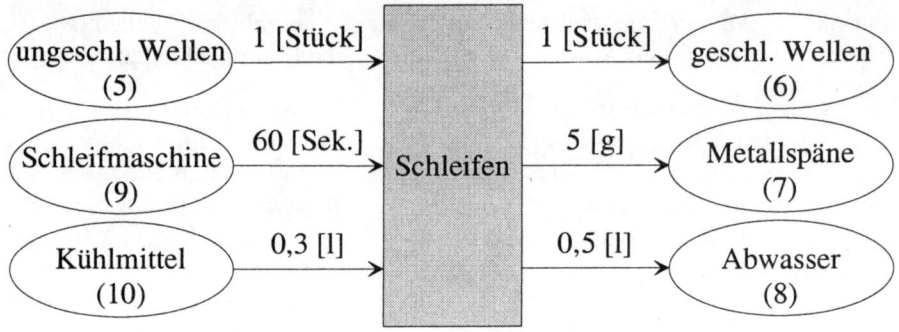

Bild 3.1-4: *Erweiterter abstrakter I/O-Graph des Arbeitsgangs 'Rundschleifen'*

Aus der Grundaktivität lässt sich folgendes algebraisches Modell ableiten:

$$x_5 = 1\lambda$$
$$1\lambda = y_6$$
$$5\lambda = y_7$$
$$0,5\lambda = y_8$$
$$x_9 = 60\lambda$$
$$x_{10} = 0,3\lambda$$

Bezieht man den Produktionsprozess auf die Inputobjektart ungeschliffene Wellen, so lässt sich der Arbeitsgang folgendermaßen modellieren:

$$y_6 = 1x_5$$
$$y_7 = 5x_5$$
$$y_8 = 0,5x_5$$
$$x_9 = 60x_5$$
$$x_{10} = 0,3x_5$$

Er lässt sich sachlogisch aber auch wie folgt auf die Outputobjektart geschliffene Wellen beziehen:

$$x_5 = 1y_6$$
$$y_7 = 5y_6$$
$$y_8 = 0,5y_6$$
$$x_9 = 60y_6$$
$$x_{10} = 0,3y_6$$

Lektion 3: Additive Technologie

(Hinweis: Eine andere Modellierung erscheint dagegen aus sachlichen Überlegungen wenig sinnvoll.)

Wie gezeigt, hängt die Einteilung eines Prozesses gemäß seines Strukturtyps von den beachteten Objektarten ab. Schon bei einem durchschnittlichen Detaillierungsgrad der Analysen werden i.d.R. die meisten Prozesse dem Strukturtyp $m{:}n$ entsprechen. Werden zur Einteilung allerdings nur die Materialflüsse betrachtet, so sind in der Praxis neben umgruppierenden Prozessen auch die anderen Materialflusstypen zu beobachten.

Ü 3.2 Typen von I/O-Graphen & Elementare Techniken

Bei der Demontage von 26 Altautos fallen u.a. 127 Reifen, 26 Motoren, 65 Scheibenwischer und 247 Liter Benzin an. Andere Objekte, wie etwa die Karosserien, werden nicht beachtet.

a) Zeichnen Sie den I/O-Graphen! Unter welchen Voraussetzungen handelt es sich dabei um einen konkreten oder abstrakten I/O-Graphen?

b) Um welchen Strukturtyp elementarer Techniken (bzw. Materialflusstyp) handelt es sich bei der Altautodemontage? Ist diese Zuordnung eindeutig?

c) Stellen Sie das Produktionsmodell mit direkten Verknüpfungen zwischen dem Altautoinput und den verschiedenen Objektarten unter der Voraussetzung dar, dass eine additive Technik vorliegt!

Lösung:

a) Ein konkreter I/O-Graph beschreibt eine einzige (singuläre) Aktivität. Ein I/O-Graph ist dagegen als abstrakt zu kennzeichnen, wenn er musterhaft alle möglichen Produktionen beschreibt, also etwa dann, wenn auch alle beliebigen (ganzzahligen) Vielfachen der dem I/O-Graphen zu Grunde liegenden Aktivität möglich sind. Ob ein I/O-Graph abstrakter oder konkreter Art ist, wird i.d.R. aus dem Kontext klar.

Der I/O-Graph in Bild 3.2-1 stellt den in der Aufgabenstellung beschriebenen Sachverhalt dar. Es dürfte sich eher um einen konkreten I/O-Graphen handeln. Sämtliche Input- und Outputkoeffizienten nehmen 'krumme' Werte an, und eine Normierung an Hand eines bestimmten Input- oder Outputkoeffizienten ist nicht erkennbar. Dies weist darauf hin, dass eine konkrete, zurückliegende Aktivität beschrieben wird, etwa die (vergangene) Wochenproduktion eines kleinen Schrotthändlers.

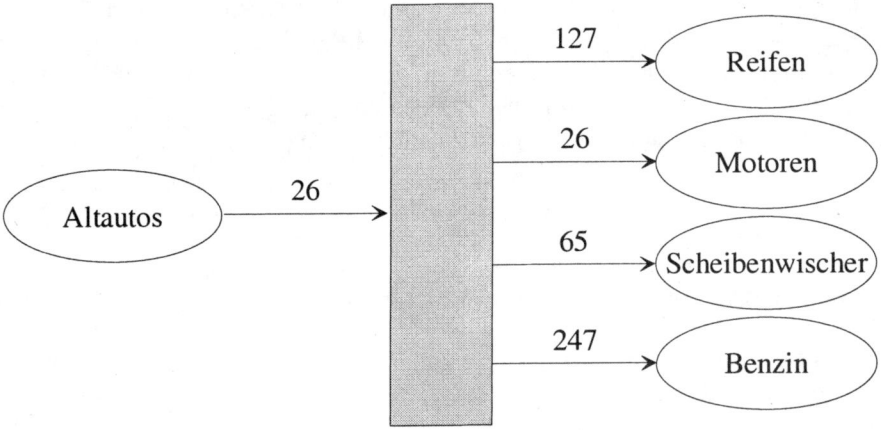

Bild 3.2-1:   *I/O-Graph der Altautodemontage*

b) Nach der Beschreibung der Produktionszusammenhänge in der Aufgabenstellung handelt es sich um eine divergierende Produktion (Typ 1:*n*). Gerade Demontageprozesse lassen sich häufig durch einen solchen divergierenden Materialfluss charakterisieren. Allerdings können sie auch durch einen umgruppierenden Materialfluss gekennzeichnet sein, wenn weitere materielle Repetierfaktoren, wie etwa Lösemittel für geklebte Verbindungen, berücksichtigt werden. (Hinweis: In der doch recht einfachen, da wenige Objektarten beachtenden Modellierung könnte ein weiteres Indiz dafür zu sehen sein, dass es sich wohl eher um die Abbildung einer vergangenen Produktion handelt.)

c) Unter der Voraussetzung einer additiven Technik lautet das algebraische Modell des in der Aufgabenstellung geschilderten Produktionszusammenhangs für die Objektarten Altautos ($k = 1$), Reifen ($k = 2$), Motoren ($k = 3$), Scheibenwischer ($k = 4$) und Benzin ($k = 5$):

$$x_1 = 26\lambda$$
$$127\lambda = y_2$$
$$26\lambda = y_3$$
$$65\lambda = y_4$$
$$247\lambda = y_5$$

oder bezogen auf die Inputobjektart Altautos:

$$y_2 = {}^{127}\!/_{26}\, x_1 = 4{,}88 x_1$$
$$y_3 = {}^{26}\!/_{26}\, x_1 = 1 x_1$$
$$y_4 = {}^{65}\!/_{26}\, x_1 = 2{,}5 x_1$$
$$y_5 = {}^{247}\!/_{26}\, x_1 = 9{,}5 x_1$$

(Hinweis: Nur für eine additive Technik erscheint das beschriebene Produktionsmodell sinnvoll. Trifft die Prozessbeschreibung dagegen, wie in Teilaufgabe a) vermutet, lediglich auf einen einzigen Prozess zu, so besteht das mathematische Modell nur aus dem zum I/O-Graph kompatiblen I/O-Vektor.)

Ü 3.3 Einstufige Techniken

Zeichnen Sie zu den nachfolgenden Fällen den I/O-Graphen, geben Sie die Technikmatrix an und stellen Sie das Produktionsmodell auf! Um welchen Strukturtyp handelt es sich jeweils?

I) Ein Fahrzeughersteller bietet von einem bestimmten Modell drei Varianten an: Schrägheck, Stufenheck und Kombiheck. Zur Produktion der Heckpartie werden je nach Typ Heckklappen, Heckscheibenwischer, Kofferraumdeckel, Befestigungen der Dachreling (nur beim Kombiheck) und Rückleuchten benötigt.

II) In einem Schlachthof werden Schweine, Rinder und Kälber verarbeitet. Bei der Schlachtung fallen neben den hier nicht betrachteten Fleischstücken u.a. folgende Objektarten an: Kopf, Knochen, Darm. (Es wird kein Unterschied zwischen den Knochen-, Kopf- oder Darmarten gemacht.) Beim Schwein erhält man 20 kg Knochen, 8 kg Kopf, 11 kg Darm, beim Rind 48 kg Knochen, 12 kg Kopf, 35 kg Darm. Die Kalbschlachtung ergibt 17 kg Knochen, 6 kg Kopf und 10 kg Darm.

III) Die Zubereitung einer Tiefkühlpackung Tortellini kann entweder mit Hilfe einer Leistungsabgabe von 4 Minuten in der Mikrowelle unter Beigabe von 0,15 l Milch oder bei einer Leistungsabgabe von 10 Minuten im E-Herd unter Beigabe von 0,2 l Milch erfolgen.

IV) Aus 2 m × 2 m großen Glasplatten werden sowohl Couchtischplatten der Größe 100 cm × 80 cm als auch Ecktischplatten der Größe 60 cm × 60 cm geschnitten. Dabei soll das verfügbare Material so zerschnitten werden, dass keine Reststücke größer 60 cm × 60 cm übrig bleiben.

V) Auf Grund steigender Nachfrage bezieht der Tischproduzent aus IV) von einem weiteren Zulieferer Platten der Größe 1,6 m × 1,6 m, die ebenfalls zur Produktion der in IV) genannten Tischplatten eingesetzt werden.

VI) Ein Produzent muss ein Produkt, das an zwei verschiedenen Standorten (SO 1, SO 2) in gleicher Qualität gefertigt wird, an drei Betriebsstätten (SO 3, SO 4, SO 5) zur Weiterbearbeitung liefern.

Lösung:

Die Produktionen der Fälle I bis VI lassen sich durch einstufige Techniken beschreiben. Dies sind solche Techniken, bei denen jede Objektart eindeutig entweder als Input oder als Output klassifiziert werden kann. Die in Ü 3.1 und Ü 3.2 behandelten elementaren Techniken stellen Sonderfälle einstufiger Techniken dar, welche sich durch eine einzige Grundaktivität beschreiben lassen. Die in dieser Aufgabe behandelten Produktionen sind dagegen komplexer und lassen sich nur durch mehrere Grundaktivitäten, zusammengefasst in einer Technikmatrix, abbilden. Es gibt fünf grundsätzliche Typen einstufiger Techniken:

- outputseitig determinierte Produktion
- inputseitig determinierte Produktion
- Verfahrenswahl zur Herstellung eines Outputs
- Verfahrenswahl zur Nutzung eines Inputs
- Transportprozesse

Die Gestalt ihrer I/O-Graphen, Technikmatrizen und algebraischen Modelle sei im Folgenden an Hand der verschiedenen Beispiele exemplarisch verdeutlicht.

I) Der geschilderte Zusammenhang wird in Bild 3.3-1 dargestellt.

Es handelt sich um eine *outputseitig determinierte* Produktion, d.h. bei Vorgabe aller Outputquantitäten sind die Inputquantitäten eindeutig festgelegt. Jede Outputart ist eineindeutig mit einem Prozesskasten verbunden. (Hinweis: Eineindeutigkeit bedeutet, dass jede Objektart mit genau einem Prozesskasten, aber auch umgekehrt jeder Prozesskasten mit genau einer Objektart verbunden ist.)

Die aus den drei Grundaktivitäten zusammengesetzte Technikmatrix lautet für die Inputarten Heckklappe ($k = 1$), Heckscheibenwischer ($k = 2$), Kofferraumdeckel ($k = 3$), Befestigungen der Dachreling ($k = 4$) und Rückleuchten ($k = 5$) sowie die Outputarten Heckpartie Schrägheck ($k = 6$), Heckpartie Stufenheck ($k = 7$) und Heckpartie Kombiheck ($k = 8$):

$$M = \begin{pmatrix} -1 & 0 & -1 \\ -1 & 0 & -1 \\ 0 & -1 & 0 \\ 0 & 0 & -2 \\ -2 & -2 & -2 \\ 1 & 0 & 0 \\ 0 & 1 & 0 \\ 0 & 0 & 1 \end{pmatrix}$$

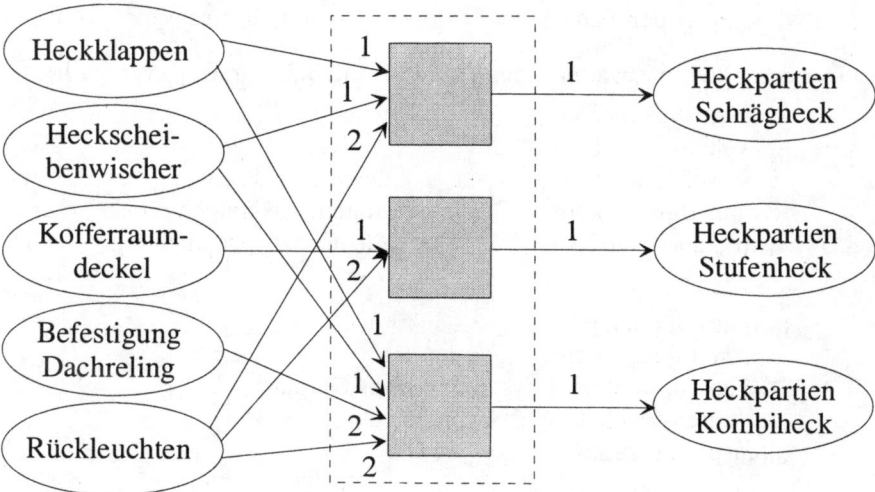

Bild 3.3-1: *I/O Graph der Produktion dreier PKW-Heckpartien*

Das zur Technikmatrix gehörige algebraische Modell lautet unter Einbeziehung der Prozessniveaus λ^ρ (ρ = 1, 2, 3) in x,y-Schreibweise:

$$\begin{aligned}
x_1 &= 1 \cdot \lambda^1 && + 1 \cdot \lambda^3 \\
x_2 &= 1 \cdot \lambda^1 && + 1 \cdot \lambda^3 \\
x_3 &= && 1 \cdot \lambda^2 \\
x_4 &= && && 2 \cdot \lambda^3 \\
x_5 &= 2 \cdot \lambda^1 + 2 \cdot \lambda^2 + 2 \cdot \lambda^3 \\
& \quad 1 \cdot \lambda^1 && && = y_6 \\
& && 1 \cdot \lambda^2 && = y_7 \\
& && && 1 \cdot \lambda^3 = y_8
\end{aligned}$$

oder durch Eliminierung der Prozessniveaus verkürzt:

$x_1 = 1 \cdot y_6 \qquad\quad + 1 \cdot y_8$
$x_2 = 1 \cdot y_6 \qquad\quad + 1 \cdot y_8$
$x_3 = \qquad\quad 1 \cdot y_7$
$x_4 = \qquad\qquad\qquad\quad 2 \cdot y_8$
$x_5 = 2 \cdot y_6 + 2 \cdot y_7 + 2 \cdot y_8$

Die Koeffizienten vor den Outputvariablen sind Produktionskoeffizienten, die angeben, wie viele Inputeinheiten zur Produktion einer Outputeinheit benötigt werden.

II) Der geschilderte Zusammenhang wird in Bild 3.3-2 grafisch verdeutlicht.

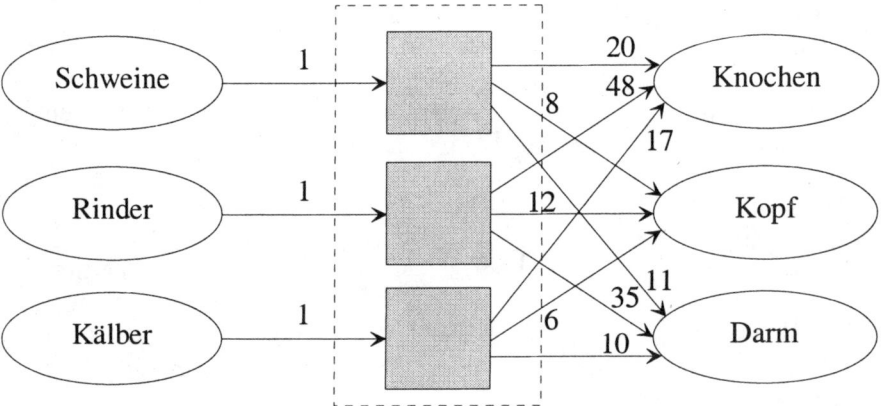

Bild 3.3-2: *I/O-Graph der Tierschlachtung*

Hierbei handelt es sich um eine *inputseitig determinierte* Produktion, die bezüglich des I/O-Graphen und der Modellierung spiegelbildlich zur outputseitig determinierten Produktion des Falls I ist. Bei Vorgabe aller Inputquantitäten sind die Outputquantitäten eindeutig festgelegt. Jede Inputart ist eineindeutig mit einem Prozesskasten verbunden.

Für die Inputarten Schweine ($k = 1$), Rinder ($k = 2$) und Kälber ($k = 3$) sowie die Outputarten Knochen ($k = 4$), Kopf ($k = 5$) und Darm ($k = 6$) lautet die Technikmatrix:

$$M = \begin{pmatrix} -1 & 0 & 0 \\ 0 & -1 & 0 \\ 0 & 0 & -1 \\ 20 & 48 & 17 \\ 8 & 12 & 6 \\ 11 & 35 & 10 \end{pmatrix}$$

Das zur Technikmatrix gehörige algebraische Modell lautet unter Einbeziehung der Prozessniveaus λ^ρ (ρ = 1, 2, 3) in x,y-Schreibweise

$$x_1 = 1 \cdot \lambda^1$$
$$x_2 = 1 \cdot \lambda^2$$
$$x_3 = 1 \cdot \lambda^3$$
$$20 \cdot \lambda^1 + 48 \cdot \lambda^2 + 17 \cdot \lambda^3 = y_4$$
$$8 \cdot \lambda^1 + 12 \cdot \lambda^2 + 6 \cdot \lambda^3 = y_5$$
$$11 \cdot \lambda^1 + 35 \cdot \lambda^2 + 10 \cdot \lambda^3 = y_6$$

oder durch Eliminierung der Prozessniveaus verkürzt:

$$y_4 = 20 \cdot x_1 + 48 \cdot x_2 + 17 \cdot x_3$$
$$y_5 = 8 \cdot x_1 + 12 \cdot x_2 + 6 \cdot x_3$$
$$y_6 = 11 \cdot x_1 + 35 \cdot x_2 + 10 \cdot x_3$$

Die Koeffizienten vor den Inputvariablen sind Ausbeute- bzw. Rückstandskoeffizienten, die angeben, wie viele Outputeinheiten beim Einsatz einer Inputeinheit entstehen.

III) Der I/O-Graph zum geschilderten Produktionszusammenhang ist in Bild 3.3-3 dargestellt.

Hier liegt der Strukturtyp der *Verfahrenswahl bei der Herstellung eines Outputs* vor. Ihn zeichnet aus, dass ein Outputobjekt auf verschiedene Weise aus den Inputobjekten kombiniert werden kann. Wie Bild 3.3-3 zeigt, ist das Outputobjekt mit mehreren Prozesskästen verbunden. (Hinweis: Es liegt somit bei diesem Strukturtyp keine eineindeutige Zuordnung zwischen Prozessen und Outputobjekten vor, sondern nur eine eindeutige Zuordnung der Prozesse zum Output.) Daraus folgt, dass bei Vorgabe der herzustellenden Outputquantität die Quantitäten der Inputobjekte nicht eindeutig bestimmt werden können. Hierzu bedarf es vielmehr einer Aussage darüber, welcher Prozess wie oft durchgeführt wird.

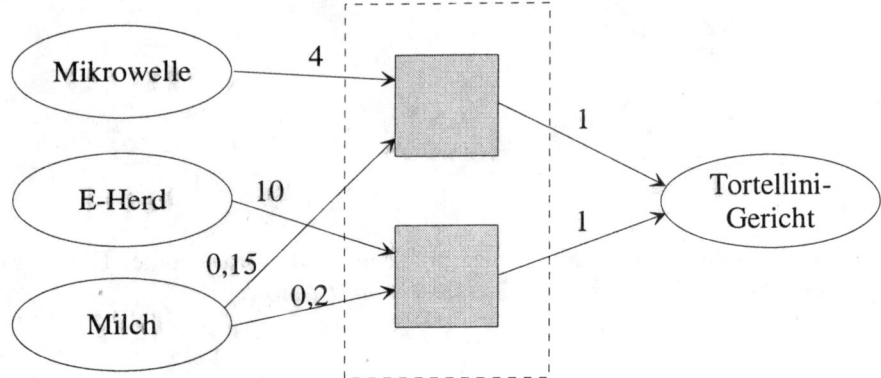

Bild 3.3-3: *I/O-Graph der Produktion eines Tortellini-Schnellgerichts*

Die Technikmatrix setzt sich aus den Grundaktivitäten der beiden Verfahren zusammen und lautet für die Objektarten Mikrowelle ($k = 1$), E-Herd ($k = 2$), Milch ($k = 3$) und Tortellini-Gericht ($k = 4$):

$$\mathbf{M} = \begin{pmatrix} -4 & 0 \\ 0 & -10 \\ -0{,}15 & -0{,}2 \\ 1 & 1 \end{pmatrix}$$

Das zur Technikmatrix kompatible algebraische Modell lautet unter Einbeziehung der Prozessniveaus λ^ρ ($\rho = 1, 2$) in x,y-Schreibweise:

$$\begin{aligned} x_1 &= 4 \cdot \lambda^1 \\ x_2 &= 10 \cdot \lambda^2 \\ x_3 &= 0{,}15 \cdot \lambda^1 + 0{,}2 \cdot \lambda^2 \\ & 1 \cdot \lambda^1 + 1 \cdot \lambda^2 = y_4 \end{aligned}$$

Will man die direkten Abhängigkeiten der Inputquantitäten von der Outputquantität modellieren, so ist es bei der Verfahrenswahl notwendig, die gesamte Outputquantität in diejenigen Outputquantitäten aufzuspalten, die in den einzelnen Prozessen entstehen. Kenntlich gemacht wird dies durch einen zusätzlichen (oberen) Index ρ ($\rho = 1, 2$) für die Outputvariable y_4:

$$x_1 = 4 \cdot y_4^1$$
$$x_2 = 10 \cdot y_4^2$$
$$x_3 = 0{,}15 \cdot y_4^1 + 0{,}2 \cdot y_4^2$$
$$y_4^1 + y_4^2 = y_4$$

Bei den Koeffizienten vor den Outputvariablen in den ersten drei Gleichungen handelt es sich wiederum um Produktionskoeffizienten.

IV) Die große Glasplatte kann auf verschiedene Weise in kleinere Glasplatten zerschnitten werden. Sinnvolle Schnittmuster mit unterschiedlichen Ausbringungskoeffizienten der beiden Outputarten sind in Bild 3.3-4 dargestellt. (Hinweis: Die entstehenden Reststücke werden hier nicht beachtet. Was genau unter sinnvollen Schnittmustern zu verstehen ist, wird in Ü 6.2 und Ü 6.4 näher erläutert.)

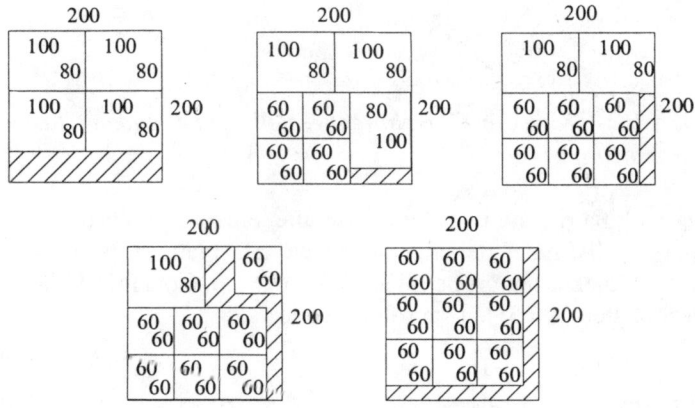

Bild 3.3-4: *Sinnvolle Schnittmuster der Glasplattenherstellung aus einer großen Glasplatte der Fläche 2 m × 2 m*

Es handelt sich um eine *Verfahrenswahl bei der Nutzung eines Inputs*. Sie zeichnet sich allgemein aus, dass ein Inputobjekt auf verschiedene Weise in die Outputobjekte aufgespalten werden kann. Bild 3.3-5 zeigt den zugehörigen I/O-Graphen, bei dem spiegelbildlich zur Produktion in Fall III das Inputobjekt mit mehreren Prozesskästen verbunden ist. Bei Vorgabe der eingesetzten Inputquantität können die Quantitäten der Outputobjekte somit nicht eindeutig bestimmt werden, ohne dass die Prozessniveaus der einzelnen Verfahren bekannt sind.

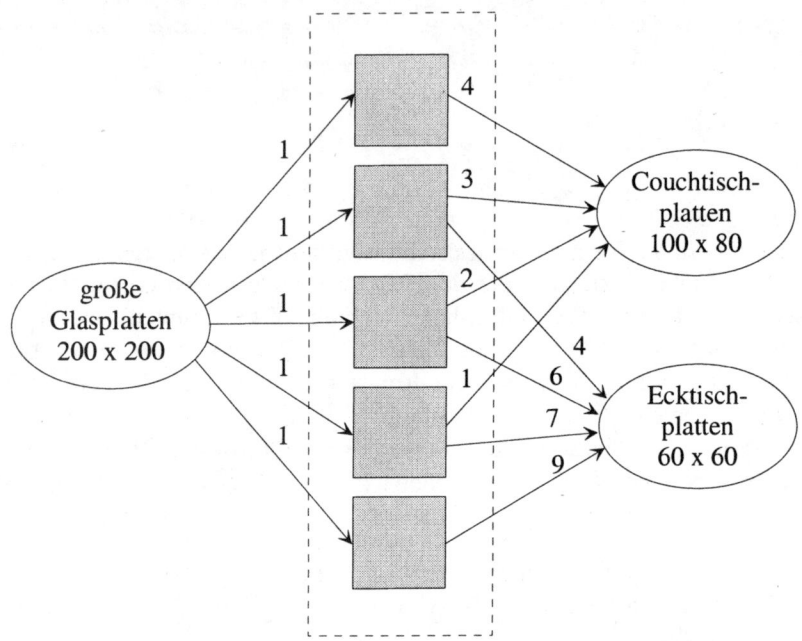

Bild 3.3-5: *I/O-Graph der Glasplattenherstellung mit einem Glasplattentyp als Input*

In der Technikmatrix sind spaltenweise die einzelnen Verfahren (Schnittmuster) dargestellt, nach denen eine große Glasplatte zerschnitten werden kann. Für die Objektarten große Glasplatten ($k = 1$), Couchtischplatten ($k = 2$) und Ecktischplatten ($k = 3$) hat sie folgende Gestalt:

$$\mathbf{M} = \begin{pmatrix} -1 & -1 & -1 & -1 & -1 \\ 4 & 3 & 2 & 1 & 0 \\ 0 & 4 & 6 & 7 & 9 \end{pmatrix}$$

Das zur Technikmatrix kompatible algebraische Modell lautet unter Einbeziehung der Prozessniveaus λ^ρ ($\rho = 1, ..., 5$) in x,y-Schreibweise:

$$x_1 = 1 \cdot \lambda^1 + 1 \cdot \lambda^2 + 1 \cdot \lambda^3 + 1 \cdot \lambda^4 + 1 \cdot \lambda^5$$
$$4 \cdot \lambda^1 + 3 \cdot \lambda^2 + 2 \cdot \lambda^3 + 1 \cdot \lambda^4 \qquad = y_2$$
$$4 \cdot \lambda^2 + 6 \cdot \lambda^3 + 7 \cdot \lambda^4 + 9 \cdot \lambda^5 = y_3$$

Will man die direkten Abhängigkeiten der Outputquantitäten von der Inputquantität modellieren, so ist es analog zu Fall III, allerdings hier für die Inputquantität, notwendig, sie in diejenigen Inputquantitäten der großen Glasplatten aufzuspalten, die nach den einzelnen Schnittmustern zerschnitten werden.

Lektion 3: Additive Technologie

Kenntlich gemacht wird dies wiederum durch den zusätzlichen (oberen) Index ρ ($\rho = 1, \ldots, 5$) und zwar diesmal für die Inputvariable x_1:

$$x_1 = x_1^1 + x_1^2 + x_1^3 + x_1^4 + x_1^5$$
$$4 \cdot x_1^1 + 3 \cdot x_1^2 + 2 \cdot x_1^3 + 1 \cdot x_1^4 = y_2$$
$$4 \cdot x_1^2 + 6 \cdot x_1^3 + 7 \cdot x_1^4 + 9 \cdot x_1^5 = y_3$$

Die Koeffizienten vor den Inputvariablen in den beiden letzten Gleichungen sind Ausbeutekoeffizienten, die angeben, wie viele kleine Glasplatten beim Zerschneiden einer großen Glasplatte nach einem bestimmten Schnittmuster entstehen.

V) Durch die in der Aufgabenstellung beschriebene Erweiterung handelt es sich bei der Produktion um eine *Verfahrenswahl zur Nutzung zweier Inputs*. Sie stellt keinen eigenen Strukturtyp dar, sondern nur eine Erweiterung der Verfahrenswahl zur Nutzung eines Inputs. (Hinweis: Genau genommen sind beide Typen Spezialfälle eines allgemeinen Strukturtyps 'Verfahrenswahl zur Nutzung von Inputobjekten'.)

Die (in Frage kommenden, sinnvollen) Schnittmuster der zweiten großen Platte sind in Bild 3.3-6 dargestellt.

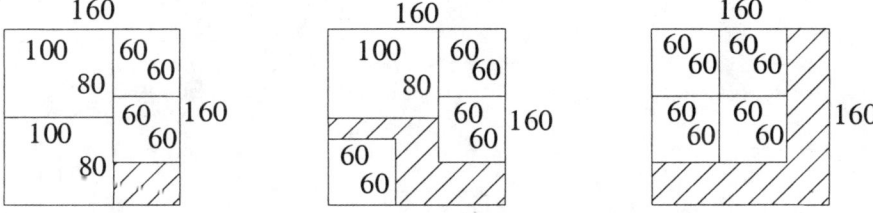

Bild 3.3-6: *Sinnvolle Schnittmuster der Glasplattenherstellung aus einer großen Glasplatte der Fläche 1,6 m × 1,6 m*

Da es für das Zerschneiden der neuen Glasplatten 3 Schnittmuster mit unterschiedlichen Ausbeutekoeffizienten gibt, erweitert sich der I/O-Graph aus Bild 3.3-5 um drei Prozesse (vgl. Bild 3.3-7).

Benennt man die neu hinzugekommene Inputobjektart mit dem Index $k = 4$, so gibt die erweiterte Technikmatrix den Produktionszusammenhang wieder:

$$M = \begin{pmatrix} -1 & -1 & -1 & -1 & -1 & 0 & 0 & 0 \\ 4 & 3 & 2 & 1 & 0 & 2 & 1 & 0 \\ 0 & 4 & 6 & 7 & 9 & 2 & 3 & 4 \\ 0 & 0 & 0 & 0 & 0 & -1 & -1 & -1 \end{pmatrix}$$

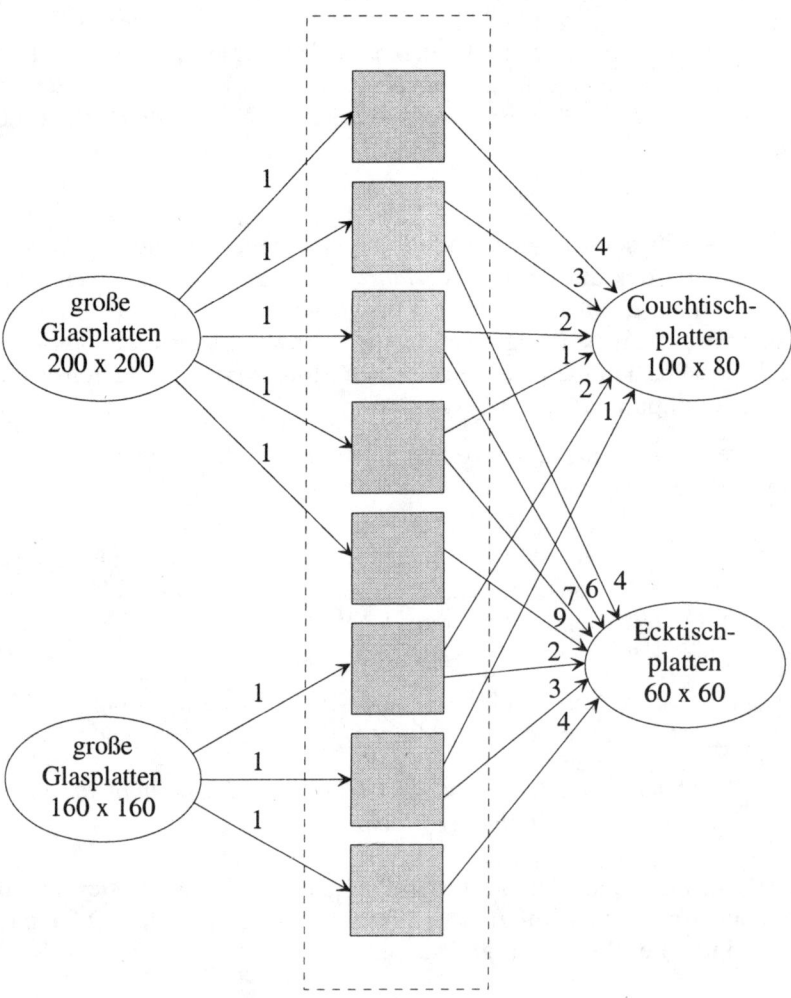

Bild 3.3-7: *I/O-Graph der Glasplattenherstellung mit zwei Glasplattentypen als Input*

Lektion 3: Additive Technologie

Man erkennt sehr deutlich, dass es sich um eine Technik handelt, die aus zwei Verfahrenswahlproblemen zusammengesetzt ist. Die ersten 5 Spalten entsprechen dabei (bei Streichung der letzten Zeile) der Technikmatrix aus Fall IV.

Das zur Technikmatrix gehörige algebraische Modell lautet unter Einbeziehung der Prozessniveaus λ^ρ ($\rho = 1, ..., 8$) in x,y-Schreibweise:

$$x_1 = 1\cdot\lambda^1 + 1\cdot\lambda^2 + 1\cdot\lambda^3 + 1\cdot\lambda^4 + 1\cdot\lambda^5$$
$$4\cdot\lambda^1 + 3\cdot\lambda^2 + 2\cdot\lambda^3 + 1\cdot\lambda^4 \qquad\qquad + 2\cdot\lambda^6 + 1\cdot\lambda^7 \qquad\quad = y_2$$
$$4\cdot\lambda^2 + 6\cdot\lambda^3 + 7\cdot\lambda^4 + 9\cdot\lambda^5 + 2\cdot\lambda^6 + 3\cdot\lambda^7 + 4\cdot\lambda^8 = y_3$$
$$x_4 = \qquad\qquad\qquad\qquad\qquad\qquad\qquad 1\cdot\lambda^6 + 1\cdot\lambda^7 + 1\cdot\lambda^8$$

Dieses Modell lässt sich umformen in ein Modell, aus dem die Abhängigkeiten zwischen Output- und Inputobjekten besser ersichtlich sind:

$$x_1 = \quad x_1^1 + \quad x_1^2 + \quad x_1^3 + \quad x_1^4 + \quad x_1^5$$
$$4\cdot x_1^1 + 3\cdot x_1^2 + 2\cdot x_1^3 + 1\cdot x_1^4 \qquad\qquad + 2\cdot x_4^6 + 1\cdot x_4^7 \qquad\quad = y_2$$
$$4\cdot x_1^2 + 6\cdot x_1^3 + 7\cdot x_1^4 + 9\cdot x_1^5 + 2\cdot x_4^6 + 3\cdot x_4^7 + 4\cdot x_4^8 = y_3$$
$$x_4 = \qquad\qquad\qquad\qquad\qquad\qquad\qquad x_4^6 + \quad x_4^7 + \quad x_4^8$$

VI) Bei diesem Fall handelt es sich um einen *Transportprozess*. Ihn zeichnet aus, dass einerseits jedem Prozess genau eine Input- und eine Outputart zugeordnet ist, und es andererseits für jedes Paar der Input- und Outputarten genau einen Prozess gibt. Bild 3.3-8 zeigt den zugehörigen I/O-Graphen.

Die einzelnen Prozesse verdeutlichen die Lieferung des Produktes von einem Produktionsstandort zu einer Betriebsstätte der Weiterverarbeitung. Die Technikmatrix lautet für die Produktionsstandorte 1 und 2 ($k = 1, 2$) und die Empfangsorte 3, 4 und 5 ($k = 3, 4, 5$):

$$\mathbf{M} = \begin{pmatrix} -1 & -1 & -1 & 0 & 0 & 0 \\ 0 & 0 & 0 & -1 & -1 & -1 \\ 1 & 0 & 0 & 1 & 0 & 0 \\ 0 & 1 & 0 & 0 & 1 & 0 \\ 0 & 0 & 1 & 0 & 0 & 1 \end{pmatrix}$$

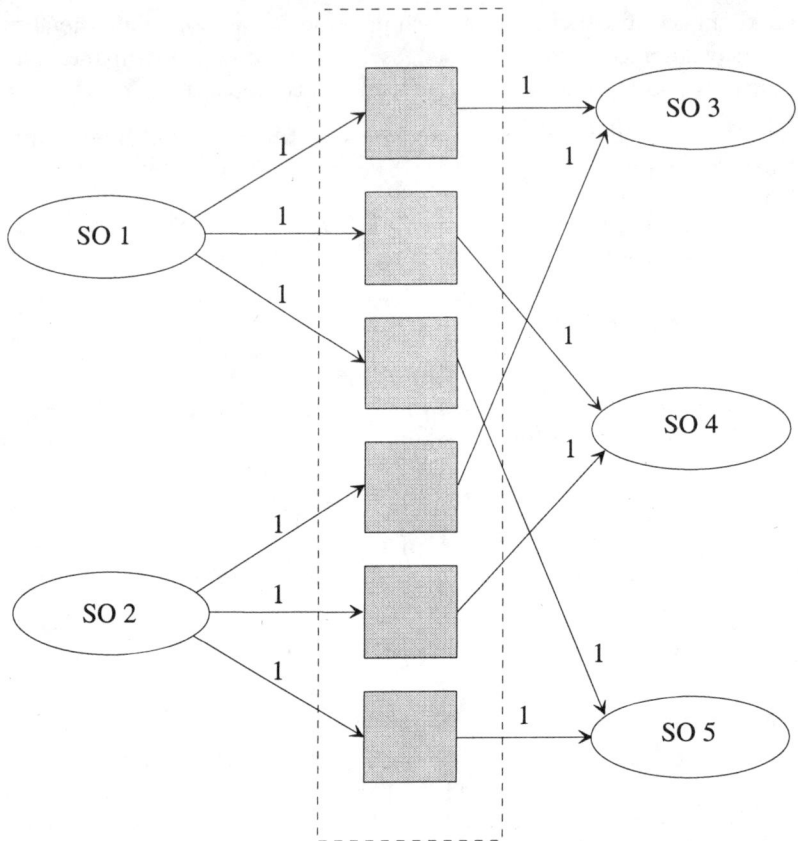

Bild 3.3-8: *I/O-Graph des Transportprozesses*

Das zur Technikmatrix kompatible algebraische Modell lautet mit den Prozessniveaus λ^ρ ($\rho = 1, ..., 6$) in x,y-Schreibweise:

$$
\begin{aligned}
x_1 &= \lambda^1 + \lambda^2 + \lambda^3 \\
x_2 &= \lambda^4 + \lambda^5 + \lambda^6 \\
&\; \lambda^1 + \lambda^4 = y_3 \\
& \lambda^2 + \lambda^5 = y_4 \\
& \lambda^3 + \lambda^6 = y_5
\end{aligned}
$$

Die Prozessniveaus λ^ρ ($\rho = 1, ..., 6$) bezeichnen die Quantitäten, die von einem Produktionsstandort zu einem Empfangsort geliefert werden. So gibt λ^4 etwa die Quantität an, die von Produktionsstandort 2 zu Empfangsort 3 transportiert wird. Die Variablen x_k ($k = 1, 2$) bezeichnen die Quantitäten, die von den Produktionsstandorten k ($k = 1, 2$) insgesamt verschickt werden. Sie spalten sich in die Quantitäten auf, welche an die einzelnen Empfangsorte k (k = 3, 4, 5) geliefert werden. Die Variablen y_k geben dagegen diejenigen Quantitäten an, welche an die Empfangsorte k (k = 3, 4, 5) geliefert werden. Sie setzen sich aus den Quantitäten zusammen, die von den beiden Produktionsstandorten k (k = 1, 2) versandt werden. (Hinweis: Auf Grund der hohen Freiheitsgrade der Planung erscheint es nicht sinnvoll, die Input- und/oder Outputquantitäten aufzuspalten und das Modell in eine Form ohne die Aktivitätsniveaus λ^ρ zu überführen, da die Prozessniveaus bereits die genauen Ströme wiedergeben.)

Ü 3.4 Mehrstufige Techniken (Fortsetzung von Ü 3.1)

Um eine bessere Planung der Gesamtzusammenhänge zu ermöglichen, soll die Wellenherstellung aus Ü 3.1a) als mehrstufige Produktion modelliert werden. Zeichnen Sie den zugehörigen mehrstufigen I/O-Graphen und geben Sie die Technikmatrix sowie das algebraische Modell an!

Lösung:

Zur mehrstufigen Modellierung der Wellenfertigung können die einzelnen Teilschritte modulartig zusammengesetzt werden. In Bild 3.4-1 ist der entsprechende I/O-Graph für die Objektarten Eisenstangen (k = 1), Eisenstücke (k = 2), Kühlwasser (k = 3), Drehmaschineneinsatz (k = 4), ungeschliffene Wellen (k = 5), geschliffene Wellen (k = 6), Metallspäne (k = 7) und Abwasser (k = 8) dargestellt.

Bild 3.4-1 zeigt, dass es mit den Eisenstücken und den ungeschliffenen Wellen so genannte Zwischenoutputobjekte (bzw. vereinfacht Zwischenprodukte) gibt, die in einem Prozess Output, in einem anderen Input darstellen. Dies ist das wesentliche Merkmal, das mehrstufige von einstufigen Techniken unterscheidet.

(Hinweis: In der mehrstufigen Modellierung und in Bild 3.4-1 sind die Einsatzzeiten der Säge- und Schleifmaschine im Gegensatz zur Drehmaschine nicht separat als Objekt berücksichtigt. Dies begründet sich hier ausschließlich damit, dass lediglich die einzelnen Prozesse aus Ü 3.1 'zusammengebaut' werden sollen. Die selektive Berücksichtigung bestimmter Potenzialfaktoren ließe sich allerdings auch dadurch erklären, dass sie wegen vorhandener Engpässe besonders interessieren und deshalb im Gegensatz zu anderen Potenzialfaktoren explizit modelliert werden müssen.)

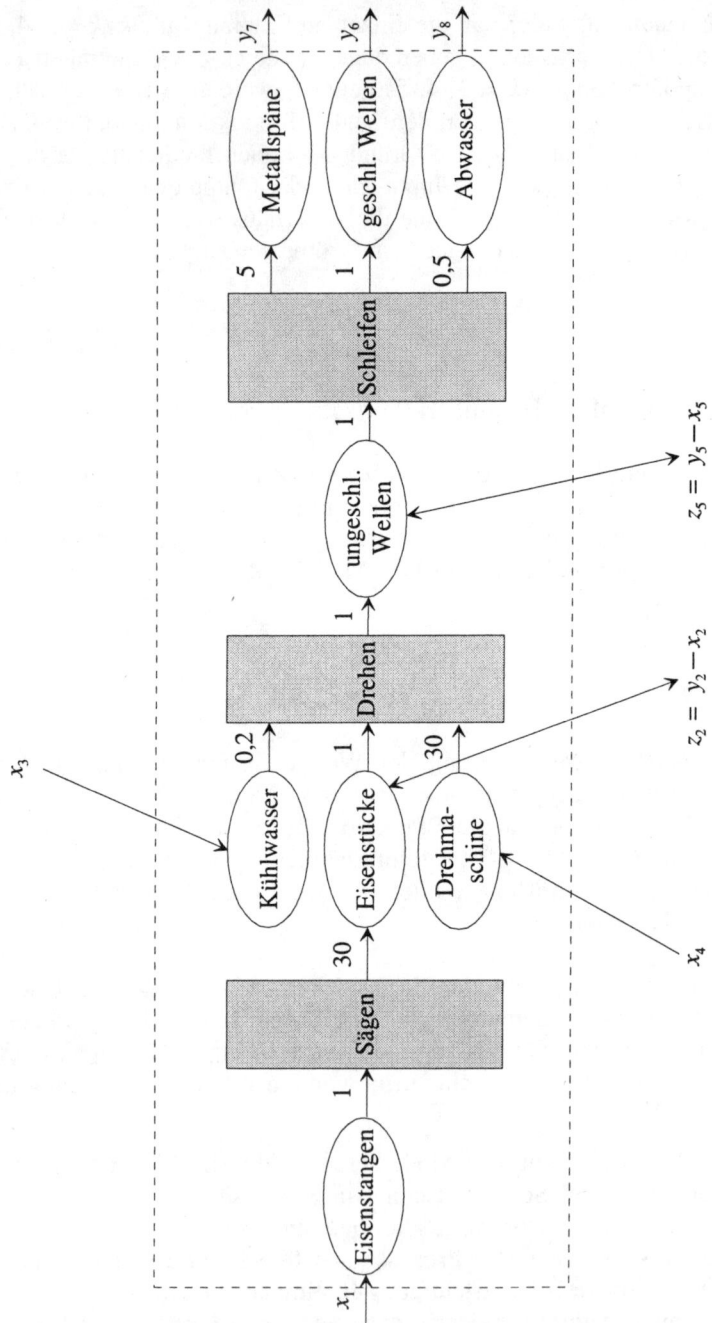

Bild 3.4-1: *Mehrstufiger I/O-Graph der Wellenfertigung*

Bild 3.4-1 verdeutlicht innerhalb des gestrichelt eingezeichneten Kastens die Innenbezüge der Technik, während die Außenbezüge der Technik durch Pfeile vom System nach außen (Output y_k) sowie von außen in das System (Input x_k) eingezeichnet sind. Für die Zwischenprodukte Eisenstücke und ungeschliffene Wellen ist durch die Doppelpfeile angedeutet, dass sie sowohl von außen bezogen als auch nach außen abgegeben werden können. Ihre Input- und Outputquantitäten (x_k bzw. y_k) lassen sich zum Netto-Input bzw. -Output z_k saldieren.

Die Technikmatrix der Wellenfertigung besteht aus den drei Grundaktivitäten der drei Prozesse Sägen, Drehen und Schleifen, die denen aus Ü 3.1a) entsprechen:

$$\mathbf{M} = \begin{pmatrix} -1 & 0 & 0 \\ 30 & -1 & 0 \\ 0 & -0{,}2 & 0 \\ 0 & -30 & 0 \\ 0 & 1 & -1 \\ 0 & 0 & 1 \\ 0 & 0 & 5 \\ 0 & 0 & 0{,}5 \end{pmatrix}$$

In der Technikmatrix zeigt sich der mehrstufige Charakter der Technik dadurch, dass in der zweiten und fünften Zeile sowohl positive als auch negative Einträge vorhanden sind.

Das algebraische Modell zu dieser Produktion lautet:

$$\begin{aligned}
x_1 & & &= \lambda^1 & \\
x_2 &+ 30\lambda^1 & &= \lambda^2 &+ y_2 \\
x_3 & & &= 0{,}2\lambda^2 & \\
x_4 & & &= 30\lambda^2 & \\
x_5 &+ \lambda^2 & &= \lambda^3 &+ y_5 \\
& & \lambda^3 &= & y_6 \\
& & 5\lambda^3 &= & y_7 \\
& & 0{,}5\lambda^3 &= & y_8
\end{aligned}$$

(Hinweis: Auf die explizite Modellierung des Durchsatzes r_k, der für jede Objektart gleich der linken und rechten Seite der Gleichung ist, wurde hier verzichtet. Die Saldierung der Input- und Outputquantitäten der Objektarten Eisenstücke ($k = 2$) und ungeschliffene Wellen ($k = 5$) gemäß $z_k = y_k - x_k$ wurde ebenfalls nicht vorgenommen.)

Ü 3.5 Zyklische Techniken

In einem Braunkohlekraftwerk werden zur Herstellung von 1.000 kWh Strom durchschnittlich 1.130 kg Braunkohle, 2.300 l Wasser und 4.500 m³ Luft eingesetzt. Der zur Produktion benötigte Stromeinsatz von 5 kWh kann dem entstehenden Output entnommen werden. Zeichnen Sie den I/O-Graphen! Bestimmen Sie die Grundaktivität für 1 kWh Strom (unter der Annahme einer größenproportionalen Technik), und geben Sie das Produktionsmodell an!

Lösung:

Den I/O-Graphen für die Herstellung von 1.000 kWh Strom zeigt Bild 3.5-1.

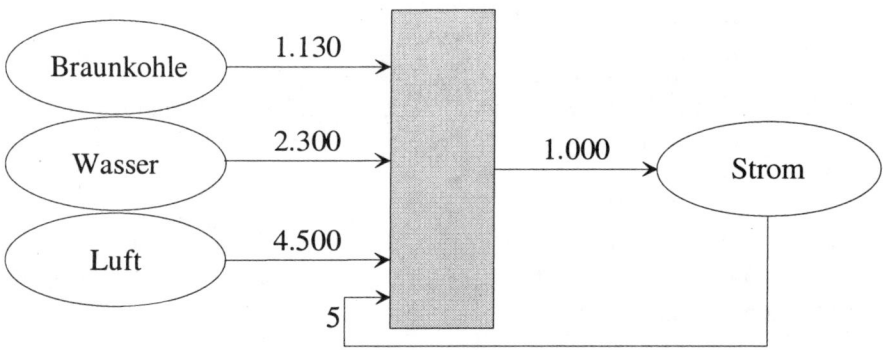

Bild 3.5-1: *I/O-Graph der Stromerzeugung*

Bild 3.5-1 verdeutlicht, dass es sich bei dieser Produktion um eine zyklische Technik handelt. Der Zyklus ist einstufig, d.h. der Output des elementaren Prozesses ist gleichzeitig zu einem Bruchteil Input des selben Prozesses.

Die Grundaktivität zur Herstellung 1 kWh Strom erhält man, indem die angegebenen Werte durch 1.000 dividiert werden. Sie lautet für die Objektarten Braunkohle ($k = 1$), Wasser ($k = 2$), Luft ($k = 3$) und Strom ($k = 4$) in x,y-Schreibweise:

$$(\mathbf{x}; \mathbf{y}) = (1{,}13,\ 2{,}3,\ 4{,}5,\ 0{,}005;\ 0,\ 0,\ 0,\ 1)$$

Dass es sich bei dieser Grundaktivität um die Beschreibung einer (elementaren) zyklischen Technik handelt, erkennt man daran, dass für die Objektart 4 sowohl der Wert für die Inputquantität (x_4) als auch der Wert für die Outputquantität (y_4) größer Null ist. (Hinweis: Um diesen Schluss definitiv ziehen zu können, muss allerdings die Prämisse gelten, dass die Modellierung implizit keine Bestände enthält, was für die Objektart Strom auf Grund der fehlenden Lagerfähigkeit zutrifft; vgl. Ü 1.2.)

Das zugehörige algebraische Modell lautet:

$x_1 = 1{,}13\lambda$
$x_2 = 2{,}3\lambda$
$x_3 = 4{,}5\lambda$
$x_4 + 1\lambda = 0{,}005\lambda + y_4$

Saldiert lässt sich dieses Modell auch in der z-Schreibweise darstellen:

$z_1 = -1{,}13\lambda$
$z_2 = -2{,}3\lambda$
$z_3 = -4{,}5\lambda$
$z_4 = 0{,}995\lambda$

Aus dem saldierten Modell kann man jedoch nicht mehr erkennen, dass es sich um eine zyklische Technik handelt. (Hinweis: Dieses Problem ist nur bei einstufigen Zyklen gegeben, da dort eine Saldierung innerhalb eines Prozesses erfolgt.)

Ü 3.6 Identifikation von Technikformen

Gegeben seien folgende Grundaktivitäten bzw. Technikmatrizen:

$$\text{I)} \begin{pmatrix} -1 \\ -3 \\ 5 \\ 8 \\ 2 \end{pmatrix} \quad \text{II)} \begin{pmatrix} -1 \\ 4 \\ 9 \\ 4 \\ 8 \end{pmatrix} \quad \text{III)} \begin{pmatrix} -2 & 0 \\ 0 & -3 \\ 1 & 3 \\ 4 & 2 \end{pmatrix} \quad \text{IV)} \begin{pmatrix} -1 & -1 & -1 \\ 5 & 3 & 1 \\ 2 & 5 & 6 \\ 1 & 2 & 5 \end{pmatrix}$$

$$\text{V)} \begin{pmatrix} -3 & -4 & -5 & -6 \\ -2 & -2 & -2 & -2 \\ -8 & -6 & -6 & -4 \\ -1 & 0 & -2 & 0 \\ 1 & 1 & 1 & 1 \end{pmatrix} \quad \text{VI)} \begin{pmatrix} -1 & -1 & -1 \\ -4 & -3 & -2 \\ 1 & 0 & 0 \\ 0 & 1 & 0 \\ 0 & 0 & 1 \end{pmatrix}$$

VII) $\begin{pmatrix} -3 & -4 & 0 & 0 \\ -2 & -1 & 0 & 0 \\ 8 & 6 & -1 & -1 \\ 0 & 0 & 2 & 1 \\ 0 & 0 & 1 & 2 \end{pmatrix}$ VIII) $\begin{pmatrix} -1 & 0 & 0 \\ -4 & 0 & 2 \\ 1 & -2 & 0 \\ 0 & 1 & -1 \\ 0 & 0 & 1 \end{pmatrix}$

Erläutern Sie, welcher Produktionsstrukturtyp beschrieben ist, und zeichnen Sie jeweils den zugehörigen I/O-Graphen!

Lösung:

I) Da die Technik durch eine einzige Grundaktivität beschrieben werden kann, handelt es sich um eine *elementare* Technik. An der Produktion sind 2 Input- und 3 Outputobjekte beteiligt, d.h. es handelt sich um eine *umgruppierende* Technik (Typ *m:n*).

II) Auch diese Technik ist *elementar*. Da nur ein Input und 4 Outputs betrachtet werden, liegt eine *divergierende* Produktion (Typ 1:*n*) vor.

III) Bei dieser Technik handelt es sich um eine *inputseitig determinierte, einstufige* Technik. Erstes erkennt man daran, dass jede Grundaktivität genau einen Input einsetzt. Letztes ergibt sich dadurch, dass es keine Objektart gibt, die sowohl Input als auch Output darstellt.

IV) Auch diese Technik ist *einstufig*, da keine Objektart in einem Prozess Input und in einem anderen Prozess Output ist. Da der einzige Input gemäß der drei Grundaktivitäten in die Outputobjekte aufgespalten werden kann, handelt es sich um eine *Verfahrenswahl bei der Nutzung eines Inputs*.

V) Bei dieser Technik handelt es sich um eine *einstufige Verfahrenswahl zur Herstellung eines Outputs*. Dies erkennt man daran, dass das einzige Outputobjekt in allen Grundaktivitäten entsteht. Zu seiner Produktion werden die 4 Inputobjekte nach 4 möglichen Verfahren kombiniert.

VI) Diese Technik ist *einstufig* und *outputseitig determiniert*, denn jede der drei Outputobjekte entsteht in genau einem Prozess, der jeweils 2 Inputobjekte zum Output kombiniert.

VII) Diese Technik ist mehrstufig, da die Objektart 3 Output der ersten beiden Prozesse und Input der letzten beiden Prozesse darstellt. Die Technik ist insofern zweistufig. Auf der ersten Stufe liegt eine *Verfahrenswahl zur Herstellung eines Outputs* vor. Dieser Output wird auf der zweiten Stufe gemäß einer *Verfahrenswahl zur Nutzung eines Inputs* in zwei Outputobjekte aufgespalten.

VIII) Diese Technik beschreibt einen *dreistufigen Zyklus*. Ihren zyklischen Aufbau erkennt man nicht auf Anhieb. Als Beleg hierfür ist die Tatsache zu werten, dass es nicht gelingt, die Objektarten derart zu vertauschen, dass in allen Spalten zuerst (oben) alle Inputobjekte und danach (unten) alle Outputobjekte angegeben werden können. Dreistufig ist der Zyklus, da die drei Prozesse in Reihe hintereinander geschaltet sind. Im ersten Prozess entsteht die Objektart 3, die in den zweiten Prozess als Input eingesetzt wird. Dort entsteht Objektart 4, die in den dritten Prozess eingesetzt wird. Dieser Prozess wiederum bringt Objektart 2 hervor, die als Input in den ersten Prozess gelangt.

In Bild 3.6-1 sind die I/O-Graphen der 8 Techniken zusammenfassend dargestellt.

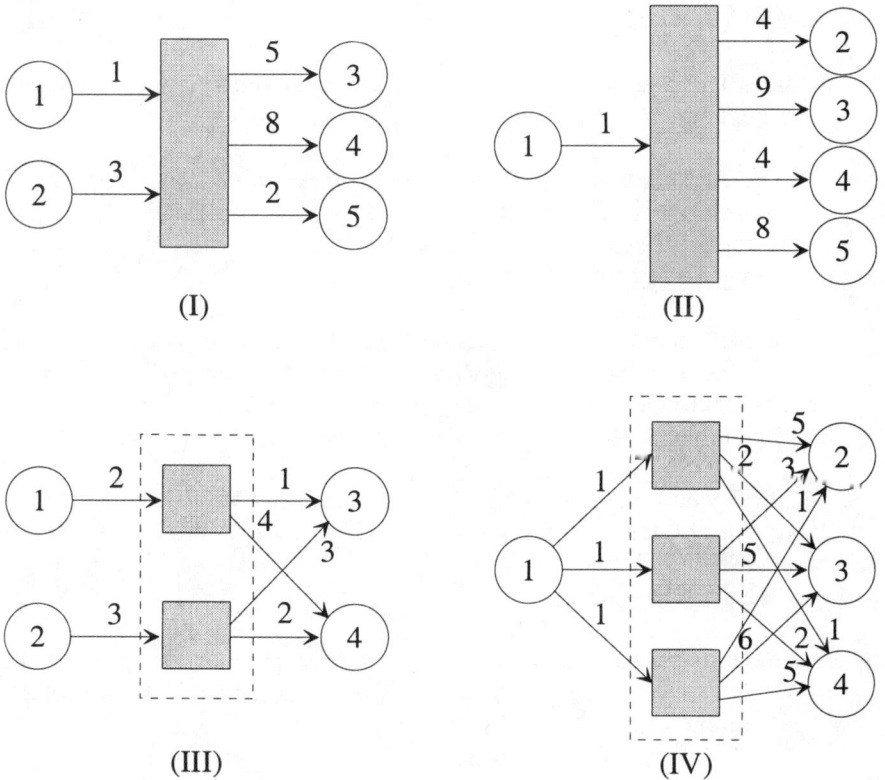

Bild 3.6-1a: *I/O-Graphen der 8 Techniken (erster Teil)*

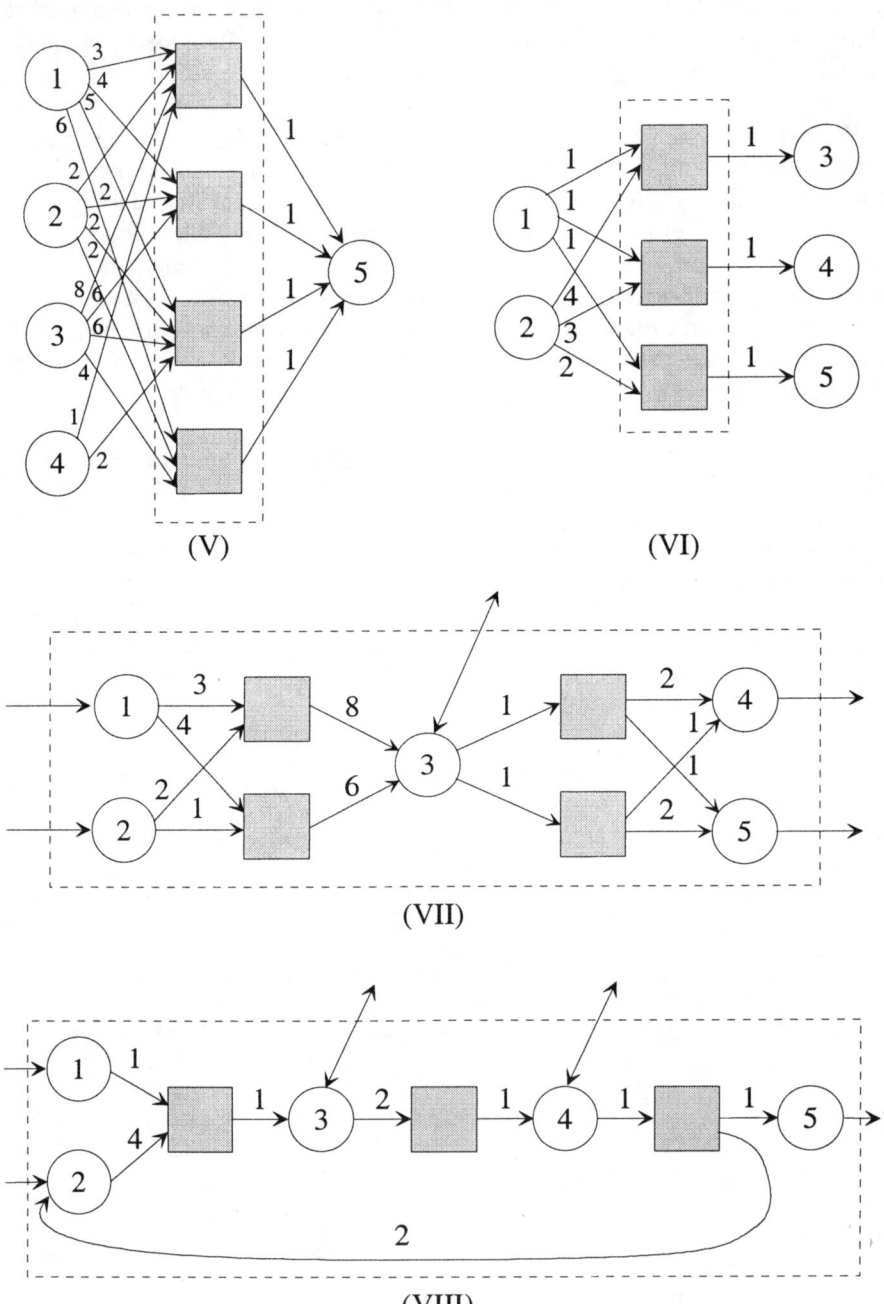

Bild 3.6-1b: *I/O-Graphen der 8 Techniken (zweiter Teil)*

Kapitel B

Produktionstheorie

Während die Objektebene als technisch und die Erfolgsebene als ökonomisch qualifiziert werden können, spielt die mittlere der drei Betrachtungsebenen eine gewisse Zwitterrolle. Einerseits orientiert sich die Produktionstheorie auf der Ergebnisebene noch stark an physischen und technischen Sachverhalten und Kennziffern, andererseits werden schon *Beurteilungen* vorgenommen, d.h. Bewertungen in einer noch schwachen Form. Das Kapitel B behandelt die Produktionstheorie in drei Lektionen. Lektion 4 beschäftigt sich mit der *Erwünschtheit von Objekten* und soll die Identifikation darauf aufbauender Grundannahmen an Techniken sowie die Ermittlung von Ergiebigkeitsmaßen einüben. Daran anschließend werden in Lektion 5 *Dominanzvergleiche* durchgeführt, *effiziente Aktivitäten* von Techniken bestimmt und Kompensationsmaße berechnet. In Lektion 6 werden für den Spezialfall der linearen Produktionstheorie die Ermittlung effizienter Aktivitäten vertieft und Ansätze zur Messung der Ineffizienz von Produktionen behandelt.

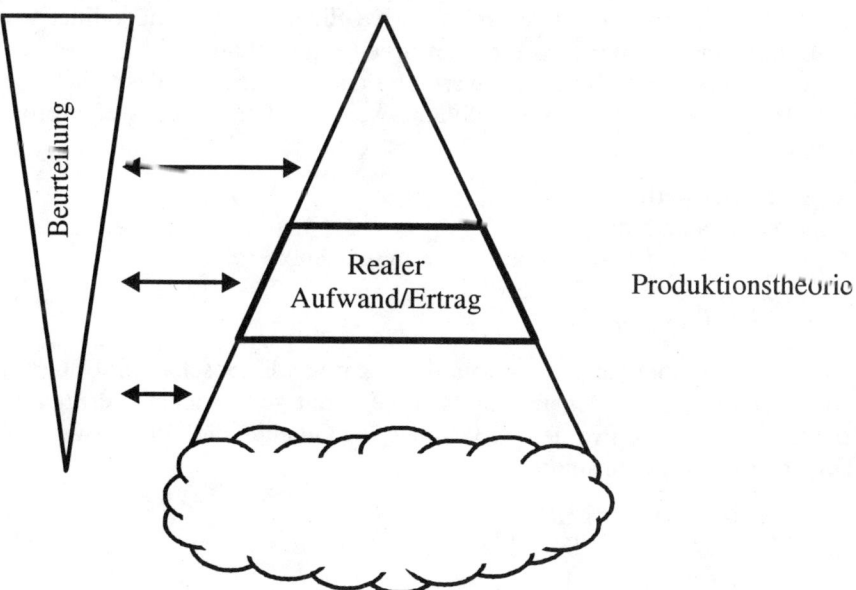

4 Ergebnisse der Produktion

Ü 4.1	Erwünschtheit von Objektarten	/DY 03/, L. 4.2
Ü 4.2	Aufwands- und Ertragskategorien sowie Ergiebigkeitsmaße für einen Produktionsprozess	/DY 03/, L. 4.3
Ü 4.3	Aufwands- und Ertragskategorien sowie Ergiebigkeitsmaße für einen Reduktionsprozess	/DY 03/, L. 4.3
Ü 4.4	Grundannahmen an Techniken	/DY 03/, L. 4.4

Ü 4.1 Erwünschtheit von Objektarten

Verdeutlichen Sie an Hand selbstgewählter Beispiele die 3 Kategorien beachteter Objektarten: Güter, Übel, Neutra! Von welchen Faktoren ist die Einteilung konkreter Objekte in die drei Kategorien abhängig?

Lösung:

Jedem Objekt können positive und negative Eigenschaften zugeordnet werden. Bei einem *Gut* überwiegen die positiven Eigenschaften. Es besitzt einen positiven Gebrauchs- oder Tauschwert, und man möchte über das Objekt verfügen. Beispiele für Objekte, die üblicherweise als Güter eingestuft werden, sind:

- ein neuwertiger PKW
- ein Diamantring
- eine Eintrittskarte für ein hochrangiges Sportereignis
- eine Reise in die Südsee
- ein Fahrraddynamo.

Bei einem Übel überwiegen dagegen die negativen Eigenschaften. Daher bewertet man das Objekt negativ und will die damit verbundenen Verfügungspflichten abgeben ('loswerden'). Beispiele für Objekte, die üblicherweise als Übel eingestuft werden, sind:

- ein schrottreifer PKW
- Verpackungsabfälle
- eine leere Autobatterie
- Kernreaktormüll
- die Verpflichtung, vor einem Grundstück Schnee zu räumen.

(Hinweis: Das Schneeräumen an sich ist eine Aktivität. Die vertragliche Vereinbarung, diese Aktivität durchzuführen, ist dagegen als (immaterielles) Objekt anzusehen. Für eine Reihe von Dienstleistungen sind diese enge Verbindung zwischen Aktivität und Objekt und die damit verbundenen Abgrenzungsschwierigkeiten typisch; vgl. zur prozessorientierten Sichtweise von Dienstleistungen /DY 03/, S. 48f., sowie Ü 1.4)

Bei einem Neutrum gleichen sich die positiven und negativen Eigenschaften im Rahmen gewisser Fühlbarkeitsschwellen aus. Man steht ihm indifferent gegenüber und misst ihm keinen Wert bei. Beispiele für oftmals als Neutra eingestufte Objekte sind:

- die Atemluft
- Stoffreste beim Nähen
- ungefiltert an die Natur abgegebene unschädliche Abwässer
- das Recht zur Teilnahme an der Bundestagswahl.

Die Einteilung eines Objekts in die drei Erwünschtheitskategorien ist nicht immer eindeutig. Sie unterliegt vor allem der *Subjektivität*, d.h. ein Wirtschaftssubjekt stuft bestimmte Objekte als Güter ein, während diese für ein anderes Wirtschaftssubjekt Neutra oder Übel darstellen. So sind Zigaretten für Nichtraucher häufig ein Übel, während Raucher sie als Gut einstufen, was sich allein schon daran erkennen lässt, dass sie dafür Geld ausgeben und teilweise mitten in der Nacht zum Zigarettenautomat gehen. Auch die Einteilung immaterieller Objekte, wie das mit einem Gutschein verknüpfte Recht auf einen Fallschirmsprung, ist stark von den persönlichen Vorlieben abhängig.

Der *Ort seines Anfalls* relativiert die Einteilung des Objekts ebenfalls. So ist Regenwasser in der Wüste ein kostbares Gut, während der Monsunregen in den Tropen als Übel empfunden wird. Die üblicherweise als Neutrum eingestufte Atemluft ist für Taucher unter Wasser ein sehr kostbares Gut.

Der *Zeitpunkt des Anfalls* spielt bei der Einteilung des Objekts ebenfalls eine Rolle. So wurden die bereits angesprochenen Zigaretten nach dem Zweiten Weltkrieg auch von Nichtrauchern, die den Zigaretten keinerlei Gebrauchswert beimaßen, als Güter eingestuft, da sie als Ersatzwährung galten und dadurch einen Tauschwert besaßen. Als weiteres Beispiel können Austauschteile eines Altautos dienen, die nur dann als Gut klassifiziert werden, wenn sie noch (wieder-)verwendet werden können. Dies ist oft nur dann der Fall, wenn der Autotyp noch gebaut wird oder wenn zumindest noch genügend Fahrzeuge dieses Typs das Austauschteil als Ersatzteil benötigen.

Letztes Beispiel kann auch zur Verdeutlichung der Einflussgröße *Menge des Anfalls* dienen. Solange weniger Austauschteile als benötigte Ersatzteile vorhanden sind, werden die Austauschteile als Güter angesehen. Sind dagegen mehr Austauschteile vorhanden, als für den Ersatzteilbedarf benötigt werden, so stellen die überschüssigen Austauschteile unter Umständen Übel dar, wenn sie mit Aufwand zu entsorgen sind. Ein ähnliches Beispiel sind verderbliche Waren auf einem Wochenmarkt, deren Überschuss zu einem Übel wird. Aus diesem Grund werden manche Waren am Ende der Marktöffnungszeiten auch beinahe kostenlos abgegeben.

Als letzter Einflussfaktor auf die Einteilung der Objekte kann der *Informationsstand* genannt werden. Dieser Aspekt betrifft u.a. schädliche Substanzen, die erst nach Entdeckung ihrer Giftigkeit als Übel eingestuft werden, aber auch medizinische Wirkstoffe, deren Wirkung sich erst nach etlichen Versuchen attestieren lässt.

Ü 4.2 Aufwands- und Ertragskategorien sowie Ergiebigkeitsmaße für einen Produktionsprozess

Ein Getränkeproduzent benötigt zur Herstellung seiner Jahresproduktion u.a. 9.163 m^3 Quellwasser, 1.574 Mg Gerste, 15.955 kg Hopfen und 58 Mg Kohlensäure. Ebenfalls werden 28.033 Kästen, 10,5 Mio. Kronenkorken, 3,3 Mio. Schraubverschlüsse und 17,4 Mio. Etiketten eingesetzt. Für den Maschineneinsatz verbraucht der Produzent 1.555 kg Schmieröle. Außerdem werden Luft und Leitungswasser in nicht quantifizierten Mengen verbraucht. Neben 40.299 hl Bier und 20.134 hl alkoholfreien Getränken fallen u.a. 38.680 m^3 Abwasser, 2.405 Mg Wasserdampf, 1.030 kg Kohlendioxid, 554 kg Schwefeldioxid und 1.820 Mg Abfälle zur Verwertung an. Des Weiteren entstehen Wärme und Abluft in nicht quantifizierter Menge.

a) Stellen Sie für diesen Auszug einer Stoff- und Energiebilanz die I/O-Tabelle unter Berücksichtigung des Normalfalls auf! Was ist hier wohl Aufwand, was Ertrag? (Unter Normalfall wird die Möglichkeit verstanden, alle beachteten Objektarten eindeutig in die Kategorien Gut, Übel und Neutrum einteilen zu können.)

b) Berechnen und interpretieren Sie, soweit möglich, folgende Ergiebigkeitskoeffizienten:

 – die Faktorproduktivität für Quellwasser bezogen auf alle Getränke
 – die Produktionskoeffizienten für die Gerste und den Hopfen bezogen auf das Bier
 – die Rückstandskoeffizienten für Abwasser, Kohlendioxid und Schwefeldioxid jeweils bezogen auf alle Getränke
 – den Kopplungskoeffizienten zwischen den Etiketten und den Kästen.

Lösung:

a) Anders als die I/O-Tabelle 1.3-1 listet die in Tabelle 4.2-1 dargestellte I/O-Tabelle sämtliche Inputs und Outputs gemäß ihrer Erwünschtheit auf.

Tab. 4.2-1: *I/O-Tabelle der Getränkeherstellung*

INPUT		OUTPUT	
		Produkte	
		Bier [hl]	40.299
		alk.-freie Getränke [hl]	20.134
Faktoren		**Abprodukte**	
Quellwasser [m³]	9.163	Abwasser [m³]	38.680
Gerste [Mg]	1.574	Kohlendioxid [kg]	1.030
Hopfen [kg]	15.955	Schwefeldioxid [kg]	554
Kohlensäure [Mg]	58	Abfälle zur Verw. [Mg]	1.820
Kästen [Stück]	28.033		
Kronenkorken [Mio. Stück]	10,5		
Schraubverschlüsse [Mio. Stück]	3,3		
Etiketten [Mio. Stück]	17,4		
Schmieröle [kg]	1.555		
Leitungswasser	k.A.		
Beifaktoren		**Beiprodukte**	
Luft	k.A.	Wasserdampf [Mg]	2.405
		Wärme	k.A.
		Abluft	k.A.

(Hinweis: Durch die kursive Schrift sind jene Objektarten gekennzeichnet, die das Sachziel der Unternehmung darstellen.)

Realer *Ertrag* entsteht allgemein sowohl durch die Erhöhung der Güterquantitäten, d.h. die Hervorbringung der *Produkte*, als auch durch die Senkung der Übel, d.h. die Vernichtung von *Redukten*. Da im Beispiel keine Übel in den Prozess eingesetzt werden, besteht der Ertrag ausschließlich aus den Quantitäten der beiden Hauptprodukte Bier und alkoholfreie Getränke.

Realer *Aufwand* entsteht zum einen durch den Gütereinsatz (*Faktoren*), da man über die Güter nicht mehr anderweitig verfügen kann. Zum anderen führt auch die Übelausbringung (*Abprodukte*) zu realem Aufwand, da neue Übelquantitäten entstehen, die man nicht haben will. Im Beispiel führen die Faktoren Quellwasser, Gerste, Hopfen, Kohlensäure, Kästen, Kronenkorken, Schraubverschlüsse, Etiketten und Schmieröle sowie die Abprodukte Abwasser, Kohlendioxid, Schwefeldioxid und die Abfälle zur Verwertung zu (quantifizierbaren) realen Aufwendungen. (Hinweis: Die Abfälle zur Verwertung könnten auch als gute Nebenprodukte eingeordnet werden, wenn mit ihrer Verwertung noch ein Erlös erzielt wird.)

Da der Produzent neutralen Objekten indifferent gegenübersteht, ist es für die Beurteilung der Produktion unerheblich, ob diese zusätzlich entstehen (*Beiprodukte*) oder in den Prozess eingesetzt werden (*Beifaktoren*). Die Quantitäten an Luft, Wasserdampf, Wärme und Abluft könnten somit auch verändert werden, ohne dass der Produzent dies positiv oder negativ beurteilt. (Hinweis: Die Einteilung des Objekts Wasserdampf als Neutra ist hier willkürlich gewählt und keinesfalls eindeutig. Der Wasserdampf würde etwa dann als Abprodukt eingestuft werden, wenn er im Winter die angrenzenden Straßen vereisen lässt und dadurch die Mitarbeiter häufiger zu spät kommen. Auf der anderen Seite könnte z.B. auch das Quellwasser als Neutrum eingestuft werden, wenn seine Beschaffung keine Geldausgaben oder Mühen erfordert.)

b) Die *Faktorproduktivität* ist als durchschnittlicher Ertrag eines (oder mehrerer) Produkte bezogen auf eine Aufwandseinheit eines Faktors definiert. Die Faktorproduktivität des Quellwassers bezogen auf alle Getränke ergibt sich zu:

$$\frac{\text{Getränke}}{\text{Quellwasser}}: \quad \frac{40.299 \text{ hl} + 20.134 \text{ hl}}{9.163 \text{ m}^3} \approx 6{,}595 \frac{\text{hl}}{\text{m}^3} = 65{,}95\%$$

d.h. mit einem Kubikmeter (= 1.000 Liter) Quellwasser lassen sich durchschnittlich 6,595 Hektoliter (= 659,5 Liter) der Getränke herstellen. Dieses Ergiebigkeitsmaß verdeutlicht, dass ungefähr 34% des eingesetzten Quellwassers im Prozess verbraucht werden, ohne Bestandteil der Getränke zu werden. (Hinweis: Diese Schlussfolgerung gilt nur unter der Prämisse, dass lediglich Quellwasser und kein Leitungswasser in die Getränke gelangt.)

Die *Produktionskoeffizienten* für Gerste und Hopfen ergeben sich, indem man die Inputquantität der Faktoren auf die Outputquantität des Produktes Bier bezieht:

$$\frac{\text{Gerste}}{\text{Bier}}: \quad \frac{1.574 \text{ Mg}}{40.299 \text{ hl}} \approx 0{,}039 \frac{\text{Mg}}{\text{hl}} = 39 \frac{\text{kg}}{\text{hl}}$$

$$\frac{\text{Hopfen}}{\text{Bier}}: \quad \frac{15.955 \text{ kg}}{40.299 \text{ hl}} \approx 0{,}396 \frac{\text{kg}}{\text{hl}}$$

Lektion 4: Ergebnisse der Produktion 75

Die Produktionskoeffizienten zeigen auf, welche Quantität an Gerste und Hopfen durchschnittlich zur Produktion eines Hektoliters Bier benötigt wird. (Hinweis: Dabei wird davon ausgegangen, dass der Hopfen und die Gerste ausschließlich für die Bierproduktion verwendet werden.)

Die *Rückstandskoeffizienten* für Abwasser, Kohlendioxid und Schwefeldioxid erhält man, indem man die Quantität dieser Abprodukte jeweils auf die gesamte Produktquantität der Getränke bezieht:

$$\frac{\text{Abwasser}}{\text{Getränke}}: \quad \frac{38.680 \text{ m}^3}{40.299 \text{ hl} + 20.134 \text{ hl}} \approx 0{,}64 \frac{\text{m}^3}{\text{hl}} = 640\%$$

$$\frac{\text{Kohlendioxid}}{\text{Getränke}}: \quad \frac{1.030 \text{ kg}}{40.299 \text{ hl} + 20.134 \text{ hl}} \approx 0{,}017 \frac{\text{kg}}{\text{hl}}$$

$$\frac{\text{Schwefeldioxid}}{\text{Getränke}}: \quad \frac{554 \text{ kg}}{40.299 \text{ hl} + 20.134 \text{ hl}} \approx 0{,}0092 \frac{\text{kg}}{\text{hl}} = 9{,}2 \frac{\text{g}}{\text{hl}}$$

Der Rückstandskoeffizient des Abwassers verdeutlicht, dass mit jedem Liter Getränk durchschnittlich 6,4 l Abwasser verbunden sind. (Hinweis: Betrachtet man gleichzeitig die oben berechnete Faktorproduktivität des Quellwassers, so wird deutlich, dass neben dem Quellwasser noch viel Leitungswasser im Prozess verbraucht wird.) Die Rückstandskoeffizienten für Kohlendioxid und Schwefeldioxid verdeutlichen den durchschnittlichen Schadstoffausstoß bei der Produktion eines Hektoliters der Getränke.

Den *Kopplungskoeffizienten* der Etiketten zu den Kästen erhält man, indem man die Inputquantität des Faktors Etiketten auf die Inputquantität des Faktors Kästen bezieht:

$$\frac{\text{Etiketten}}{\text{Kästen}}: \quad \frac{17{,}4 \text{ Mio. Stück}}{28.033 \text{ Stück}} \approx 620{,}70$$

Aus dem Kopplungskoeffizient lassen sich nicht direkt sinnvolle Erkenntnisse über Produktionszusammenhänge ablesen. Die relativ hohe Zahl lässt allerdings vermuten, dass die Kästenquantität nur die neu angeschafften Kästen umfasst, während die insgesamt im Umlauf befindliche Kästenzahl nicht angegeben ist.

Die insgesamt abgesetzten Kästen lassen sich allerdings an Hand der Getränkequantität grob abschätzen. Unter der Prämisse, dass das Bier nur in 10 Liter-Kästen verkauft wird, folgt aus der Bierquantität der Absatz von ca. 403.000 Bierkästen ($\approx$ 40.299 hl/10 l). Für die alkoholfreien Getränke ergibt sich analog für eine Abgabemenge von 8,4 l pro Kasten (= 12·0,7) ein Absatz von ca. 240.000 Kästen ($\approx$ 20.134 hl/8,4 l). Geht man zudem davon aus, dass die

Inputquantität der (neuen) Kästen der Anzahl defekter Kästen entspricht, wird jeder Kasten durchschnittlich ungefähr 23 mal befüllt ($\approx$ 643.000/28.033), bevor er ausgetauscht wird.

(Hinweis: Wie die Berechnungen zeigen, bedürfen Interpretationen praktischer I/O-Tabellen häufig der Festlegung von Prämissen bezüglich fehlender Informationen. Würde man z.B. an Stelle von 20 Flaschen à 0,5 Liter pro Kasten für das Bier den Vertrieb in 10- oder 11-Flaschen-Kästen und/oder 0,33 Liter-Flaschen annehmen, so würde dies zu höheren Umlaufzahlen der Kästen führen. Für eine höhere Umlaufzahl spricht auch der oben ermittelte Kopplungskoeffizient zwischen Etiketten und Kästen. Zumindest unter der Prämisse, dass jede Flasche mit einem Etikett versehen ist, beträgt selbst bei ausschließlichem Verkauf von Kästen à 20 Flaschen die Umlaufzahl ca. 31 ($\approx$ 620,7/20). Bei geringeren Flaschenzahlen pro Kasten wäre sie sogar noch höher.)

Ü 4.3 Aufwands- und Ertragskategorien sowie Ergiebigkeitsmaße für einen Reduktionsprozess
(Die Aufgabe wird in Ü 7.2 fortgesetzt.)

Aus 21 Mg Verpackungsabfall werden in 6 Stunden verschiedene Wertstoffe aussortiert. Betrachtet sei hier lediglich die Aussortierung der Wertstofffraktion Getränkekartons, von der 1.120 kg im Verpackungsabfall enthalten sind. Mittels maschineller und manueller Sortierung (4 Sortierarbeiter) werden 720 kg eines Wertstoffgemischs (davon 440 kg manuell) aussortiert, das zu 705 kg aus Getränkekartons und zu 15 kg aus anderen Fraktionen besteht. Der verbleibende Sortierrest wird als Restabfall eingestuft. (Auf die Modellierung der Sortieranlage wird aus Vereinfachungsgründen verzichtet.)

a) Stellen Sie für diese vereinfachte Prozessbeschreibung die I/O-Tabelle unter Berücksichtigung des Normalfalls auf! Was ist hier Aufwand, was Ertrag?

b) Berechnen und interpretieren Sie, soweit möglich, folgende Ergiebigkeitsmaße:

– die Faktorproduktivität der Sortierarbeit (in Stunden) bezogen auf die manuell aussortierte Quantität des Wertstoffgemischs
– den Qualitäts- bzw. Zusammensetzungskoeffizienten der Getränkekartons bezogen auf das Verpackungsabfallgemisch
– den Sortenreinheitsgrad der Getränkekartons im Wertstoff
– den Abtrennungsgrad bzw. die Sortierquote als prozentualer Anteil der aussortierten Getränkekartonquantität bezogen auf die im Verpackungsabfall enthaltene Quantität.

Lösung:

a) Tab. 4.3-1 stellt die Objektarten nach ihren Ergebniskategorien geordnet dar.

Tab. 4.3-1: *I/O-Tabelle der Verpackungsabfallsortierung*

INPUT		OUTPUT	
Redukt		**gutes Nebenprodukt**	
Verpackungs-abfall [kg] (davon Getränkekartons)	21.000 (1.120)	Wertstoff [kg] (davon Getränkekartons)	720 (705)
Faktor		**Abprodukt**	
Sortierarbeit [h]	24	Restabfall [kg]	20.280

(Hinweis: Das Sachziel der Unternehmung besteht hier im Einsatz bzw. der Umwandlung des Verpackungsabfalls, weswegen das Redukt Verpackungsabfall kursiv aufgeführt wurde.)

Realer Ertrag der Verpackungsabfallsortierung resultiert in erster Linie aus dem *Redukt* Verpackungsabfall, dessen Vernichtung das Sachziel des Prozesses begründet. Da in der Praxis der Erlös für die Abfallsortierung an die aussortierte Quantität bestimmter Wertstoffe gekoppelt wird, stellt die erzeugte Menge des Wertstoffs als *gutes Nebenprodukt* ebenfalls einen Ertrag dar.

Realer Aufwand sind sowohl der Einsatz des *Faktors* Sortierarbeit als auch der Restabfall als *Abprodukt*.

b) Die Faktorproduktivität der Sortierarbeit bezogen auf die manuell aussortierte Wertstoffquantität lässt sich wie folgt bestimmen:

$$\frac{\text{manuell aussortierte Wertstoffquantität}}{\text{Arbeitsstunden}} : \frac{440 \text{ kg}}{24 \text{ Stunden}} = 18\frac{1}{3} \frac{\text{kg}}{\text{Stunde}}$$

Das bedeutet, dass jeder Sortierarbeiter durchschnittlich pro Stunde 18,33 kg des Wertstoffs aussortiert. Dieses Ergiebigkeitsmaß kann zur Leistungsbeurteilung der Sortierarbeiter herangezogen werden. Da die Sortierarbeiter in der Praxis mehrere Wertstoffe gleichzeitig aussortieren, sollten zur Leistungsbeurteilung allerdings auch die Arbeitsproduktivitäten anderer Wertstoffe mitberücksichtigt werden.

Der Zusammensetzungskoeffizient der Getränkekartons als Teil des Redukts Verpackungsabfall bestimmt sich zu:

$$\frac{\text{Getränkekartons im Verpackungsabfall}}{\text{Verpackungsabfall}} : \frac{1.120 \text{ kg}}{21.000 \text{ kg}} \approx 5{,}33\%$$

Der Verpackungsabfall besteht also zu 5,33% aus Getränkekartons und zu 94,67% aus anderen Fraktionen (Kunststoffe, Metall, Hausmüll etc.)

Der Sortenreinheitsgrad des Wertstoffgemischs gibt den Zusammensetzungskoeffizienten der dominanten Komponente im Wertstoffgemisch an:

$$\frac{\text{Getränkekartons im Wertstoff}}{\text{Wertstoffquantität}} : \frac{705 \text{ kg}}{720 \text{ kg}} \approx 97{,}92\%$$

Er bestimmt maßgeblich die Absatzmöglichkeiten des Wertstoffs. In der Praxis müssen etwa Sortenreinheitsgrade von mindestens 90% für die Getränkekartons eingehalten werden, damit der Wertstoff zur Weiterverarbeitung angenommen wird. Der Sortenreinheitsgrad ist zugleich eine Kennzahl, an Hand derer sich die Sorgfalt der Mitarbeiter beschreiben lässt.

Der Abtrennungsgrad bzw. die Sortierquote geben den Getränkekartonanteil an, der aus dem Redukt in den Wertstoff abgetrennt wurde. Er verknüpft somit die Zusammensetzungskoeffizienten des Redukts und des Wertstoffs:

$$\frac{\text{Getränkekartons im Wertstoff}}{\text{Getränkekartons im Verpackungsabfall}} : \frac{705 \text{ kg}}{1.120 \text{ kg}} \approx 62{,}95\%$$

Die Sortierquote ist ebenfalls ein Kriterium, um die Sortierleistung der Arbeiter zu messen. Außerdem bestimmt sie in der Praxis zum Teil maßgeblich das Entgelt, das der Sortierbetrieb für den Verpackungsabfall erhält. Die Entgeltstaffelung ist dabei an die gesamtwirtschaftlichen Sortierquoten angelehnt, die durch die Verpackungsverordnung geregelt werden.

Ü 4.4 Grundannahmen an Techniken

Die nachfolgenden Grafiken stellen zweidimensionale Gütertechniken dar. Überprüfen Sie die Gültigkeit folgender Grundannahmen:

(E1): *Kein Ertrag ohne Aufwand*
(E2): *Irreversibilität der Produktion*
(E3): *Möglichkeit ertragreicher Produktion*
(E4): *Abgeschlossenheit*

Lektion 4: Ergebnisse der Produktion 79

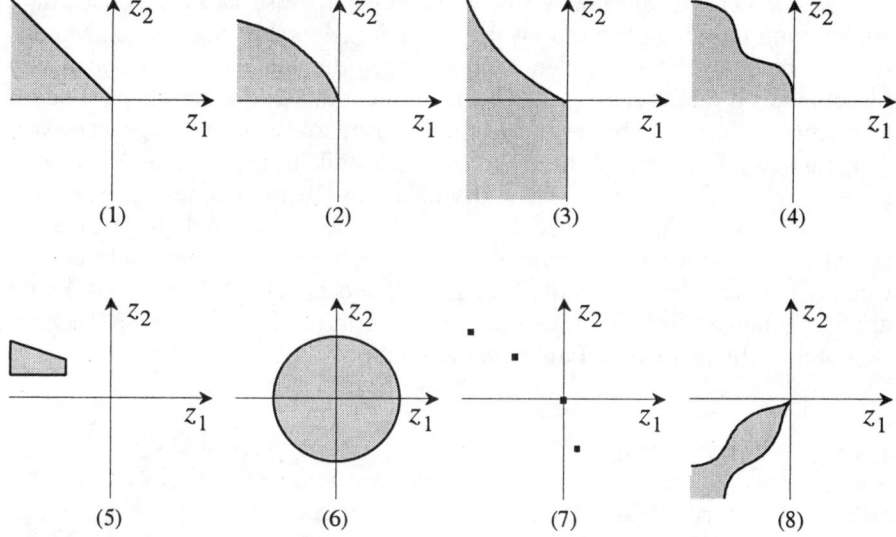

Lösung:

Im Gegensatz zu den in Kap. 2 behandelten Technikeigenschaften sind Grundannahmen solche Technikeigenschaften, die von allen Techniken erfüllt werden sollten. Sie stehen in Beziehung zu Naturgesetzen und grundlegenden wirtschaftlichen Überlegungen.

Grundannahme (E1): *Kein Ertrag ohne Aufwand*

Diese Grundannahme fordert von der Technik, dass in ihr keine Aktivität enthalten ist, welche nur ertragreiche Objektveränderungen beinhaltet, dagegen aber keinen Aufwand mit sich bringt. Bei der grafischen Überprüfung einer 2-dimensionalen Technik ist diese Annahme erfüllt, wenn keine Aktivität in demjenigen Quadranten liegt, der für beide Objektarten Erträge darstellt. Für eine reine Gütertechnik, die hier unterstellt wurde, betrifft dies den ersten ('nordöstlichen') Quadranten, da der Güteroutput (Produkt) jeweils mit Ertrag verbunden ist. Gegen die Grundannahme (E1) verstößt somit nur Technik (6), da sie im ersten Quadranten Punkte enthält; die anderen Techniken erfüllen dagegen die Grundannahme (E1).

Grundannahme (E2): *Irreversibilität der Produktion*

Diese Grundannahme besagt, dass (außer dem Stillstand) keine Aktivität der Technik vollständig umgekehrt werden kann, d.h. nicht jeder Output zu Input und jeder Input zu Output (und zwar jeweils in der entsprechenden Quantität) werden kann. (Hinweis: Selbst für Demontageprozesse ist eine vollständige Umkehrung nicht möglich, da zwar die bei der Montage eingesetzten Materialien zurückgewonnen werden können, aber die eingesetzte Arbeits- und Maschinenzeit oder der eingesetzte Strom nicht als Output anfallen, sondern vielmehr wiederum Arbeits- und Maschinenzeit sowie Strom eingesetzt werden müssen.) Bei einer 2-dimensionalen Technik überprüft man diese Annahme grafisch, indem man alle Aktivitäten am Ursprung spiegelt. Fällt eine gespiegelte Aktivität auf einen Punkt, der in der (ursprünglichen) Technik enthalten ist, so ist die Grundannahme (E2) nicht erfüllt. Dabei reicht es aus, wenn man einen einzigen Punkt findet, für den dies zutrifft. In Bild 4.4-1 sind die Spiegelungen der Techniken durch schraffierte Flächen bzw. in Technik (7) durch nicht ausgefüllte Punkte verdeutlicht.

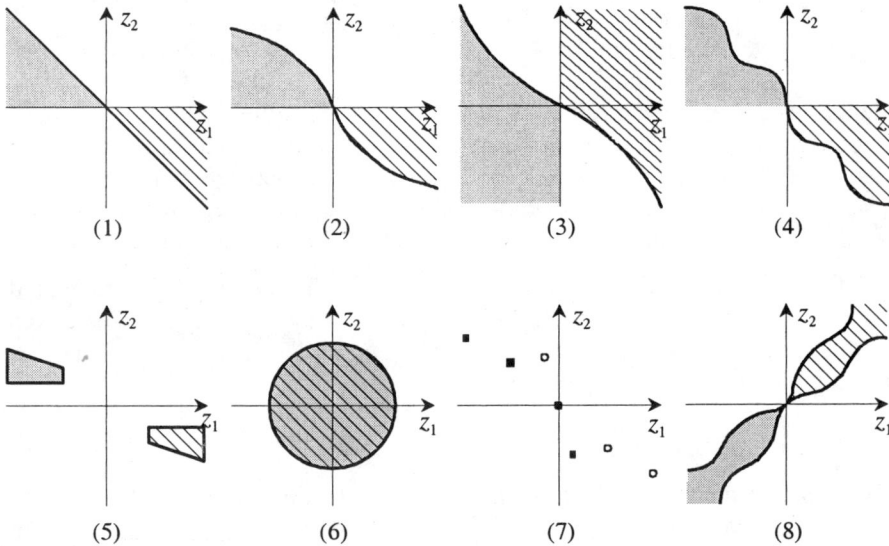

Bild 4.4-1: *Überprüfung der Grundannahmen für 2-dimensionale Techniken*

Wie das Bild 4.4-1 zeigt, erfüllen alle Techniken außer Technik (6) die Grundannahme (E2). In Technik (6) sind dagegen alle Aktivitäten reversibel. (Hinweis: Damit die Grundannahme nicht erfüllt ist, reicht es schon aus, wenn nur eine Einzige reversibel ist!)

Grundannahme (E3): *Möglichkeit ertragreicher Produktion*

Diese Grundannahme schließt aus, dass die Technik nur Aktivitäten beinhaltet, die lediglich mit Aufwendungen verbunden sind. Solche Techniken sind zwar laut Grundannahme (E1) denkbar, aber für wirtschaftliche Untersuchungen uninteressant, da der Produzent sie gegenüber dem Stillstand stets schlechter beurteilt und somit das 'Nichtstun', d.h. den Nullpunkt, bevorzugt. Bei einer 2-dimensionalen Gütertechnik ist diese Grundannahme immer dann erfüllt, wenn *mindestens eine* Aktivität nicht im dritten ('südwestlichen') Quadranten liegt, denn nur im dritten Quadranten sind Aktivitäten mit ausschließlichem Einsatz der Güter als Faktoren dargestellt. Nur Technik (8) erfüllt diese Grundannahme nicht, da kein (Güter-)Output möglich ist. (Hinweis: Zwar enthalten auch die Techniken (3) und (6) eine Reihe Aktivitäten, die keinen Ertrag aufweisen. Wichtig für die Grundannahme ist aber, dass es *mindestens eine* ertragreiche Aktivität gibt.)

Grundannahme (E4): *Abgeschlossenheit*

Diese Grundannahme verlangt, dass die Technik eine abgeschlossene Menge bildet, d.h. dass der Rand der Technik zur Technik gehört. Diese Forderung besteht hauptsächlich aus mathematischen Gründen, da häufig gerade bestimmte Teile des Randes einer Technik für wirtschaftliche Analysen besonders relevant sind und dann auch nur der Rand modelliert wird (vgl. die sog. Produktionsfunktionen in Lektion 5). Die Abgeschlossenheit ist bei diskreten, aus einzelnen Punkten bestehenden Techniken stets gegeben. Sämtliche Techniken erfüllen somit die Grundannahme (E4). (Hinweis: In einer grafischen Darstellung besitzt die Technik stets auch einen Rand, unabhängig davon, ob er, wie oben geschehen, dicker eingezeichnet ist oder nicht. Will man das Fehlen des Randes grafisch illustrieren, so benötigt man hierzu bestimmte Darstellungsformen, etwa offene Klammern als Exklusionszeichen für Zahlenmengen oder nach außen gerichtete Klammern für Zahlenstrahlen.)

Tab. 4.4-1 fasst die Ergebnisse zusammen.

Tab. 4.4-1: *Gültigkeit der Grundannahmen für die 8 Techniken*

		(1)	(2)	(3)	(4)	(5)	(6)	(7)	(8)
(E1)	Kein Ertrag ohne Aufwand	X	X	X	X	X	–	X	X
(E2)	Irreversibilität	X	X	X	X	X	–	X	X
(E3)	Möglichkeit ertragreicher Produktion	X	X	X	X	X	X	X	–
(E4)	Abgeschlossenheit	X	X	X	X	X	X	X	X

Legende: X: Grundannahme erfüllt;   –: Grundannahme nicht erfüllt

5 Schwaches Erfolgsprinzip

Ü 5.1	Dominanzanalysen	/DY 03/, L. 5.1.1
Ü 5.2	Effiziente Aktivitäten in Techniken und Produktionsräumen einer Busreiseunternehmung	/DY 03/, L. 5.1.2
Ü 5.3	Effiziente Ränder von Techniken	/DY 03/, L. 5.1.2
Ü 5.4	Variabilität (Produktionsfunktionen und Isoquanten)	/DY 03/, L. 5.3 + 5.2
Ü 5.5	Isoquanten	/DY 03/, L. 5.3
Ü 5.6	Kompensationsmaße	/DY 03/, L. 5.4

Ü 5.1 Dominanzanalysen

Eine Unternehmung kann zur Herstellung von Wellpappe zwischen vier alternativen Produktionsprozessen z^1, z^2, z^3 und z^4 wählen. Folgende Vektoren geben die Input- und Outputquantitäten der vier Prozesse wieder:

$$\begin{bmatrix} \text{Wasser} \\ \text{Holzfaser} \\ \text{Altpapier} \\ \text{Luft} \\ \text{Wellpappe} \\ \text{Abwasser} \\ \text{Abluft} \end{bmatrix} \quad z^1 = \begin{pmatrix} -1 \\ -4 \\ -6 \\ -3 \\ 10 \\ 2 \\ 3 \end{pmatrix}, \quad z^2 = \begin{pmatrix} -1 \\ -7 \\ -3 \\ -2 \\ 10 \\ 1 \\ 2 \end{pmatrix}, \quad z^3 = \begin{pmatrix} -2 \\ -5 \\ -5 \\ -1 \\ 10 \\ 2 \\ 1 \end{pmatrix}, \quad z^4 = \begin{pmatrix} -2 \\ -5 \\ -4 \\ -1 \\ 9 \\ 2 \\ 1 \end{pmatrix}$$

a) Wasser, Holzfaser und Wellpappe werden als Güter, Luft und Abluft als Neutra sowie Altpapier und Abwasser als Übel eingestuft. Untersuchen Sie die einzelnen Aktivitäten auf Dominanz!

b) Wie ändern sich die Dominanzbeziehungen gegenüber Teilaufgabe a), wenn Abluft auf Grund neuerer gesetzlicher Regelungen als Übel eingestuft wird?

c) Wie ändern sich die Dominanzbeziehungen gegenüber Teilaufgabe a), wenn auf Grund von Knappheiten auf dem Altpapiermarkt das Altpapier positiv beurteilt wird?

d) Welche Dominanzbeziehungen ergeben sich, wenn nach dem Einbau eines Filters im Gegensatz zu Teilaufgabe a) das Abwasser nicht mehr als Übel, sondern als Neutrum eingestuft wird?

Lösung:

Eine Aktivität $\mathbf{z}^I$ dominiert eine andere Aktivität $\mathbf{z}^{II}$ (in symbolischer Kurzschreibweise: $\mathbf{z}^I \gg \mathbf{z}^{II}$), wenn für alle beachteten Objektarten k gilt:

$z_k^I \geq z_k^{II}$ für jede *Güter*art k

$z_k^I \leq z_k^{II}$ für jede *Übel*art k

und für mindestens eine Objektart eine echte Ungleichung vorliegt. Neutrale Objektarten sind für die Dominanz bei der Produktion irrelevant.

Dominanzuntersuchungen erfolgen stets durch paarweisen Vergleich zweier Aktivitäten bezüglich aller Güter- und Übelarten. Nur wenn eine Aktivität bezüglich *aller* Güter- und Übelarten besser oder zumindest gleich gut (und für mindestens eine Objektart eindeutig besser) beurteilt wird als die andere Aktivität, dann dominiert sie diese. Entscheidend ist dabei nur die Präferenzrichtung bezüglich der einzelnen Objektarten. Die Frage, wie viel mehr oder weniger eine Aktivität von einer Objektart aufweist als eine andere Aktivität, ist für Dominanzaussagen vollkommen unwichtig. Eine Aktivität wird dementsprechend bereits dann nicht von einer anderen dominiert, wenn sie z.B. eine geringfügig höhere Quantität eines Gutoutputs aufweist, und zwar auch dann, wenn die andere Aktivität bezüglich einer Reihe anderer Gutoutputs wesentlich höhere Erträge erzielt.

a) *Vergleich der Prozesse 1 und 2:*

$$\begin{bmatrix} (1) \text{ Wasser} \\ (2) \text{ Holzfaser} \\ (3) \text{ Altpapier} \\ (4) \text{ Luft} \\ (5) \text{ Wellpappe} \\ (6) \text{ Abwasser} \\ (7) \text{ Abluft} \end{bmatrix} \quad \mathbf{z}^1 = \begin{pmatrix} -1 \\ -4 \\ -6 \\ -3 \\ 10 \\ 2 \\ 3 \end{pmatrix} \begin{matrix} = \\ > \\ < \\ \\ = \\ > \\ \end{matrix} \begin{pmatrix} -1 \\ -7 \\ -3 \\ -2 \\ 10 \\ 1 \\ 2 \end{pmatrix} = \mathbf{z}^2 \quad \begin{bmatrix} \text{Gut} \\ \text{Gut} \\ \text{Übel} \\ \text{Neutrum} \\ \text{Gut} \\ \text{Übel} \\ \text{Neutrum} \end{bmatrix}$$

(Hinweis: In der hinteren eckigen Klammer ist die für Dominanzanalysen notwendige Zuordnung der Objektarten zu den Objektklassifikationen Gut, Übel und Neutrum aufgelistet. Input- und Outputquantitäten neutraler Objektarten wurden in den I/O-Vektoren in einer kleineren Schriftart dargestellt, da sie für die Dominanzanalyse keine Rolle spielen. Zudem wurde bei diesen Objekten auch auf die Angabe des Größenvergleichs verzichtet.)

Aktivität z^1 wird bezüglich des (geringeren) Holzfasereinsatzes ($k = 2$) und des (höheren) Altpapiereinsatzes ($k = 3$) besser beurteilt als Aktivität z^2. Dagegen würde man Aktivität z^2 auf Grund der (geringeren) Abwasserausbringung ($k = 6$) der Aktivität z^1 vorziehen. Bezüglich des Faktors Wasser ($k = 1$) und des Hauptproduktes Wellpappe ($k = 5$) sind beide Prozesse gleich gut. Eine Dominanzaussage ist auf Grund der vorhandenen Vor- und Nachteile beider Aktivitäten nicht möglich.

Vergleich der Prozesse 1 und 3:

$$\begin{bmatrix} (1)\ \text{Wasser} \\ (2)\ \text{Holzfaser} \\ (3)\ \text{Altpapier} \\ (4)\ \text{Luft} \\ (5)\ \text{Wellpappe} \\ (6)\ \text{Abwasser} \\ (7)\ \text{Abluft} \end{bmatrix} \quad z^1 = \begin{pmatrix} -1 \\ -4 \\ -6 \\ -3 \\ 10 \\ 2 \\ 3 \end{pmatrix} \begin{matrix} > \\ > \\ < \\ = \\ = \\ = \\ \end{matrix} \begin{pmatrix} -2 \\ -5 \\ -5 \\ -1 \\ 10 \\ 2 \\ 1 \end{pmatrix} = z^3 \quad \begin{bmatrix} \text{Gut} \\ \text{Gut} \\ \text{Übel} \\ \text{Neutrum} \\ \text{Gut} \\ \text{Übel} \\ \text{Neutrum} \end{bmatrix}$$

Die beiden Aktivitäten unterscheiden sich bezüglich der ergebniswirksamen Objektarten nur durch den Wasser-, Holzfaser- und Altpapiereinsatz. Da Prozess 1 sowohl weniger von den Gütern Wasser und Holzfaser als auch mehr vom Übel Altpapier einsetzt, dominiert er Prozess 3, d.h. $z^1 \gg z^3$, sodass Prozess 1 nach dem schwachen Erfolgs- bzw. hier präziser *Dominanzprinzip* dem Prozess 3 vorgezogen wird ($z^1 \succ z^3$).

Vergleich der Prozesse 2 und 3:

$$\begin{bmatrix} (1)\ \text{Wasser} \\ (2)\ \text{Holzfaser} \\ (3)\ \text{Altpapier} \\ (4)\ \text{Luft} \\ (5)\ \text{Wellpappe} \\ (6)\ \text{Abwasser} \\ (7)\ \text{Abluft} \end{bmatrix} \quad z^2 = \begin{pmatrix} -1 \\ -7 \\ -3 \\ -2 \\ 10 \\ 1 \\ 2 \end{pmatrix} \begin{matrix} > \\ < \\ > \\ = \\ = \\ < \\ \end{matrix} \begin{pmatrix} -2 \\ -5 \\ -5 \\ -1 \\ 10 \\ 2 \\ 1 \end{pmatrix} = z^3 \quad \begin{bmatrix} \text{Gut} \\ \text{Gut} \\ \text{Übel} \\ \text{Neutrum} \\ \text{Gut} \\ \text{Übel} \\ \text{Neutrum} \end{bmatrix}$$

Da Prozess 2 weniger vom Gut Wasser, aber mehr vom Gut Holzfaser verbraucht als Prozess 3, kann bereits nach dem Vergleich der beiden ersten Objektarten eine fehlende Dominanzbeziehung konstatiert werden.

Vergleich der Prozesse 3 und 4:

$$z^3 = \begin{bmatrix} (1)\ \text{Wasser} \\ (2)\ \text{Holzfaser} \\ (3)\ \text{Altpapier} \\ (4)\ \text{Luft} \\ (5)\ \text{Wellpappe} \\ (6)\ \text{Abwasser} \\ (7)\ \text{Abluft} \end{bmatrix} \begin{pmatrix} -2 \\ -5 \\ -5 \\ -1 \\ 10 \\ 2 \\ 1 \end{pmatrix} \begin{matrix} = \\ = \\ < \\ \\ > \\ = \\ \end{matrix} \begin{pmatrix} -2 \\ -5 \\ -4 \\ -1 \\ 9 \\ 2 \\ 1 \end{pmatrix} = z^4 \quad \begin{bmatrix} \text{Gut} \\ \text{Gut} \\ \text{Übel} \\ \text{Neutrum} \\ \text{Gut} \\ \text{Übel} \\ \text{Neutrum} \end{bmatrix}$$

Unterschiede zwischen diesen beiden Prozessen bestehen nur bezüglich des Altpapiereinsatzes und der Wellpappeausbringung. Prozess 3 dominiert Prozess 4 ($z^3 \gg z^4$), weil er mehr des Übels einsetzt und mehr des Guts hervorbringt; daraus folgt nach dem Dominanzprinzip: $z^3 \succ z^4$.

Vergleich der Prozesse 1 und 4:

Ein ausführlicher Vergleich beider Prozesse ist hier nicht nötig, denn auf Grund der Transitivität der Dominanzrelation gilt:

$$z^1 \gg z^3 \text{ und } z^3 \gg z^4 \quad \Rightarrow \quad z^1 \gg z^4$$

(Hinweis: Transitivität bedeutet, dass, wenn Prozess 1 den Prozess 3 dominiert und dieser wiederum Prozess 4 dominiert, dann Prozess 1 auch Prozess 4 dominiert. Anders ausgedrückt: Wenn Prozess 1 besser ist als Prozess 3 und Prozess 3 besser als Prozess 4, dann folgt daraus automatisch, dass Prozess 1 auch besser als Prozess 4 ist.)

Vergleich der Prozesse 2 und 4:

$$z^2 = \begin{bmatrix} (1)\ \text{Wasser} \\ (2)\ \text{Holzfaser} \\ (3)\ \text{Altpapier} \\ (4)\ \text{Luft} \\ (5)\ \text{Wellpappe} \\ (6)\ \text{Abwasser} \\ (7)\ \text{Abluft} \end{bmatrix} \begin{pmatrix} -1 \\ -7 \\ -3 \\ -2 \\ 10 \\ 1 \\ 2 \end{pmatrix} \begin{matrix} > \\ < \\ > \\ \\ > \\ < \\ \end{matrix} \begin{pmatrix} -2 \\ -5 \\ -4 \\ -1 \\ 9 \\ 2 \\ 1 \end{pmatrix} = z^4 \quad \begin{bmatrix} \text{Gut} \\ \text{Gut} \\ \text{Übel} \\ \text{Neutrum} \\ \text{Gut} \\ \text{Übel} \\ \text{Neutrum} \end{bmatrix}$$

Für die Prozesse 2 und 4 liegt keine Dominanzbeziehung vor, was (analog zum Vergleich der Prozesse 2 und 3) bereits beim Vergleich der eingesetzten Güter Wasser und Holzfaser ersichtlich wird.

Zusammenfassend lassen sich aus den Dominanzüberlegungen folgende Dominanz- und daraus resultierende Präferenzrelationen festhalten:

$$z^1 \gg z^3 \gg z^4 \quad \text{sowie} \quad z^1 \succ z^3 \succ z^4$$

Prozess 2 dominiert keinen der drei anderen Prozesse, wird seinerseits aber auch von keinem der drei anderen Prozesse dominiert.

b) Als einzige Änderung zur Teilaufgabe a) bewirkt die andere Einstufung der Abluft als Übel, dass eine weitere Objektart bei der Dominanzanalyse betrachtet werden muss. (Hinweis: Für die obige formale Gegenüberstellung müsste die Objektart Abluft ($k = 7$) in der hinteren eckigen Klammer als Übel bezeichnet und ihr Größenvergleich bei allen Dominanzanalysen angegeben werden.)

Von einer ausführlichen Analyse nach dem Schema der Teilaufgabe a) soll hier abgesehen werden. Statt dessen wird untersucht, wie sich die Erweiterung der Dominanztests um eine Objektart auswirkt. Bezüglich der Abluft werden die Prozesse 3 und 4 gleich beurteilt, da sie beide eine Quantitätseinheit je Prozessdurchführung hervorbringen. Beide werden diesbezüglich dem Prozess 2 vorgezogen, der mehr Abluft (2 Quantitätseinheiten) hervorbringt. Am schlechtesten in Bezug auf die Abluftquantität wird der Prozess 1 beurteilt, da er 3 Quantitätseinheiten bei einmaliger Prozessdurchführung emittiert.

Prozess 1 dominiert daher *nicht* mehr die Prozesse 3 und 4, da Letztere bezüglich der Abluft besser beurteilt werden. Prozess 3 dominiert dagegen weiterhin Prozess 4, da die Abluft auf Grund der gleichen Quantitäten keine Relevanz besitzt. Die Dominanzbeziehungen des Prozesses 2 ändern sich nicht, da die Berücksichtigung der Abluft nichts an der Tatsache ändert, dass der Prozess 2 bezüglich eines Übeloutputs (Abwasser) besser und bezüglich eines Gutinputs (Holzfaser) schlechter als alle drei anderen Prozesse beurteilt wird.

Als Dominanzbeziehung gilt somit nur noch:

$$z^3 \gg z^4$$

Das Beispiel verdeutlicht folgende allgemeine Aussage:

Durch das Hinzufügen einer ergebniswirksamen Objektart (Wechsel vom Neutrum zu Gut oder Übel) können bisher gültige Dominanzrelationen entfallen. Neue Dominanzrelationen entstehen dagegen nur, wenn die Produktionsalternativen bisher gleich beurteilt wurden.

c) Durch den Wechsel der Präferenzrichtung bezüglich des Inputs Altpapier werden die Prozesse – alleine bezogen auf diese Objektart – jetzt in folgender Reihenfolge bevorzugt: Prozess 2, Prozess 4, Prozess 3, Prozess 1. Dies führt dazu, dass die in a) ermittelten Dominanzbeziehungen vollkommen entfallen, d.h. Prozess 1 dominiert nicht mehr die Prozesse 3 bzw. 4 und Prozess 3 auch nicht mehr Prozess 4.

Als allgemeine Aussage lässt sich Folgendes festhalten:

Durch den Wechsel der Beurteilung einer Objektart von Gut zu Übel oder umgekehrt entfallen die bisher gültigen Dominanzrelationen, falls die Quantitäten dieser Objektart in beiden Aktivitäten unterschiedlich sind. Begründet die Objektart den einzigen ergebnisrelevanten Unterschied, ergibt sich eine entgegengesetzte Dominanzrelation.

Die letzte Aussage würde sich etwa dann zeigen, wenn Prozess 4 auch 10 Einheiten Wellpappe produzieren würde. Dann wäre der Unterschied der Prozesse 3 und 4 nur durch den Altpapiereinsatz gegeben. Stellt Altpapier ein Übel dar, dominiert Prozess 3 den Prozess 4, stellt es dagegen ein Gut dar, gilt die entgegengesetzte Dominanzrelation.

d) Durch die andere Einstufung des Abwassers wird anders als in Teilaufgabe b) gegenüber Teilaufgabe a) keine weitere Objektart ergebniswirksam, sondern es entfällt sogar eine Objektart für die Dominanzanalysen. Da das Abwasser bisher die einzige Objektart war, die eine Dominanz von Prozess 1 gegenüber Prozess 2 verhinderte, ergibt sich durch die geänderte Beurteilung des Abwassers eine neue Dominanzrelation: $z^1 \gg z^2$. Die Dominanzbeziehungen des Prozesses 2 zu den Prozessen 3 und 4 ändern sich dagegen nicht, da diese Prozesse auch bezüglich des Wassereinsatzes schlechter als Prozess 2 beurteilt wurden. Es gelten somit folgende Dominanzrelationen

$$z^1 \gg z^3 \gg z^4 \quad \text{und} \quad z^1 \gg z^2$$

Das Beispiel verdeutlicht folgende allgemeine Aussage:

Entfällt eine bisher ergebniswirksame Objektart (durch Einstufung als Neutrum), so ergibt sich eine neuartige Dominanzrelation dann, wenn die entfallene Objektart bisher alleine die Dominanz verhinderte.

Außerdem gilt:

Begründete die bisher ergebniswirksame Objektart alleine die Dominanz (d.h. alle anderen Objektarten sind entweder neutral oder ihre Quantitäten sind für beide Aktivitäten gleich), so entfällt die Dominanzrelation, da beide Aktivitäten aus ergebnisorientierter Sicht äquivalent sind.

Ü 5.2 Effiziente Aktivitäten in Techniken und Produktionsräumen einer Busreiseunternehmung
(Fortsetzung von Ü 2.6; die Aufgabe wird in Ü 8.3 fortgesetzt.)

a) Bestimmen Sie den effizienten Rand der Technik aus Ü 2.6 unter der Annahme, dass alle Objektarten Güter sind!

b) Zeichnen Sie die effizienten Aktivitäten in die Produktionsdiagramme unter den Restriktionen der Teilaufgaben a) und b) aus Ü 2.6 ein!

c) Warum ist eine eindeutige Kennzeichnung der effizienten Aktivitäten in den Produktionsdiagrammen der Teilaufgaben c) und d) aus Ü 2.6 nicht möglich?

Lösung:

a) Eine Aktivität heißt effizient, wenn sie von keiner anderen Aktivität der Technik dominiert wird. Die effizienten Aktivitäten einer Technik bilden zusammen ihren effizienten Rand. Für die Technik aus Ü 2.6 ergibt sich als formale Beschreibung des effizienten Randes:

$$T^{eff} = \left\{ (-x_1, -x_2, y_3) \in \mathbb{R}^3 \mid x_1 = 0{,}0035\rho y_3;\ x_2 = \frac{y_3}{\rho};\ y_3 \geq 0;\ 60 \leq \rho \leq 100 \right\}$$

Die formale Darstellung des effizienten Randes der Technik unterscheidet sich nur dadurch von der Darstellung der Technik in Ü 2.6, dass die Zusammenhänge zwischen dem Dieselverbrauch (x_1) bzw. der Einsatzzeit des Busses (x_2) und der Fahrstrecke (y_3) jetzt nicht mehr als Ungleichungen, sondern als Gleichungen formuliert sind. Die effizienten Aktivitäten zeichnet nämlich gerade aus, dass sie weder Diesel noch Einsatzzeit des Busses verschwenden. Durch Variation der Fahrgeschwindigkeit ergeben sich verschiedene effiziente Kombinationen der beiden Faktoren, weil sich der Einsatz der beiden Faktoren 1 und 2 bei gegebenem Output 3 in Abhängigkeit von ρ gegenläufig verhält.

b) In Bild 5.2-1 sind jeweils links die sich aus den Restriktionen von Ü 2.6a) und b) ergebenden Produktionsräume und rechts alle effizienten Aktivitäten der Produktionsdiagramme dargestellt.

Im Produktionsraum aus Ü 2.6a), für das eine konstante Fahrgeschwindigkeit unterstellt war, ist nur eine einzige Aktivität für die vorgegebene Fahrstrecke von $y_3 = 450$ km effizient. Nur für die dem Punkt zu Grunde liegende Faktorkombination ($x_1 = 118,125$ und $x_2 = 6$) sind keine Verbesserungen (in 'südlicher' oder 'westlicher' Richtung) mehr möglich, bei denen zumindest einer der beiden Faktoren eingespart werden kann, ohne die Quantität des anderen Faktors zu steigern. Sie stellt somit für diesen Produktionsraum die einzige Aktivität ohne Faktorverschwendung dar.

Lässt sich die durchschnittliche Fahrgeschwindigkeit gemäß Ü 2.6b) im Intervall zwischen 60 und 100 km/h variieren, so ergibt sich für die fixierte Fahrstrecke von 450 km der in Bild 5.2-1 (b) rechts illustrierte effiziente Rand. Für jede mögliche Fahrgeschwindigkeit ist quasi eine Faktorkombination effizient. Alle Aktivitäten, die 'nördlich' und/oder 'östlich' von dieser Linie liegen, sind dagegen ineffizient, da sie einen oder beide Faktoren verschwenden. Dies trifft auch für den senkrechten Rand der Technik ($x_1 = 94,5$ und $x_2 > 7,5$) sowie den waagerechten Rand der Technik ($x_2 = 4,5$ und $x_1 > 157,5$) zu, wo jeweils ein Faktor verschwendet wird.

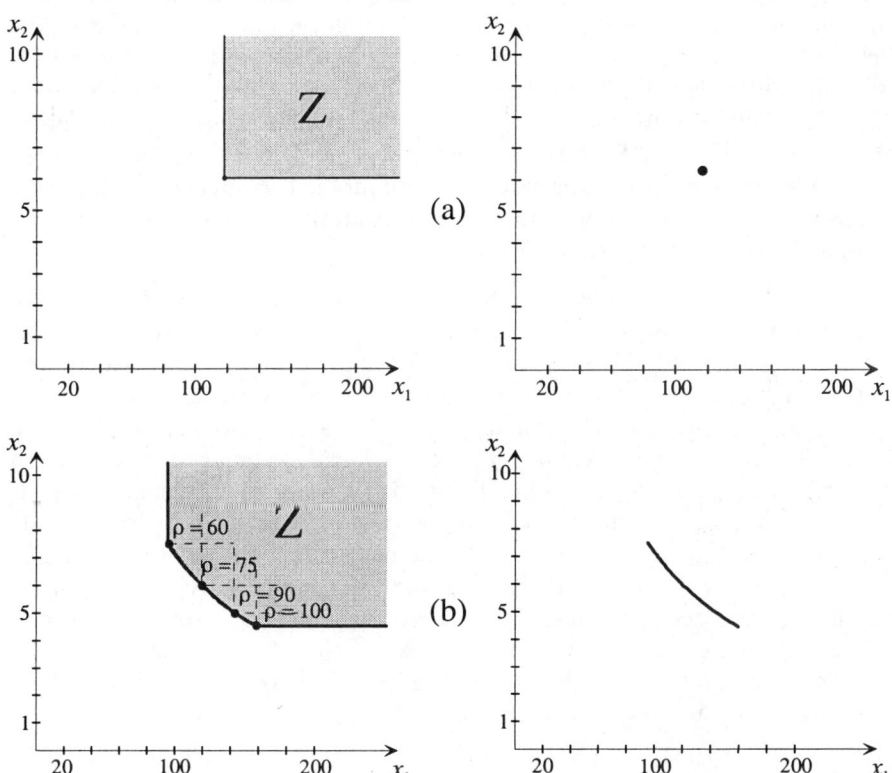

Bild 5.2-1: *Diagramme der Produktionsräume aus Ü 2.6a) und b) sowie darin enthaltene effiziente Aktivitäten*

c) Die Restriktionen in Ü 2.6c) und Ü 2.6d) fixieren im Gegensatz zu denen der Teilaufgaben a) und b) die beschränkte Objektart nicht auf einen Wert, sondern geben nur obere Schranken (210 Liter Diesel bzw. 6 Stunden Einsatzzeit des Busses) an. Die 2-dimensionalen Darstellungen der Bilder 2.6-3 und 2.6-4 sind somit nicht als Schnitte durch die 3-dimensionale Technik, sondern als Projektionen für bestimmte Annahmen aufzufassen. Die sich daraus ergebenden Überlegungen zur Effizienz bestimmter Punkte in den Diagrammen seien am Beispiel Ü 2.6c) verdeutlicht. Sie gelten für das Beispiel Ü 2.6d) analog.

Der (nordwestliche) Rand des Produktionsraumes aus Bild 2.6-3 ist effizient, da es keine Aktivitäten gibt, die weniger Einsatzzeit des Busses benötigen, um die entsprechenden Fahrstrecken zurückzulegen. Der Rand ist nur zu erreichen, wenn man entweder die maximale Fahrgeschwindigkeit ($\rho = 100$) wählt, solange die Dieselrestriktion noch nicht erreicht wird (linearer Bereich des Randes für $y_3 \leq 600$) oder die Geschwindigkeit und damit verbunden die Einsatzzeit des Busses so anpasst, dass die maximale Dieselquantität vollständig verbraucht wird (kurvenförmiger Bereich für $600 < y_3 \leq 1.000$). Alle Fahrstrecken unterhalb der durch den maximalen Dieselverbrauch beschränkten Fahrstrecke von 1.000 km lassen sich allerdings nicht nur mit einer Geschwindigkeit, sondern mit verschiedenen Geschwindigkeiten *effizient* erreichen. (Dabei wird der Faktorvariationsbereich möglicher Geschwindigkeiten immer kleiner, je größer die Fahrstrecke wird; für die Fahrstrecke von 1.000 km ergibt sich nur noch eine einzige effiziente Faktorkombination, die durch die Geschwindigkeit von 60 km/h fixiert wird.)

Für das Bild 2.6-3 bedeutet dies, dass auch x_2,y_3-Kombinationen, die rechts vom (nordwestlichen) Rand liegen, effizient sein können, wenn die durch das Bild nicht dargestellte Dieselquantität minimal ist. So lässt sich beispielsweise die Fahrstrecke von 600 km nicht nur gemäß der Aktivität auf dem Rand des Produktionsraumes in 6 Stunden mit einem – sich aus der notwendigen Geschwindigkeit von 100 km/h ergebenden – Dieselverbrauch von 210 Litern effizient zurücklegen. Auch eine Fahrt in 10 Stunden mit einem Dieselverbrauch von 126 Litern (= $0{,}0035 \cdot 60 \cdot 600$) ist effizient. Die 2-dimensionale Projektion des Randes des Produktionsraumes stellt somit nicht die einzigen effizienten Aktivitäten dar, sondern nur die effizienten Aktivitäten unter der Prämisse, dass der Bus stets mit der maximalen Geschwindigkeit (unter Berücksichtigung der Dieselrestriktion) fährt. Nur durch diese zusätzliche Restriktion gelingt eine eindeutige Projektion der effizienten Hülle des Produktionsraumes in die x_2,y_3-Ebene.

Lektion 5: Schwaches Erfolgsprinzip

Ü 5.3 Effiziente Ränder von Techniken

a) Skizzieren Sie jeweils den Verlauf des effizienten Randes einer beliebigen nicht-limitationalen Technik für folgende Kombinationen von Objektkategorien! Verwenden Sie dabei die z-Darstellung!

    I)   Produkt-Redukt   II) Faktor-Faktor
    III) Produkt-Produkt   IV) Faktor-Redukt
    V) Abprodukt-Redukt   VI) Abprodukt-Abprodukt
    VII) Redukt-Redukt

Nennen Sie Beispiele, für die eine entsprechende Darstellung relevant sein könnte!

b) Bei der Herstellung eines Hauptproduktes wird ein Faktor eingesetzt, und es entsteht zusätzlich ein Abprodukt. Skizzieren Sie drei grundsätzlich mögliche Verläufe nicht-limitationaler Isoquanten (ebenfalls in der z-Version), bei denen Sie jeweils eine der Objektarten konstant halten!

Lösung:

(Hinweis: Obwohl bei den meisten realen Produktionsprozessen i.d.R. mehr als zwei Objektarten beachtet werden, ist eine entsprechende Fokussierung auf zwei Objektarten auch für praktische Analysen hilfreich, um mögliche Wechselwirkungen der beiden Objektarten zu verdeutlichen. Die anderen Objektartquantitäten werden dann konstant gehalten ('Schnitt' durch Technik) oder (vorübergehend) ignoriert ('Projektion' der Technik). Um die Verletzung der Grundannahmen (E1: Kein Ertrag ohne Aufwand) durch die Fälle III und VII sowie (E3: Möglichkeit ertragreicher Produktion) durch die Fälle II und VI auszuschließen, müssen die nicht beachteten Objektarten zumindest 'im Hinterkopf' behalten werden.)

Bei der grafischen Veranschaulichung des effizienten Randes einer Technik durch 2-dimensionale Produktionsdiagramme hängt die Lage der effizienten Aktivitäten (die 'Effizienzrichtung') davon ab, wie die Objektarten beurteilt werden. Zum Beispiel ist bei einer reinen Gütertechnik in der z-Darstellung (!) immer der 'nordöstliche' Rand der Technik effizient. Im Folgenden seien für die in der Aufgabe vorgegebenen Kombinationen zweier Objektkategorien die effizienten Ränder beliebiger nicht-limitationaler Techniken illustriert. Dabei wird die zuerst genannte Objektkategorie immer auf der Abszisse (z_1-Achse) und die als zweites genannte Objektkategorie auf der Ordinate (z_2-Achse) abgetragen. (Hinweis: Da die effizienten Ränder limitationaler Techniken in einer 2-dimensionalen Darstellung nur aus einem Punkt bestehen, können sie zur Verdeutlichung des angesprochenen Sachverhalts nicht verwendet werden.)

Zuerst muss man den Quadranten festlegen, in dem die Technik liegt. Dies geschieht unabhängig von der Beurteilung der Objektarten: Quantitäten der Inputobjekte (Faktoren und Redukte) liegen links von der Ordinate bzw. unterhalb der Abszisse; Quantitäten der Outputobjekte (Produkte und Abprodukte) liegen rechts von der Ordinate bzw. oberhalb der Abszisse.

Danach muss man die Effizienzrichtung festlegen: Für positiv beurteilte Objekte (Produkte und Redukte) zeigt sie vom Ursprung weg, da deren (absolute) Quantität möglichst hoch sein soll. Für negativ beurteilte Objekte (Faktoren und Abprodukte) zeigt sie dagegen zum Ursprung hin, weil man möglichst wenig von diesen Objekten einsetzen bzw. ausbringen will.

Da Aktivitäten, die bezüglich beider Objektarten verbessert werden können, ineffizient sind, besteht der effiziente Rand aus allen Aktivitäten, für die Verbesserungen einer Objektart nur bei gleichzeitiger Verschlechterung der anderen Objektart möglich sind. Weiter gehende Verbesserungen der auf dem effizienten Rand liegenden Aktivitäten bezüglich einer Objektart sind ohne Verschlechterungen der anderen Objektart dagegen nicht möglich, weil sich entsprechende Aktivitäten nicht mehr in der Technik befinden.

a) Bild 5.3-1 skizziert die effizienten Ränder der sieben Objektartkombinationen. Die Effizienzrichtungen der beiden Objektarten sind durch Pfeile an den Achsen angedeutet. Darüber hinaus ist durch den Buchstaben **T** angedeutet, in welcher Richtung der nicht effiziente Teil der Technik liegt.

I) Produkt-Redukt:

Da die erste Objektart ein Output ($z_1 > 0$) und die zweite Objektart ein Input ($z_2 < 0$) ist, muss die Technik im 4. Quadranten liegen. Höhere (absolute) Quantitäten sind für beide Objektarten erwünscht. Deswegen zeigen beide Pfeile, mit denen die Effizienzrichtung angezeigt wird, vom Ursprung weg. Das bedeutet, dass Steigerungen einer Objektquantität auf dem effizienten Rand nur durch Senkungen der anderen Objektquantität kompensierbar sind und dass ineffiziente Aktivitäten in Richtung auf den Ursprung (links oberhalb des effizienten Randes) liegen.

Praktisch relevant sind entsprechende Effizienzüberlegungen etwa bei der Frage, ob das Leseband bei der Abfallsortierung langsamer laufen soll (weniger Redukt pro Zeiteinheit), damit mehr von einem Wertstoff (mehr Produkt pro Zeiteinheit) aussortiert werden kann.

Lektion 5: Schwaches Erfolgsprinzip 93

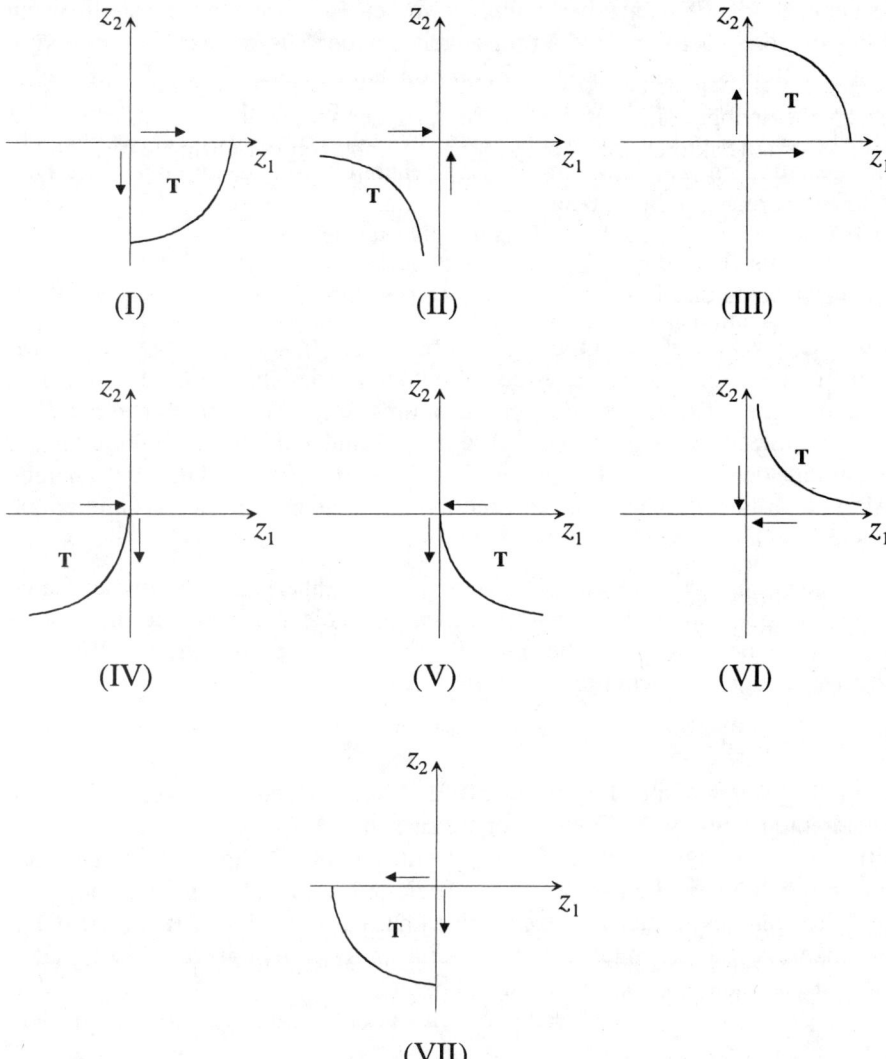

Bild 5.3-1: *Effiziente Ränder der verschiedenen Objektkombinationen*

II) Faktor-Faktor:

Beide Objektarten sind Inputs ($z_k < 0$ für $k = 1, 2$), sodass die Technik im 3. Quadranten liegt. Da Faktoren möglichst sparsam eingesetzt werden sollen, zeigen beide Effizienz-Pfeile zum Ursprung hin. Senkungen eines Faktors können auf dem effizienten Rand nur durch Steigerungen des anderen Faktors erreicht werden. Die ineffizienten Aktivitäten liegen daher auch in Richtung vom Ursprung weg (links unterhalb des effizienten Randes).

Entsprechende Effizienzüberlegungen werden immer dann angestellt, wenn zwei Faktoren bei der Produktion gegeneinander ausgetauscht werden können. So stellt sich bei der Produktion von Stühlen die Frage, ob dazu mehr Leim oder mehr Nägel verwandt werden sollen. Bei der Herstellung einer Bowle lassen sich etwa Sekt und Wein (in bestimmten Grenzen) gegeneinander austauschen. Auch die in Ü 5.2b) behandelte Frage, durch welche Diesel/Einsatzzeit-Kombinationen eine bestimmte Fahrstrecke eines Busses realisiert werden kann, wird durch diesen Fall beschrieben.

III) Produkt-Produkt:

Beide Objektarten sind Outputs ($z_k > 0$ für $k = 1, 2$), sodass die Technik im 1. Quadranten liegt. Da man von den Produkten möglichst viel haben möchte, zeigen beide Effizienz-Pfeile vom Ursprung weg. Steigerungen einer Produktquantität können auf dem effizienten Rand nur durch Senkungen der Quantität des anderen Produktes kompensiert werden. Die ineffizienten Aktivitäten liegen daher auch in Richtung zum Ursprung hin (links unterhalb des effizienten Randes).

Praktisch relevant sind entsprechende Effizienzüberlegungen immer dann, wenn mit bestimmten Einsatzstoffen zwei verschiedene Produkte hergestellt werden können, wie etwa bei der Herstellung der automatischen Rufnummerngeber und der Gebührenzähler in Ü 2.4.

IV) Faktor-Redukt:

Beide Objektarten sind Inputs ($z_k < 0$ für $k = 1, 2$), sodass die Technik im 3. Quadranten liegt. Vom Faktor möchte man möglichst wenig einsetzen, sein Effizienz-Pfeil zeigt daher auf den Ursprung. Vom Redukt möchte man dagegen möglichst viel einsetzen, sein Effizienz-Pfeil zeigt vom Ursprung weg. Steigerungen des Redukteinsatzes können auf dem effizienten Rand nur durch gleichzeitige Steigerungen des Faktoreinsatzes erreicht werden. Die ineffizienten Aktivitäten liegen daher links oberhalb des effizienten Randes, da dort mehr vom Faktor und/oder weniger vom Redukt eingesetzt wird als auf dem effizienten Rand.

Praktisch relevant sind entsprechende Effizienzüberlegungen etwa bei der Frage, ob man bei der Abfallsortierung eine größere Anzahl Sortierarbeiter einsetzen soll, um mehr Abfall pro Zeiteinheit sortieren zu können.

V) Abprodukt-Redukt:

Die erste Objektart ist ein Output ($z_1 > 0$) und die zweite Objektart ein Input ($z_2 < 0$). Somit liegt die Technik im 4. Quadranten. Für das Redukt sind höhere (absolute) Quantitäten erwünscht, sodass der Effizienz-Pfeil vom Ursprung wegzeigt. Vom Abprodukt soll dagegen möglichst wenig entstehen

(Effizienz-Pfeil zum Ursprung hin). Steigerungen der Reduktquantität sind auf dem effizienten Rand nur durch gleichzeitiges Ansteigen der Abproduktquantität möglich. Die ineffizienten Aktivitäten liegen rechts oberhalb des effizienten Randes, wo weniger Redukte vernichtet und/oder mehr Abprodukte emittiert werden.

Praktisch relevant sind entsprechende Effizienzüberlegungen etwa bei der Müllverbrennung, wenn sich der Produzent entscheiden muss, ob er durch das Verbrennen einer größeren Müllquantität auch mehr Abgase emittiert.

VI) Abprodukt-Abprodukt:

Beide Objektarten sind Outputs ($z_k > 0$ für $k = 1, 2$), sodass die Technik im 1. Quadranten liegt. Da von den Abprodukten möglichst wenig entstehen soll, zeigen beide Effizienz-Pfeile zum Ursprung hin. Senkungen der Quantität eines Abproduktes können auf dem effizienten Rand nur durch Steigerungen der Quantität des anderen Abproduktes kompensiert werden. Die ineffizienten Aktivitäten liegen daher auch in Richtung vom Ursprung weg (rechts oberhalb des effizienten Randes).

Praktisch relevant sind entsprechende Effizienzüberlegungen, wenn eine Unternehmung zwei Schadstoffe emittiert, und eine Prozessumstellung die Quantität des einen Schadstoffs (z.B. Schwefeldioxid) senkt, aber dadurch vom anderen Schadstoff (z.B. Kohlendioxid) mehr emittiert wird.

VII) Redukt-Redukt:

Beide Objektarten sind Inputs ($z_k < 0$ für $k = 1, 2$), sodass die Technik im 3. Quadranten liegt. Man möchte von beiden möglichst viel einsetzen. Daher zeigen beide Effizienz-Pfeile vom Ursprung weg. Steigerungen der (absoluten) Quantität eines Redukts können auf dem effizienten Rand aber nur durch gleichzeitige Senkungen der Quantität des anderen Redukts erreicht werden. Die ineffizienten Aktivitäten liegen daher auch in Richtung zum Ursprung hin (rechts oberhalb des effizienten Randes).

Praktisch relevant sind solche Effizienzüberlegungen, wenn z.B. eine Verbrennungsanlage sowohl Hausmüll als auch Sondermüll verbrennt. Will sie mehr Sondermüll verbrennen, kann sie nicht mehr so viel Hausmüll verfeuern.

b) Eine grafische Bestimmung effizienter Ränder ist für Techniken mit drei und mehr Objektarten nur möglich, wenn bis auf zwei Objektarten alle anderen neutral sind oder ihre Quantitäten fixiert werden (vgl. Ü 5.2b). Die grafische Darstellung effizienter Kombinationen zweier Objektarten bei Fixierung der anderen ergebniswirksamen Objektarten nennt man Isoquanten. Durch Fixieren eines der drei Objekte Faktor (z_1), Produkt (z_2) oder Abprodukt (z_3) können analog zur Teilaufgabe a) die effizienten Variationsmöglichkeiten der variablen Objekte eingezeichnet werden. Bild 5.3-2 illustriert analog zu Bild 5.3-1 die Zusammenhänge.

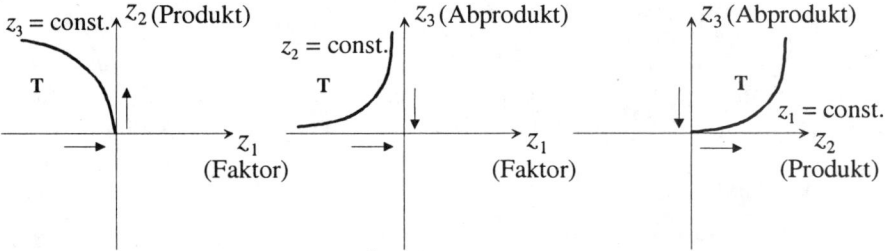

Bild 5.3-2: *Isoquanten bei Fixierung jeweils einer der Objektarten*

Auf eine ausführliche Beschreibung der drei Isoquantenverläufe kann wegen der detaillierten Behandlung der verschiedenen Fälle in Teilaufgabe a) verzichtet werden.

Ü 5.4 Variabilität (Produktionsfunktionen und Isoquanten)

Folgende Gleichungen stellen Produktionsfunktionen zur Beschreibung von Produktionsprozessen bei ausschließlicher Betrachtung von Gütern dar:

I) $y_3 = x_1 + 0{,}5 x_2$ \qquad II) $x_1 = 2 y_3,\ x_2 = 7 y_3$

III) $y_3 = 5 x_1 x_2$ \qquad IV) $y_3 = 7 x_1 x_2 + 3(x_1^2 + x_2^2)$

V) $y_3 = 3 x_1 x_2 + 2 x_1^3$ \qquad VI) $8 x_1^{0{,}625} = y_3,\ x_2 = y_3^{1{,}6}$

VII) $x_2 = \begin{cases} 40 y_3 - 0{,}2 x_1 & \text{für } 50 y_3 \leq x_1 \leq 100 y_3 \\ 105 y_3 - 1{,}5 x_1 & \text{für } 30 y_3 \leq x_1 \leq 50 y_3 \end{cases}$

a) Untersuchen Sie, ob bei Vorgabe der Produktquantitäten für die Faktoren Limitationalität oder Substitutionalität (totale oder partielle) vorliegt!

b) Stellen Sie für die Gleichungen I–VI die Isoquanten für $y_3 = 100$ und für Gleichung VII die Isoquante für $y_3 = 10$ grafisch dar!

Lösung:

(Hinweis: Es sei daran erinnert, dass die Variablen in der x,y-Darstellung nie negativ sind, sodass die Produktionsfunktionen auch nur für Werte von $x_1 \geq 0$ und $x_2 \geq 0$ Gültigkeit besitzen.)

a) Produktionsfunktionen beschreiben formal den Zusammenhang zwischen den Quantitäten verschiedener Objektarten bei effizienter Produktion. In dieser Aufgabe stellen die Produktionsfunktionen jeweils die effizienten Aktivitäten zur Herstellung eines Produktes (y_3) durch Kombination zweier Faktoren (x_1 und x_2) dar.

Der Faktoreinsatz ist *limitational*, wenn es zur Herstellung vorgegebener Produktquantitäten jeweils nur eine effiziente Faktorkombination gibt. Dagegen ist der Faktoreinsatz *substitutional*, falls mehrere Faktorkombinationen zur effizienten Herstellung vorgegebener Produktquantitäten möglich sind, und sich die Faktoren somit gegenseitig ersetzen (substituieren) können. Dabei spricht man von *totaler* Substitution eines Faktors, wenn auf ihn vollständig verzichtet werden kann, während bei *partieller* Substitution eine Produktion der vorgegebenen Produktmenge ohne den Faktor unmöglich ist.

I) $y_3 = x_1 + 0{,}5 x_2$

Die beiden Faktoren sind substitutional, da jede Produktquantität mit mehreren Faktorkombinationen effizient hergestellt werden kann. So lassen sich 100 Produkteinheiten sowohl mit 50 Einheiten des Faktors 1 und 100 Einheiten des Faktors 2 als auch mit 80 Einheiten des Faktors 1 und 40 Einheiten des Faktors 2 effizient herstellen. Beide Faktoren sind dabei total substituierbar, denn man kann 100 Produkteinheiten einerseits ohne den Faktor 1 herstellen, wenn man 200 Einheiten des Faktors 2 einsetzt, und andererseits auf den Faktor 2 total verzichten, wenn man 100 Einheiten des Faktors 1 verbraucht.

II) $x_1 = 2 y_3, \; x_2 = 7 y_3$

In diesem Beispiel sind die beiden Faktoren limitational, denn jede Produktquantität kann nur durch eine einzige Faktorkombination effizient hergestellt werden. So benötigt man zur effizienten Herstellung von 100 Produkteinheiten genau 200 Einheiten des Faktors 1 und 700 Einheiten des Faktors 2. Dass die Faktoren limitational sind, erkennt man auch daran, dass die Produktionsfunktion hier aus einem Gleichungssystem mit 2 Gleichungen besteht, die jeweils eine explizite Faktorfunktion beschreiben.

III) $y_3 = 5x_1x_2$

Die beiden Faktoren sind substitutional, da ein und dieselbe Produktquantität mit verschiedenen Faktorkombinationen effizient hergestellt werden kann. (z.B. $y_3 = 100$ mit $x_1 = 10$ und $x_2 = 2$ oder mit $x_1 = 2$ und $x_2 = 10$). Beide Faktoren sind allerdings bei dieser Produktionsfunktion nur partiell substituierbar. Würde auf einen Faktor völlig verzichtet ($x_1 = 0$ oder $x_2 = 0$), so könnte das Produkt nicht mehr hergestellt werden ($y_3 = 0$).

IV) $y_3 = 7x_1x_2 + 3(x_1^2 + x_2^2)$

Auch bei dieser Produktionsfunktion sind die Faktoren substitutional. Zur Produktion von 100 Einheiten des Produktes lassen sich etwa folgende effiziente Faktorkombinationen nutzen:

$$x_1 = 0 \text{ und } x_2 = \sqrt{100/3} \quad \text{oder} \quad x_1 = \sqrt{100/3} \text{ und } x_2 = 0$$

Diese Faktorkombinationen verdeutlichen auch direkt, dass beide Faktoren total substituiert werden können.

V) $y_3 = 3x_1x_2 + 2x_1^3$

Bei dieser Produktionsfunktion lassen sich die Faktoren ebenfalls gegeneinander austauschen. 100 Produkteinheiten sind beispielsweise mit 1 Einheit des Faktors 1 und ca. 32,67 Einheiten des Faktors 2, aber auch mit 0,5 Einheiten des Faktors 1 und 66,5 Einheiten des Faktors 2 effizient herstellbar. Allerdings lässt sich bei dieser Produktionsfunktion nur Faktor 2 total substituieren. Denn setzt man ihn in obiger Gleichung gleich Null, so entfällt lediglich der erste Term der rechten Seite, und durch entsprechenden Einsatz des Faktors 1 ist dennoch jede Produktquantität herstellbar. Anders ist das hingegen bei Faktor 1. Er ist nur partiell substituierbar, denn wenn man ganz auf ihn verzichten würde (d.h. $x_1 = 0$), dann ließe sich keine Produkteinheit herstellen. In der Produktionsfunktion würden beide Terme entfallen.

VI) $8x_1^{0,625} = y_3$, $x_2 = y_3^{1,6}$

Bei dieser Produktionsfunktion lassen sich die beiden Faktoren nicht gegeneinander ersetzen, sie sind somit limitational. Jede Produktquantität kann nur durch eine eindeutige Faktorkombination effizient hergestellt werden. 100 Produkteinheiten lassen sich beispielsweise nur mit ca. 56,89 Einheiten des Faktors 1 und ca. 1.584,89 Einheiten des Faktors 2 effizient herstellen.

VII) $x_2 = \begin{cases} 40y_3 - 0{,}2x_1 & \text{für } 50y_3 \leq x_1 \leq 100y_3 \\ 105y_3 - 1{,}5x_1 & \text{für } 30y_3 \leq x_1 \leq 50y_3 \end{cases}$

Diese Produktionsfunktion besteht aus zwei Ästen für verschiedene x_1,y_3-Verhältnisse. Da für beide Äste die Senkung einer Faktorquantität mit der Steigerung der anderen Faktorquantität verbunden ist, sind beide Faktoren substitutional. 10 Produkteinheiten lassen sich etwa mit 600 Einheiten des Faktors 1 und 280 Einheiten des Faktors 2 gemäß der Gleichung des ersten Astes (wegen $x_1 > 50y_3$) produzieren. Sie können aber auch z.B. mit 400 Einheiten des Faktors 1 und 450 Einheiten des Faktors 2 gemäß der Gleichung des zweiten Astes (wegen $x_1 < 50y_3$) hergestellt werden.

Die Frage nach der Art der Substitutionalität der beiden Faktoren scheint auf den ersten Blick einfach zu beantworten. Für beide Teilfunktionen sind (ohne Berücksichtigung ihrer Grenzen) auch Faktorkombinationen möglich, die auf einen der beiden Faktoren gänzlich verzichten. Betrachtet man die Beschränkung der beiden Faktoren auf bestimmte Verhältnisse zwischen x_1 und y_3 jedoch näher, so erkennt man, dass beide Faktoren nur partiell substituierbar sind. Wenn Faktor 1 gleich Null gesetzt wird, dann folgt aus den Beschränkungen der beiden Funktionen, dass keine Produktquantitäten herstellbar sind. Denn aus $x_1 = 0$ und $x_1 \geq 30y_3$ (bzw. $50y_3$) folgt $y_3 = 0$. Für den zweiten Faktor lässt sich die totale Substitutionalität an Hand folgender Überprüfung des ersten Astes der Produktionsfunktion ausschließen:

$x_2 = 40y_3 - 0{,}2x_1 \quad | x_2 = 0$
$\Leftrightarrow \quad x_1 = 200y_3$

Diese Beziehung steht im Widerspruch zu den durch die Grenzen der Produktionsfunktion angegebenen maximalen Verhältnissen zwischen dem Faktor 1 und dem Produkt 3. Da Gleiches auch für den zweiten Ast der Produktionsfunktion gilt, kann der Faktor 2 nicht vollständig ersetzt werden.

b) Isoquanten stellen den geometrischen Ort aller Kombinationen bestimmter Objektarten dar, welche bei Festhalten der Quantitäten aller anderen Güter- und Übelarten zu einer effizienten Produktion führen. Im hier vorliegenden 3-Güterfall geben die (Produkt-)Isoquanten alle Faktorkombinationen wieder, die zur effizienten Herstellung einer bestimmten Produktquantität eingesetzt werden können. Bild 5.4-1 stellt die Isoquanten für $y_3 = 100$ (Fälle I bis VI) bzw. die Isoquante für $y_3 = 10$ (Fall VII) in Faktordiagrammen dar. Die Art der Substitutionalität der beiden Faktoren lässt sich dabei aus den Diagrammen ablesen. Berührt die Funktion eine Achse, so ist der Faktor, dessen Quantität auf der anderen Achse abgetragen ist, total substituierbar, anderenfalls ist er nur partiell substituierbar.

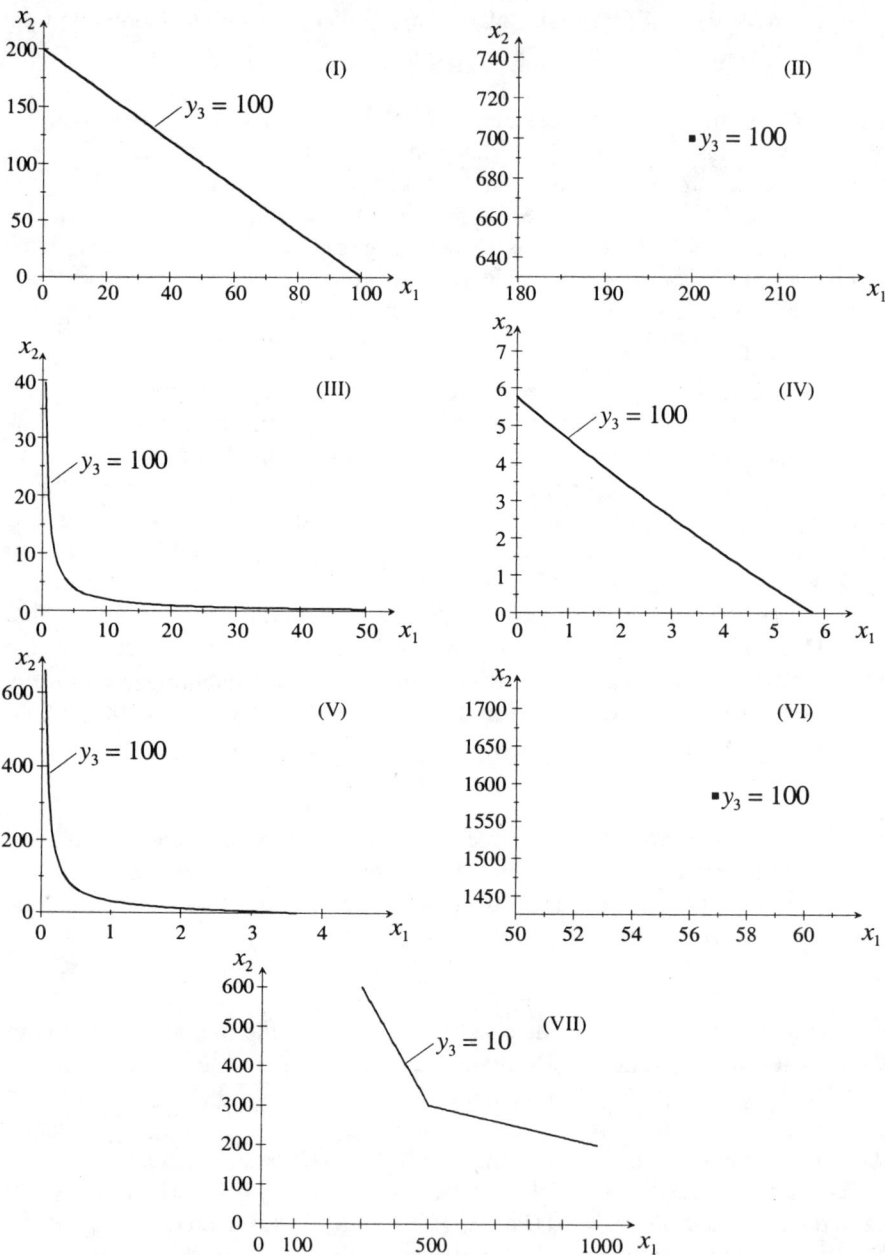

Bild 5.4-1: *Isoquanten der Produktionsfunktionen I bis VII*

Die Herleitung der funktionalen Zusammenhänge der sieben Isoquanten sei im Folgenden kurz verdeutlicht.

I) $\quad y_3 = x_1 + 0{,}5x_2 \qquad | y_3 = 100$

$\Rightarrow \quad 100 = x_1 + 0{,}5x_2$
$\Leftrightarrow \quad x_2 = 200 - 2x_1$

II) $\quad x_1 = 2y_3$ und $x_2 = 7y_3 \qquad | y_3 = 100$

$\Rightarrow \quad x_1 = 200$ und $x_2 = 700$

III) $\quad y_3 = 5x_1 x_2 \qquad | y_3 = 100$

$\Rightarrow \quad 100 = 5x_1 x_2$
$\Leftrightarrow \quad x_2 = 20/x_1$

IV) $\quad y_3 = 7x_1 x_2 + 3(x_1^2 + x_2^2) \qquad | y_3 = 100$

$\Rightarrow \quad 100 = 7x_1 x_2 + 3(x_1^2 + x_2^2)$
$\Leftrightarrow \quad 3x_2^2 + 7x_1 x_2 + (3x_1^2 - 100) = 0$
$\Leftrightarrow \quad x_2^2 + 7/3 \cdot x_1 x_2 + (x_1^2 - 100/3) = 0$

Mit Hilfe eines Verfahrens zur Lösung quadratischer Gleichungen der Form $x^2 + px + q = 0$, z.B. der p-q-Formel (mit $p = 7/3 \cdot x_1$ und $q = x_1^2 - 100/3$), lässt sich der Zusammenhang der beiden Faktoren bestimmen zu:

$$x_2 = -\frac{p}{2} \pm \sqrt{\left(\frac{p}{2}\right)^2 - q}$$

$$\Rightarrow \quad x_2 = -\frac{7}{6}x_1 \pm \sqrt{\left(\frac{7}{6}x_1\right)^2 - \left(x_1^2 - \frac{100}{3}\right)}$$

$$\Leftrightarrow \quad x_2 = -\frac{7}{6}x_1 \pm \sqrt{\frac{13}{36}x_1^2 + \frac{100}{3}}$$

Für positive Quantitäten des Faktors 1 führt die Subtraktion der Wurzel ausschließlich zu negativen Werten für den zweiten Faktor. Daher ist nur der folgende Zusammenhang für die Isoquante relevant:

$$\Leftrightarrow \quad x_2 = -\frac{7}{6}x_1 + \sqrt{\frac{13}{36}x_1^2 + \frac{100}{3}}$$

Dieser Zusammenhang gilt zudem nur, solange die Quantitäten der Faktoren nicht negativ werden. Aus $x_1 \geq 0$ und $x_2 \geq 0$ folgt $x_1^{max} = x_2^{max} = \sqrt{100/3} = 5{,}77$.

V) $y_3 = 3x_1x_2 + 2x_1^3$ $\qquad | y_3 = 100$

$\Rightarrow \quad 100 = 3x_1x_2 + 2x_1^3$
$\Leftrightarrow \quad 3x_1x_2 = 100 - 2x_1^3$

$\Leftrightarrow \quad x_2 = \dfrac{100 - 2x_1^3}{3x_1} = \dfrac{100}{3x_1} - \dfrac{2}{3}x_1^2$

Aus $x_2 \geq 0$ folgt $x_1 \leq \sqrt[3]{50} = 3{,}68$.

VI) $8x_1^{0{,}625} = y_3$ und $x_2 = y_3^{1{,}6}$ $\qquad | y_3 = 100$

$\Rightarrow \quad 8x_1^{0{,}625} = 100 \qquad$ und $\qquad x_2 = 100^{1{,}6}$
$\Leftrightarrow \quad x_1 = (12{,}5)^{1/0{,}625} \qquad$ und $\qquad x_2 = 1.584{,}89$
$\Leftrightarrow \quad x_1 = 56{,}89 \qquad$ und $\qquad x_2 = 1.584{,}89$

Analog zu Fall II besteht auch bei dieser limitationalen Produktionsfunktion die Isoquante zur Herstellung von 100 Produkteinheiten nur aus einem Punkt.

VII) Durch Einsetzen von $y_3 = 10$ in die zweigeteilte Produktionsfunktion

$$x_2 = \begin{cases} 40y_3 - 0{,}2x_1 & \text{für } 50y_3 \leq x_1 \leq 100y_3 \\ 105y_3 - 1{,}5x_1 & \text{für } 30y_3 \leq x_1 \leq 50y_3 \end{cases}$$

erhält man folgende formale Beschreibung der Isoquante für $y_3 = 10$:

$$x_2 = \begin{cases} 400 - 0{,}2x_1 & \text{für } 500 \leq x_1 \leq 1.000 \\ 1050 - 1{,}5x_1 & \text{für } 300 \leq x_1 \leq 500 \end{cases}$$

Ü 5.5 Isoquanten

In einem Produktionsprozess werden für die Bearbeitung eines bestimmten Teils pro Stück

0,8 kg eines Rohmaterials und
12 min Arbeitszeit eines Facharbeiters

eingesetzt.

a) Stellen Sie den Sachverhalt in einem Faktordiagramm dar, das insbesondere die Isoquanten für eine Tagesproduktion von 20, 30 und 40 Stück enthält!

b) An einem bestimmten Tag stehen nur 25 kg Material und 5 Arbeiterstunden zur Verfügung. Zeichnen Sie diese Beschränkungen in das Faktordiagramm ein. Wie hoch ist die maximal mögliche Ausbringung an diesem Tag?

Lösung:

a) Bei dem dargestellten Produktionszusammenhang handelt es sich um eine limitationale Produktionsbeziehung, denn die effiziente Herstellung des Produktes erfordert bestimmte Quantitäten des Rohmaterials und der Arbeitszeit. Diese beiden Faktoren können nicht gegeneinander substituiert werden. Bezeichnet man die Quantität des eingesetzten Rohmaterials mit x_1, die Arbeitszeit des Facharbeiters mit x_2 und die Produktquantität mit y_3, so ergibt sich für den geschilderten Produktionszusammenhang folgende Produktionsbeziehung:

$$x_1 = 0{,}8 y_3 \quad \text{und} \quad x_2 = 12 y_3$$

Die Isoquanten für bestimmte Produktquantitäten bestehen, wie bei limitationalen Produktionszusammenhängen üblich, aus einem Punkt. Für Tagesproduktionen von 20, 30 oder 40 Produkteinheiten erhält man folgende Koordinaten:

für $y_3 = 20$: $x_1 = 16$ und $x_2 = 240$
für $y_3 = 30$: $x_1 = 24$ und $x_2 = 360$
für $y_3 = 40$: $x_1 = 32$ und $x_2 = 480$

Die Isoquanten sind in Bild 5.5-1 als Punkte auf dem gestrichelten Strahl dargestellt.

b) In Bild 5.5-1 sind die Beschränkungen des Materials ($x_1 \leq 25$) und der Arbeitszeit ($x_2 \leq 300$) eingezeichnet. Zudem ist durch eine gestrichelte Linie die Verbindung aller effizienten Produktionen zur Herstellung *verschiedener* Produktquantitäten illustriert. (Hinweis: Bei dieser Linie handelt es sich *nicht* um *eine* Isoquante, sondern um die Verbindung der Isoquanten für *verschiedene* Produktquantitäten bzw. den sog. 'Expansionspfad'. Sie unterstellt zudem eine größenproportionale Technik.) An der Stelle, wo diese Verbindungslinie an die erste der beiden Restriktionen stößt, ist eine weitere Ausdehnung der Produktion nicht mehr möglich. Bild 5.5-1 zeigt, dass die Arbeitszeit die Produktion beschränkt, vom Rohmaterial wäre dagegen noch mehr einsetzbar.

Die maximal herstellbare Produktquantität erhält man, indem man die maximale Arbeitszeitquantität ins Verhältnis setzt zur pro Produkteinheit notwendigen Quantität (d.h. zum Produktionskoeffizienten): $y_3^{max} = 300/12 = 25$. Grafisch kann man diese Quantität auch dadurch bestimmen, dass man die Strecken zwischen den Isoquanten für $y_3 = 20$ und $y_3 = 30$ auf der Verbindungslinie der effizienten Faktorkombinationen abmisst. Da der im Schnittpunkt von Restriktion und Verbindungslinie gelegene Punkt genau auf der Hälfte zwischen den beiden Isoquanten liegt, beträgt die maximale Produktquantität 25 Einheiten.

Rechnerisch lässt sich die maximale Produktquantität allgemein ermitteln, indem das Minimum der Verhältnisse zwischen maximaler Faktorquantität und dem Produktionskoeffizienten für beide Faktoren bestimmt wird:

$$y_3^{max} = \min\left\{25/_{0,8}; 300/_{12}\right\} = \min\{31,25; 25\} = 25$$

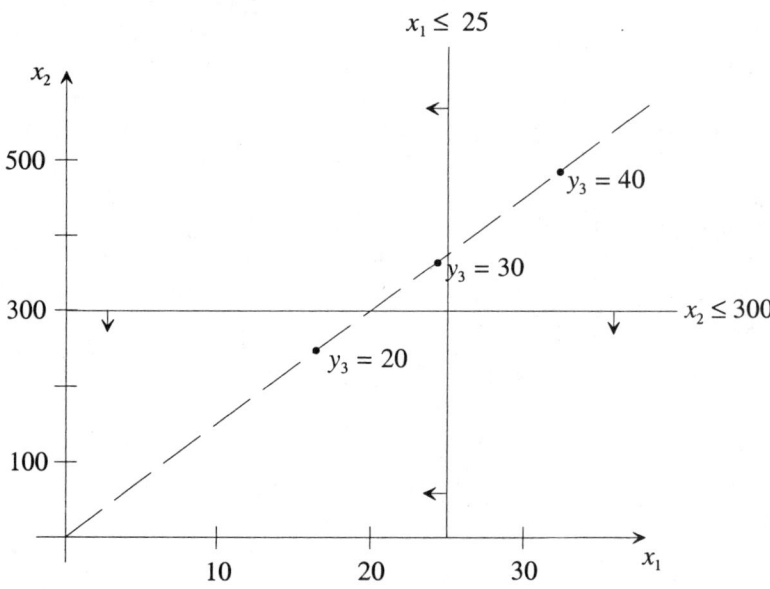

Bild 5.5-1:   *Isoquanten der Produktionsfunktion für die Herstellung von 20, 30 oder 40 Produkteinheiten*

Ü 5.6   Kompensationsmaße

Bestimmen Sie, soweit möglich, für folgende Produktionsfunktionen von Gütertechniken die Grenzproduktivität, die Substitutionsrate der Faktoren sowie die Produktionselastizität und die Skalenelastizität!

I) $y_2 = 4x_1$
II) $y_3 = 4x_1 + 2x_2$
III) $y_3 = 4x_1 x_2$
IV) $y_3 = 2x_1$, $y_3 = 7x_2$

Lösung:

Kompensationsmaße verdeutlichen, wie bei effizienter Produktion eine Ertragssteigerung oder Aufwandssenkung bei einem Objekt durch eine Aufwandssteigerung oder Ertragssenkung bei einem oder mehreren anderen Objekten ausgeglichen werden kann.

Die *Faktorsubstitutionsrate* gibt an, um wie viel der Einsatz eines Faktors bei effizienter Produktion ceteris paribus, d.h. bei Fixierung aller anderen Güter- und Übelquantitäten, (entlang der Isoquante) gesenkt werden kann, wenn die Quantität eines anderen Faktors marginal erhöht wird. Sie ist hier definiert als:

$$\left|\frac{dx_2}{dx_1}\right| \quad \text{bzw.} \quad \left|\frac{dx_1}{dx_2}\right|$$

(Hinweis: Das Austauschverhältnis zwischen den beiden Faktoren ist stets negativ, d.h. wenn von einem Faktor weniger verbraucht wird, muss vom anderen mehr eingesetzt werden. Um die Substitutionsrate als positive Zahl anzugeben, muss der Betrag der Ableitung gebildet werden. Bei dem Differenzialquotienten handelt es sich wegen der ceteris paribus-Bedingung um eine partielle Ableitung, die üblicherweise durch $\partial x_2 / \partial x_1$ symbolisiert wird. Von dieser Schreibweise wird hier jedoch der Einfachheit halber abgesehen. Das Gleiche soll auch für die nachfolgend definierten Kompensationsmaße Grenzproduktivität und Produktionselastizität gelten.)

Die *Grenzproduktivität* (der Grenzertrag) des Faktoreinsatzes verdeutlicht, um wie viel die Produktquantität durch die marginale Erhöhung der Faktorquantität ceteris paribus gesteigert werden kann. (Hinweis: Bei Reduktionsprozessen würde sich die Grenzproduktivität auf die Quantität des Reduktes beziehen.) Sie kann berechnet werden als:

$$\frac{dy_j}{dx_i}$$

Die *Produktionselastizität* verdeutlicht dagegen nicht eine absolute Steigerung, sondern die prozentuale Steigerung der Produktquantität, die sich durch eine marginale prozentuale Erhöhung der Faktorquantität ergibt. Sie lässt sich bestimmen als:

$$\varepsilon_{ji} = \frac{dy_j}{dx_i} : \frac{y_j}{x_i} = \frac{dy_j}{dx_i} \cdot \frac{x_i}{y_j}$$

Wie die erste Gleichung zeigt, entspricht die Produktionselastizität (ε_{ji}) dem Verhältnis der Grenzproduktivität (dy_j/dx_i) und der Durchschnittproduktivität

(y_j/x_i). (Hinweis: Die Produktionselastizität sowie die nachfolgend erläuterte Skalenelastizität messen marginale Änderungen, d.h. sie berechnen die prozentuale Änderung der Produktquantität bei einer unendlich kleinen Veränderung der Faktorquantitäten und nicht bei einer 1%-igen Veränderung. Aus Gründen der sprachlichen Vereinfachung sei auf den mathematisch exakten Bezug zu marginalen Änderungen verzichtet. Gleiches gilt auch für die Faktorsubstitutionsrate und die Grenzproduktivität, für die im Folgenden von einer Erhöhung der unabhängigen Variablen um eine Einheit gesprochen wird.)

Im Gegensatz zu den bisher definierten Kompensationsmaßen beschreibt die *Skalenelastizität* die prozentuale Veränderung eines (Haupt-)Produktes, wenn *alle* Faktoren in gleicher Weise prozentual erhöht werden. Sie ist gemäß der Skalenelastizitätsgleichung (für substitutionale Produktionsfunktionen) gleich der Summe der Produktionselastizitäten der einzelnen Faktoren ($i = 1, ..., m$):

$$\varepsilon_j = \varepsilon_{j1} + ... + \varepsilon_{jm}$$

I) $y_2 = 4x_1$

Eine Faktorsubstitutionsrate lässt sich für diese Produktionsfunktion nicht bestimmen, da nur ein Faktor zur Produktion eingesetzt wird und er somit nicht durch einen anderen Faktor ersetzt werden kann.

Die Grenzproduktivität des Faktors ergibt sich zu:

$$\frac{dy_2}{dx_1} = 4$$

Mit jeder Erhöhung der Faktorquantität um eine Einheit wird die Produktquantität um 4 Einheiten gesteigert.

Die Produktionselastizität des Faktors bestimmt sich zu:

$$\varepsilon_{21} = \frac{dy_2}{dx_1} \cdot \frac{x_1}{y_2} = 4 \cdot \frac{x_1}{y_2} = 4 \cdot \frac{x_1}{4x_1} = 1$$

Erhöht man die Faktorquantität um ein Prozent, so wird auch die Produktquantität um 1% erhöht. Eine Erhöhung der Faktorquantität von 100 auf 101 Einheiten hätte beispielsweise eine Erhöhung der Produktquantität von 400 auf 404 Einheiten zur Folge.

Da nur ein Faktor zur Herstellung des Produktes eingesetzt wird, ist die Skalenelastizität gleich der Produktionselastizität, also gleich 1.

II) $y_3 = 4x_1 + 2x_2$

Um die Faktorsubstitutionsrate zu ermitteln, kann die Gleichung nach einer Faktorquantität aufgelöst werden:

$x_2 = -2x_1 + y_3/2$

Daraus leitet sich die Substitutionsrate der Faktoren ab:

$\left|\dfrac{dx_2}{dx_1}\right| = 2$ bzw. $\left|\dfrac{dx_1}{dx_2}\right| = \dfrac{1}{2}$

Will man die Quantität des Faktors 1 um eine Einheit senken (und weiterhin die gleiche Produktquantität effizient produzieren), so muss man die Quantität des zweiten Faktors um 2 Einheiten steigern.

Die Grenzproduktivitäten der beiden Faktoren ergeben sich zu:

$\dfrac{dy_3}{dx_1} = 4$ und $\dfrac{dy_3}{dx_2} = 2$

Mit einer Steigerung des ersten Faktors um eine Einheit wird die Produktquantität um 4 Einheiten erhöht, während die Erhöhung des zweiten Faktors um eine Einheit nur zu einer Steigerung der Produktquantität um 2 Einheiten führt.

Die Produktionselastizitäten der beiden Faktoren berechnen sich zu:

$\varepsilon_{31} = \dfrac{dy_3}{dx_1} \cdot \dfrac{x_1}{y_3} = 4 \cdot \dfrac{x_1}{4x_1 + 2x_2}$

$\varepsilon_{32} = \dfrac{dy_3}{dx_2} \cdot \dfrac{x_2}{y_3} = 2 \cdot \dfrac{x_2}{4x_1 + 2x_2}$

Anders als in Fall I sind die Produktionselastizitäten hier nicht an jeder Stelle der Produktionsfunktion gleich, sie sind vielmehr von der zu Grunde gelegten Faktorkombination abhängig. Je größer das Verhältnis zwischen Faktor 1 und Faktor 2 (gemäß der Produktionsfunktion) wird, umso stärker nähert sich die Produktionselastizität des Faktors 1 dem Wert 1 und die Produktionselastizität des Faktors 2 dem Wert 0 an und umgekehrt.

Die Skalenelastizität der Produktionsfunktion ergibt sich zu:

$\varepsilon_3 = \varepsilon_{31} + \varepsilon_{32} = \dfrac{4x_1}{4x_1 + 2x_2} + \dfrac{2x_2}{4x_1 + 2x_2} = \dfrac{4x_1 + 2x_2}{4x_1 + 2x_2} = 1$

Wenn beide Faktorquantitäten um 1% erhöht werden, dann erhöht sich auch die Produktquantität um 1%. Welchen Beitrag die einzelnen Faktoren zu dieser Erhöhung leisten, ist, wie oben beschrieben, von der betrachteten (Ausgangs-)Faktorkombination abhängig.

III) $y_3 = 4x_1x_2$

Um die Faktorsubstitutionsrate zu ermitteln, wird die Gleichung nach x_2 aufgelöst:

$$x_2 = \frac{y_3}{4x_1}$$

Die Faktorsubstitutionsraten ergeben sich danach zu:

$$\left|\frac{dx_2}{dx_1}\right| = \frac{y_3}{4x_1^2} \quad \text{bzw.} \quad \left|\frac{dx_1}{dx_2}\right| = \frac{y_3}{4x_2^2}$$

Für diese Produktionsfunktion ist die Substitutionsrate nicht konstant, sondern hängt von der (Ausgangs-)Faktorkombination ab. Je größer der Anteil des Faktors 1 an der Produktion ist, umso höher ist seine Substitutionsrate, d.h. man muss auf umso mehr des Faktors 1 gegenüber dem Faktor 2 verzichten, je mehr vom Faktor 1 eingesetzt wurde.

Die Grenzproduktivitäten ergeben sich zu:

$$\frac{dy_3}{dx_1} = 4x_2 \quad \text{und} \quad \frac{dy_3}{dx_2} = 4x_1$$

Auch die Grenzproduktivitäten hängen von der konkreten Faktorkombination ab. Je höher die Quantität des nicht veränderten Faktors ist, desto höhere Veränderungen der Produktquantität sind mit Erhöhungen des variablen Faktors möglich.

Die Produktionselastizitäten berechnen sich zu:

$$\varepsilon_{31} = \frac{dy_3}{dx_1} \cdot \frac{x_1}{y_3} = 4x_2 \cdot \frac{x_1}{4x_1x_2} = 1$$

$$\varepsilon_{32} = \frac{dy_3}{dx_2} \cdot \frac{x_2}{y_3} = 4x_1 \cdot \frac{x_2}{4x_1x_2} = 1$$

Mit einer Erhöhung der Quantität eines der beiden Faktoren um 1% ist eine 1%-ige Erhöhung der Produktquantität verbunden.

Aus den Produktionselastizitäten ergibt sich die Skalenelastizität zu:

$$\varepsilon_3 = \varepsilon_{31} + \varepsilon_{32} = 1 + 1 = 2$$

Mit der gleichzeitigen Steigerung beider Faktoren um 1% wird die Produktquantität um 2% erhöht.

IV) $y_3 = 2x_1$, $y_3 = 7x_2$

Bei dieser Produktionsfunktion handelt es sich um eine limitationale Produktionsfunktion, d.h. jede Produktquantität kann nur durch eine bestimmte Faktorkombination effizient hergestellt werden. Die Substitutionsrate der Faktoren ist daher nicht definiert, denn eine Substitution eines Faktors durch den anderen Faktor ist unter der Voraussetzung effizienter Produktion bei limitationaler Produktion ausgeschlossen. Auch die Grenzproduktivität und die Produktionselastizität existieren nicht, denn eine Steigerung der Produktquantität ist nicht durch die alleinige Erhöhung eines Faktors möglich, sodass die ceteris paribus-Bedingung verletzt würde.

Die Skalenelastizität der Produktionsfunktion ist dagegen für bestimmte Formen limitationaler Produktionsfunktionen ermittelbar, da sie von einer gleichzeitigen Erhöhung aller Faktoren ausgeht. Sie lässt sich allerdings nicht durch die Skalenelastizitätsgleichung bestimmen, da ja keine Produktionselastizitäten bestimmt werden konnten. Da wegen des in beiden Teilfunktionen vorliegenden Exponenten von 1 mit der λ-fachen Erhöhung der Quantitäten beider Faktoren auch eine λ-fache Erhöhung des Outputs verbunden ist, ist die Skalenelastizität gleich 1 (Größenproportionalität). Das bedeutet, dass bei *gleichzeitiger* Erhöhung beider Faktorquantitäten um 1% auch die Produktquantität um 1% gesteigert wird und weiterhin eine effiziente Produktion vorliegt. (Hinweis: Bei unterschiedlichen Exponenten der Teilfunktionen wäre die gleichzeitige Erhöhung der beiden Faktoren um 1% nicht mehr effizient, da von einem Faktor Einheiten verschwendet würden. Aus diesem Grund lässt sich für solche Fälle auch keine Skalenelastizität der Produktionsfunktion bestimmen.)

6 Lineare Produktionstheorie

Ü 6.1   Verfahrenswahl (Produktionsmodell und Effizienz)   /DY 03/, L. 6.1.2 + 6.2
Ü 6.2   Sinnvolle und effiziente Aktivitäten   /DY 03/, L. 6.2.1
Ü 6.3   Kombination von Aktivitäten zu einer fixierten Produktion   /DY 03/, L. 6.2.1
Ü 6.4   Sinnvolle und effiziente Schnittmuster   /DY 03/, L. 6.2.2 + 6.2.3
Ü 6.5   Messung der relativen Effizienz   /DY 03/, L. 6.3

Ü 6.1   Verfahrenswahl (Produktionsmodell und Effizienz)

Ein Produkt kann im Rahmen einer linearen Gütertechnik mit den im Folgenden angegebenen drei Verfahren aus zwei Faktoren hergestellt werden. Die Tabelle enthält die prozessspezifischen Faktorverbräuche in Quantitätseinheiten (QE) pro Quantitätseinheit des Produktes.

	Verfahren		
	I	II	III
Faktor 1	100	50	25
Faktor 2	40	50	120

a) Bestimmen Sie das Produktionsmodell dieses Prozesses und zeichnen Sie den zugehörigen I/O-Graphen!

b) Zeichnen Sie die Prozessstrahlen der einzelnen Verfahren in ein Faktordiagramm! Zeichnen Sie alle Möglichkeiten ein, 10 Produkteinheiten herzustellen!

c) Bestimmen Sie die effizienten Verfahren und Verfahrenskombinationen! Zeichnen Sie die Produktisoquanten zur Herstellung von 5, 8 und 10 Produkteinheiten ein! Geben Sie eine allgemeine formale Darstellung der Isoquanten an!

d) Wie viele Produkteinheiten können hergestellt werden, wenn lediglich 750 QE von Faktor 1 und 450 QE von Faktor 2 zur Verfügung stehen? Wie viele Produkteinheiten können hergestellt werden, wenn nur ein einzelnes Verfahren eingesetzt wird?

Lösung:

a) Bei dem geschilderten Produktionsprozess handelt es sich um den Strukturtyp 'Verfahrenswahl bei der Herstellung eines Outputs'. Das Produktionsmodell lautet für die Inputquantitäten x_1 und x_2 sowie die Outputquantität y_3 (vgl. allgemein Ü 3.3):

$$x_1 = 100 y_3^I + 50 y_3^{II} + 25 y_3^{III}$$
$$x_2 = 40 y_3^I + 50 y_3^{II} + 120 y_3^{III}$$
$$y_3^I + y_3^{II} + y_3^{III} = y_3$$

Durch den oberen Index ρ (mit ρ = I, II, III) sind die Quantitäten des Produktes beschrieben, die jeweils in einem der drei Prozesse entstehen. Die Faktorquantitäten ergeben sich durch Summation der mit den prozessspezifischen Faktorverbräuchen multiplizierten Produktquantitäten.

Den I/O-Graphen des beschriebenen Produktionszusammenhangs verdeutlicht Bild 6.1-1.

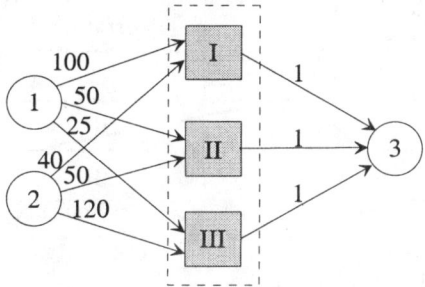

Bild 6.1-1: *I/O-Graph der Herstellung eines Produktes mittels dreier Verfahren*

b) Die Prozessstrahlen entsprechen der Verbindungslinie aller effizienten Produktionen mit Hilfe eines Verfahrens (vgl. Ü 5.5). Sie sind in Bild 6.1-2 in ein Faktordiagramm eingezeichnet (P I, P II, P III).

Durch Multiplikation der prozessspezifischen Faktorverbräuche mit der Produktquantität 10 erhält man die Faktorkombinationen, mittels derer sich 10 Produkteinheiten durch die Anwendung eines einzelnen Prozesses produzieren lassen. Sie sind in Bild 6.1-2 durch dicke Punkte illustriert. 10 Produkteinheiten lassen sich auch durch Konvexkombinationen der drei Prozesse herstellen, die in Bild 6.1-2 durch das grau schattierte Dreieck verdeutlicht sind. (Hinweis: Auch rechts oberhalb der schraffierten Fläche liegen Faktorkombinationen, die eine Produktion von 10 Produkteinheiten zulassen. Sie sind jedoch ineffizient.)

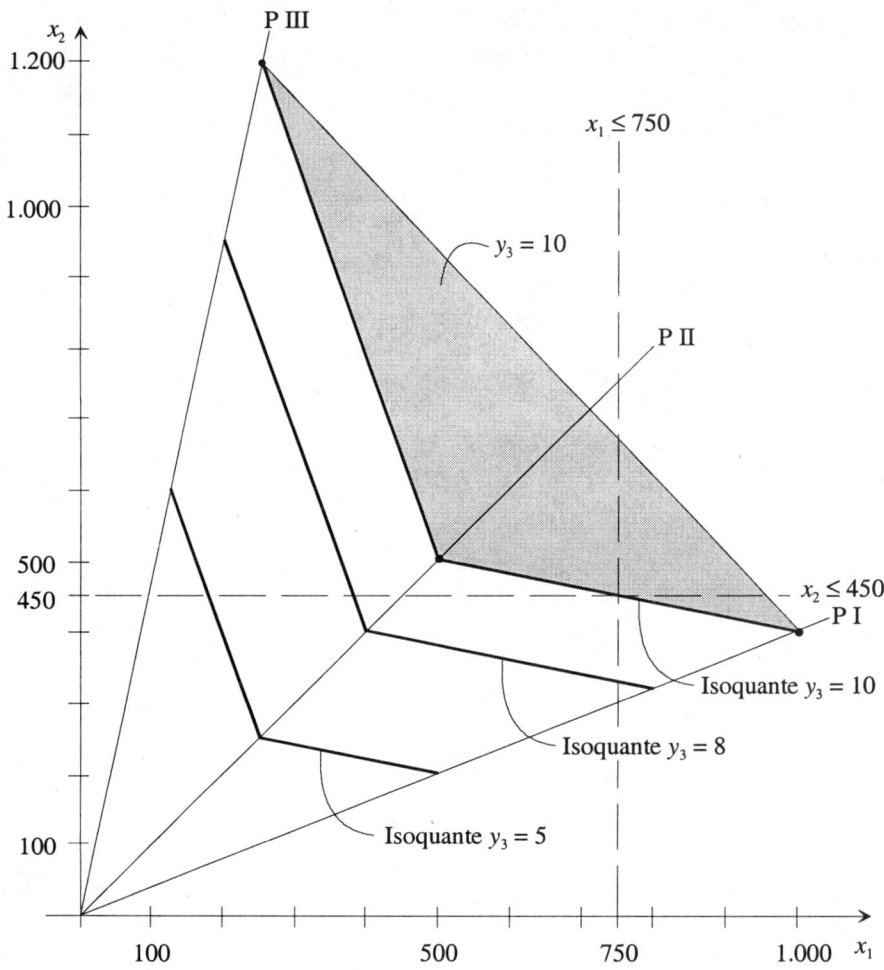

Bild 6.1-2:   *Faktordiagramm mit Prozessstrahlen der drei Prozesse*

c) Im grau schraffierten Bereich des Bildes 6.1-2 sind nicht alle Kombinationen der drei Verfahren effizient, sondern nur diejenigen Kombinationen, die auf dem 'südwestlichen Rand' des schraffierten Dreiecks liegen. Dies sind alle (auch die unechten) Konvexkombinationen der Prozesse I und II sowie der Prozesse II und III. (Echte) Konvexkombinationen der Prozesse I und III sowie aller drei Prozesse sind dagegen ineffizient, da auf dem effizienten Rand stets eine Faktorkombination gefunden werden kann, die weniger Faktoren

Lektion 6: Lineare Produktionstheorie

einsetzt. (Hinweis: Eine Aktivität wird *echt kombiniert*, wenn ihr Aktivitätsniveau positiv ist.)

Die Produktisoquanten als geometrischer Ort aller effizienten Faktorkombinationen bestehen somit ausschließlich aus den beiden Streckenabschnitten, die für eine bestimmte Produktquantität durch die Kombination der Verfahren I und II sowie der Verfahren II und III gebildet werden (vgl. Ü 5.4, Fall VII). In Bild 6.1-2 sind diese Isoquanten für die Produktquantitäten $y_3 = 5$, $y_3 = 8$ und $y_3 = 10$ durch dickere Striche eingezeichnet. Allgemein lassen sich die Produktisoquanten formal bestimmen, indem man die Geradengleichungen jeweils zwischen den beiden Prozessstrahlen aufstellt. Dies wird im Folgenden kurz erläutert.

Da die Isoquante aus zwei Teilen besteht, müssen zuerst die 'Knickstelle' sowie der Gültigkeitsbereich der beiden Teilfunktionen bestimmt werden. Die Knickstelle liegt dort, wo allein das Verfahren II durchgeführt wird. Links davon wird das Verfahren II mit dem Verfahren III kombiniert, rechts davon mit dem Verfahren I. Betrachtet man den Verbrauch des Faktors 1 für die drei Verfahren, so ergeben sich für die beiden Äste folgende Gültigkeitsbereiche:

linker Ast (Verf. II und Verf. III): $\quad 25y_3 \leq x_1 \leq 50y_3$
rechter Ast (Verf. II und Verf. I): $\quad 50y_3 \leq x_1 \leq 100y_3$

Den funktionalen Verlauf der Strecke des linken Astes erhält man, indem man das Gleichungssystem für alle Konvexkombinationen der beiden Verfahren II und III aufstellt (vgl. das Produktionsmodell in Teilaufgabe a):

(1) $\quad x_1 = 50 y_3^{II} + 25 y_3^{III}$
(2) $\quad x_2 = 50 y_3^{II} + 120 y_3^{III}$
(3) $\quad y_3^{II} + y_3^{III} = y_3$

Stellt man die dritte Gleichung nach y_3^{III} um und setzt sie in die ersten beiden Gleichungen ein, so erhält man folgendes Gleichungssystem:

(1) $\quad x_1 = 50 y_3^{II} + 25 \cdot (y_3 - y_3^{II}) = 25 y_3^{II} + 25 y_3$
(2) $\quad x_2 = 50 y_3^{II} + 120 \cdot (y_3 - y_3^{II}) = -70 y_3^{II} + 120 y_3$

Multipliziert man die erste Gleichung mit 14 und die zweite Gleichung mit 5 und addiert die beiden Gleichungen, so ergibt sich:

$\quad 14 x_1 + 5 x_2 = 950 y_3 \quad \Leftrightarrow \quad x_2 = 190 y_3 - 14/5 \cdot x_1$

Diese Gleichung beschreibt den linken Ast der Isoquanten für den oben angegebenen Definitionsbereich.

Die formale Beschreibung des rechten Astes lässt sich analog bestimmen. Da hier die Verfahren I und II kombiniert werden, lautet das Ausgangsgleichungssystem:

(1) $x_1 = 100 y_3^I + 50 y_3^{II}$
(2) $x_2 = 40 y_3^I + 50 y_3^{II}$
(3) $y_3^I + y_3^{II} = y_3$

Nach Auflösen dieses Gleichungssystems erhält man als formale Bestimmung des rechten Astes im o.g. Definitionsbereich:

$x_2 = 60 y_3 - 1/5 \cdot x_1$

Zusammengefasst ergibt sich die formale Beschreibung der Isoquantenschar:

$$x_2 = \begin{cases} 190 y_3 - 14\!/\!5\, x_1 & \text{für } 25 y_3 \leq x_1 \leq 50 y_3 \\ 60 y_3 - 1\!/\!5\, x_1 & \text{für } 50 y_3 \leq x_1 \leq 100 y_3 \end{cases}$$

Durch Einsetzen eines konkreten Werts für die Produktquantität y_3 erhält man die formale Darstellung der entsprechenden Produktisoquante, für $y_3 = 10$ z.B.:

$$x_2 = \begin{cases} 1.900 - 14\!/\!5\, x_1 & \text{für } 250 \leq x_1 \leq 500 \\ 600 - 1\!/\!5\, x_1 & \text{für } 500 \leq x_1 \leq 1.000 \end{cases}$$

d) Trägt man die Faktorbeschränkungen ($x_1 \leq 750$ und $x_2 \leq 450$) in das Faktordiagramm ein (vgl. Bild 6.1-2), so wird ersichtlich, dass sich die beiden Faktoren durch eine Kombination der Verfahren I und II vollkommen ausschöpfen lassen. Durch Einsetzen der beiden Faktorbeschränkungen in das der unteren Gleichung der Isoquantenschar zu Grunde liegende Gleichungssystem erhält man folgendes Gleichungssystem zur Bestimmung der maximalen Produktquantität:

(1) $750 = 100 y_3^I + 50 y_3^{II}$
(2) $450 = 40 y_3^I + 50 y_3^{II}$
(3) $y_3^I + y_3^{II} = y_3$

Formt man die dritte Gleichung nach y_3^{II} um und setzt sie in die ersten beiden Gleichungen ein, ergibt sich daraus folgendes Gleichungssystem:

(1) $750 = 100 y_3^I + 50 \cdot (y_3 - y_3^I) = 50 y_3^I + 50 y_3$
(2) $450 = 40 y_3^I + 50 \cdot (y_3 - y_3^I) = -10 y_3^I + 50 y_3$

Wenn nun die mit 5 multiplizierte Gleichung (2) zur Gleichung (1) addiert wird, führt dies zu folgender Gleichung:

$$3.000 = 300 y_3 \quad \Leftrightarrow \quad y_3 = 10$$

Die maximale Produktquantität, die bei den gegebenen Faktorbeschränkungen produziert werden kann, beträgt somit 10 Produkteinheiten. Dies lässt sich in Bild 6.1-2 direkt ablesen, da der Schnittpunkt der beiden Restriktionen auf der Isoquante für $y_3 = 10$ liegt.

Zur Bestimmung der Anteile der beiden Verfahren I und II an der Herstellung des Produktes setzt man die maximale Produktquantität $y_3 = 10$ in obiges Gleichungssystem mit 2 Gleichungen ein. Man erhält dann:

(1) $\quad 750 = 50 y_3^I + 500$
(2) $\quad 450 = -10 y_3^I + 500$

Für beide Gleichungen ergibt sich die Lösung: $y_3^I = 5$. Da sich laut Gleichung (3) die insgesamt produzierte Produktquantität aus den Quantitäten der beiden Verfahren zusammensetzt, folgt:

$$y_3^{II} = y_3 - y_3^I = 10 - 5 = 5$$

Nach beiden Verfahren werden demnach jeweils 5 Einheiten des Produktes hergestellt. Dies erkennt man in Bild 6.1-2 auch daran, dass der Schnittpunkt der beiden Restriktionen genau auf der Hälfte der Isoquante zwischen den Verfahren I und II liegt.

Kann nur ein einziges Verfahren eingesetzt werden, sind die maximalen Produktquantitäten der drei Verfahren durch folgende Ausdrücke beschränkt:

Verfahren I: $\quad$ min {750/100, 450/40} $\quad$ = 7,5
Verfahren II: $\quad$ min {750/50, 450/50} $\quad$ = 9
Verfahren III: $\quad$ min {750/25, 450/120} $\quad$ = 3,75

Somit können durch Einsatz eines einzelnen Verfahrens (Verfahren 2) nur maximal 9 Produkteinheiten hergestellt werden.

Ü 6.2 Sinnvolle und effiziente Aktivitäten

Untersuchen Sie für folgende Grundaktivitäten, welche sinnvoll und welche effizient sind, wenn durch diese Grundaktivitäten eine lineare Gütertechnik erzeugt wird! Überprüfen Sie ferner die Kombinationen der Grundaktivitäten auf Effizienz!

I)	$z^1 = (8; 3; -1)$	$z^2 = (4; 9; -1)$	$z^3 = (6; 7; -1)$
II)	$z^1 = (1; -1; -5)$	$z^2 = (1; -3; -4)$	$z^3 = (1; -4; -1)$
III)	$z^1 = (1; 7; -1)$	$z^2 = (14; 4; -2)$	$z^3 = (1; 1; -0{,}333)$
IV)	$z^1 = (-2; -7; 1)$	$z^2 = (-12; -6; 2)$	$z^3 = (-1{,}5; -1{,}5; 0{,}25)$

Lösung:

Eine Grundaktivität ist sinnvoll, wenn sie nicht von *einer* anderen Grundaktivität oder einem beliebigen Vielfachen *einer* anderen Grundaktivität dominiert wird. Darüber hinaus ist sie effizient, wenn sie auch nicht von einer Linearkombination anderer Grundaktivitäten dominiert wird. Effiziente Grundaktivitäten sind immer auch sinnvoll, umgekehrt gilt dies aber nicht unbedingt. Da lineare Techniken betrachtet werden, ist auch der gesamte Prozess effizient (sinnvoll), wenn die Grundaktivität effizient (sinnvoll) ist.

I) $z^1 = (8; 3; -1)$ $z^2 = (4; 9; -1)$ $z^3 = (6; 7; -1)$

Alle drei Grundaktivitäten sind sinnvoll, da sie bei gleichem Input ($z_3 = -1$) von jeweils einem Produkt mehr hervorbringen als die anderen Grundaktivitäten, aber gleichzeitig von dem anderen Produkt weniger hervorbringen (vgl. zur formalen Überprüfung Ü 5.1). In Bild 6.2-1 sind die drei Grundaktivitäten sowie alle Konvexkombinationen bei Einsatz einer Einheit des Faktors in einem Produktdiagramm dargestellt. Da alle drei Grundaktivitäten genau eine Einheit des Faktors einsetzen, reicht es zur Überprüfung der Effizienz aus, ihre Konvexkombinationen heranzuziehen.

Aus dem Bild erkennt man ebenfalls, dass die drei Grundaktivitäten sinnvoll sind, da für jede Grundaktivität keine der anderen Grundaktivitäten 'nordöstlich' von ihr liegt (d.h. im Bereich jener Aktivitäten, von denen die Aktivität dominiert würde).

Da die drei Grundaktivitäten auch von keiner Konvexkombination (grafisch: Punkte auf der Verbindungslinie) der beiden anderen Grundaktivitäten dominiert werden, sind sie auch effizient.

Wenn überhaupt, dann könnte sowieso nur die Grundaktivität z^3 dominiert werden, da sie bezüglich der Ausbringung beider Produkte zwischen den Ausbringungen der beiden anderen Grundaktivitäten liegt. Kombiniert man beispielsweise die Grundaktivitäten z^1 und z^2 je zur Hälfte, so ergibt diese Kombination bei gleicher Ausbringung des Produktes 1 jedoch eine um eine Einheit geringere Ausbringung des Produktes 2:

$$\tfrac{1}{2}\mathbf{z}^1 + \tfrac{1}{2}\mathbf{z}^2 = \tfrac{1}{2}\begin{pmatrix}8\\3\\-1\end{pmatrix} + \tfrac{1}{2}\begin{pmatrix}4\\9\\-1\end{pmatrix} = \begin{pmatrix}6\\6\\-1\end{pmatrix} \ll \begin{pmatrix}6\\7\\-1\end{pmatrix} = \mathbf{z}^3$$

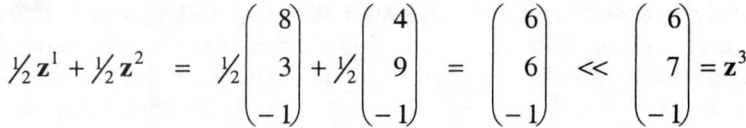

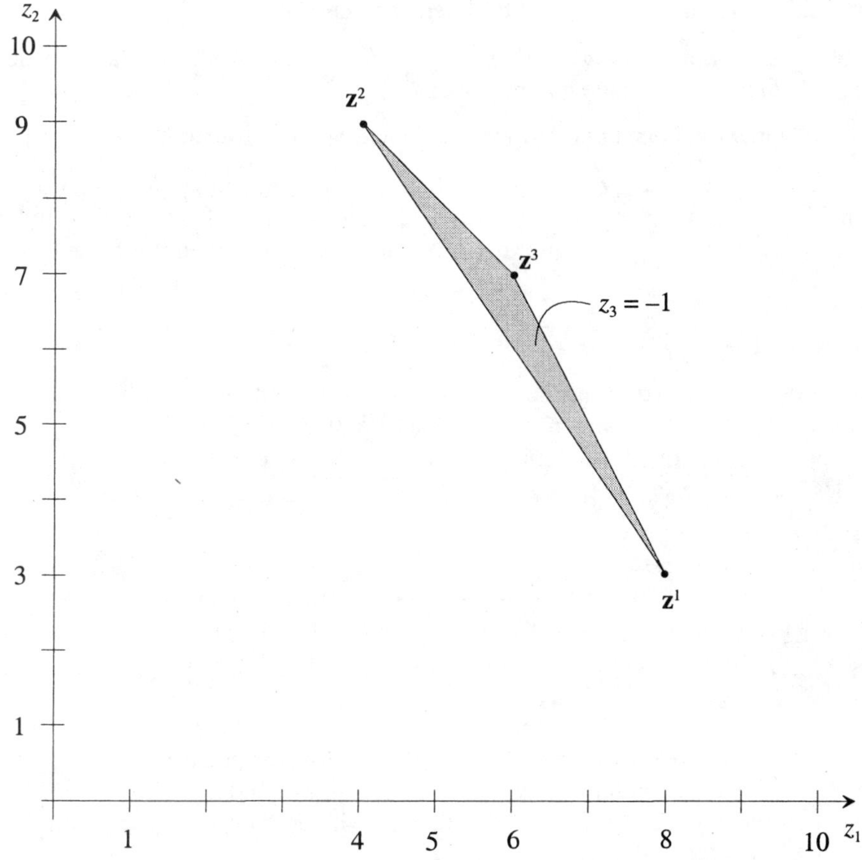

Bild 6.2-1: *Produktdiagramm mit drei Grundaktivitäten und deren Konvexkombinationen*

Aus Bild 6.2-1 wird ersichtlich, dass die Konvexkombinationen der beiden Grundaktivitäten $\mathbf{z}^1$ und $\mathbf{z}^2$ nicht effizient sind, da sie von anderen Konvexkombinationen dominiert werden bzw. anders ausgedrückt, da andere Konvexkombinationen 'nordöstlich' von den Konvexkombinationen der Grundaktivitäten $\mathbf{z}^1$ und $\mathbf{z}^2$ liegen. Hierdurch bestätigt sich der allgemeine Zusammenhang, dass *Konvexkombinationen effizienter Grundaktivitäten nicht notwendigerweise auch effizient* sein müssen.

Die Konvexkombinationen der Grundaktivitäten z^1 und z^3 sowie z^2 und z^3 sind dagegen effizient, da sie den 'nordöstlichen' Rand aller Konvexkombinationen bilden. Aus der allgemeinen Gesetzmäßigkeit, dass *bei einer effizienten Kombination von Grundaktivitäten auch jede der (echt) kombinierten Grundaktivitäten alleine effizient* ist, folgt zudem die bereits oben gezeigte Tatsache, dass alle drei Grundaktivitäten effizient sind.

Echte Konvexkombinationen aller drei Grundaktivitäten, die im Inneren des Dreiecks liegen, sind dagegen ineffizient.

Zusammenfassend ergibt sich somit für das betrachtete Beispiel:

Die Aktivitäten z^1, z^2, z^3 sind sinnvoll; z^1, z^2, z^3 sowie alle Kombinationen von z^1 mit z^3 und von z^2 mit z^3 sind effizient; alle (echten) Kombinationen der Aktivitäten z^1 und z^2 sowie aller drei Aktivitäten sind dagegen ineffizient.

II) $z^1 = (1; -1; -5)$ $z^2 = (1; -3; -4)$ $z^3 = (1; -4; -1)$

Zur grafischen Überprüfung der Sinnhaftigkeit und Effizienz der drei Grundaktivitäten bzw. der mit ihnen verbundenen Prozesse werden die drei Möglichkeiten zur Herstellung einer Einheit des Produktes 1 in das Faktordiagramm des Bildes 6.2-2 eingezeichnet.

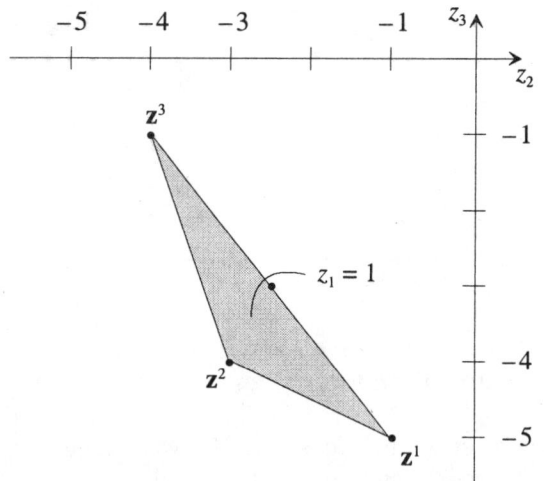

Bild 6.2-2: *Faktordiagramm mit drei Grundaktivitäten und deren Konvexkombinationen*

Alle drei Grundaktivitäten sind sinnvoll, da sie zur Herstellung einer Produkteinheit mehr von Faktor 1 benötigen, wenn sie weniger von Faktor 2 benötigen als die anderen Grundaktivitäten et vice versa.

Die Grundaktivitäten z^1 und z^3 sind überdies effizient, da es keine Konvexkombinationen der Grundaktivitäten gibt, die 'nordöstlich' von den beiden Grundaktivitäten liegen. Grundaktivität z^2 (und der zugehörige Prozess) ist dagegen ineffizient, da sie unter anderem von der in Bild 6.2-2 durch einen dicken Punkt gekennzeichneten Konvexkombination dominiert wird, bei der beide anderen Grundaktivitäten jeweils zur Hälfte durchgeführt werden.

Von den Konvexkombinationen der drei Grundaktivitäten sind nur die Konvexkombinationen der Grundaktivitäten z^1 und z^3 effizient, da sie alleine den 'nordöstlichen' Rand der Konvexkombinationen bilden. Sämtliche Konvexkombinationen, die auch die an sich schon ineffiziente Grundaktivität z^2 beinhalten, sind dagegen ineffizient. Diese Erkenntnis lässt sich verallgemeinern: *Echte Konvexkombinationen ineffizienter Grundaktivitäten sind auch selbst ineffizient.*

Zusammenfassend ergibt sich somit für das betrachtete Beispiel:

Die Aktivitäten z^1, z^2, z^3 sind sinnvoll; z^1 und z^3 sowie alle Kombinationen von z^1 mit z^3 sind effizient; z^2 sowie alle (echten) Kombinationen von z^1 mit z^2, z^2 mit z^3 und aller drei Aktivitäten sind ineffizient.

III) $z^1 = (1; 7; -1)$ $z^2 = (14; 4; -2)$ $z^3 = (1; 1; -0{,}333)$

Der Effizienzvergleich dieser drei Grundaktivitäten wird dadurch erschwert, dass sie bezüglich keiner Objektart eine gleiche Quantität aufweisen und somit eine grafische Überprüfung in einem 2-dimensionalen Diagramm nicht unmittelbar möglich ist. Dieses Problem kann man dadurch umgehen, dass man durch Multiplikation der Grundaktivitäten mit entsprechenden Aktivitätsniveaus eine Objektart für alle Prozesse auf einen einheitlichen Wert normiert. Beispielsweise erhält man durch Multiplikation mit den Aktivitätsniveaus $\lambda^1 = 1$, $\lambda^2 = 0{,}5$, $\lambda^3 = 3$ folgende Aktivitäten:

$z^1 = (1; 7; -1)$ $z^{2,norm} = (7; 2; -1)$ $z^{3,norm} = (3; 3; -1)$

(Hinweis: Die vorgenommene Normierung der Grundaktivitäten ändert nichts an den Dominanzaussagen, da bei linearen Gütertechniken sinnvolle Grundaktivitäten auch nicht durch Vielfache anderer Grundaktivitäten und effiziente Grundaktivitäten nicht von Linearkombinationen anderer Grundaktivitäten dominiert werden dürfen.)

In Bild 6.2-3 sind die normierten Aktivitäten und ihre Konvexkombinationen in einem Produktdiagramm eingezeichnet.

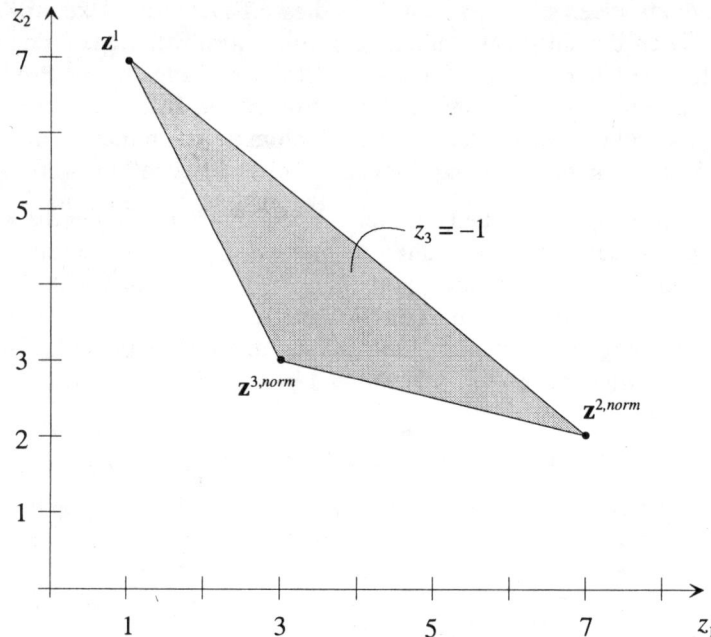

Bild 6.2-3: *Produktdiagramm mit normierten Grundaktivitäten und deren Konvexkombinationen*

Sinnvoll sind alle drei Grundaktivitäten, effizient dagegen nur die Grundaktivitäten z^1 und z^2, da z^3 von einer Reihe Konvexkombinationen der (normierten) Grundaktivitäten z^1 und z^2 dominiert wird. Von den Kombinationen sind nur diejenigen der Grundaktivitäten z^1 und z^2 effizient, da sie alleine den 'nordöstlichen' Rand der Konvexkombinationen bilden.

Als Ergebnis der Effizienzanalysen ergibt sich somit:

Die Aktivitäten z^1, z^2, z^3 sind sinnvoll; z^1 und z^2 sowie alle Kombinationen von z^1 mit z^2 sind effizient; z^3 sowie alle (echten) Kombinationen von z^1 mit z^3, z^2 mit z^3 sowie aller drei Aktivitäten sind ineffizient.

IV) $z^1 = (-2; -7; 1)$ $z^2 = (-12; -6; 2)$ $z^3 = (-1,5; -1,5; 0,25)$

Analog zu Fall III ist es wiederum zweckmäßig, die Grundaktivitäten zuerst zu normieren. Am einfachsten geschieht dies durch Normierung des Produktes 3 auf eine Einheit. (Hinweis: Zur grafischen Überprüfung der Sinnhaftigkeit und Effizienz wäre aber auch jede andere Normierung denkbar.) Es ergeben sich die normierten Aktivitäten:

$z^1 = (-2; -7; 1)$ $z^{2,norm} = (-6; -3; 1)$ $z^{3,norm} = (-6; -6; 1)$

Schon bei Betrachtung dieser drei Aktivitäten ist leicht zu erkennen, dass die Grundaktivität z^3 nicht sinnvoll ist, da der durch sie abgebildete Prozess 3 zur Herstellung einer Produkteinheit gleich viel von Faktor 1, aber mehr von Faktor 2 benötigt als Prozess 2. Dies erkennt man in Bild 6.2-4, in welchem die (normierten) Aktivitäten sowie ihre Konvexkombinationen in ein Faktordiagramm eingezeichnet sind, daran, dass die Aktivität $z^{3,norm}$ senkrecht unterhalb der Aktivität $z^{2,norm}$ liegt. Aus der Tatsache, dass die Grundaktivität z^3 nicht sinnvoll ist, folgt automatisch, dass sie auch nicht effizient ist. Hieraus ergibt sich wiederum, dass die Konvexkombinationen, an denen diese Aktivität beteiligt ist, nicht effizient sind.

Zusammenfassend lassen sich folgende Effizienzaussagen treffen:

Die Aktivitäten z^1 und z^2 sind sinnvoll, z^3 dagegen nicht; z^1 und z^2 sowie alle Kombinationen von z^1 mit z^2 sind effizient; z^3 sowie alle (echten) Kombinationen von z^1 mit z^3, z^2 mit z^3 sowie aller drei Aktivitäten sind ineffizient:

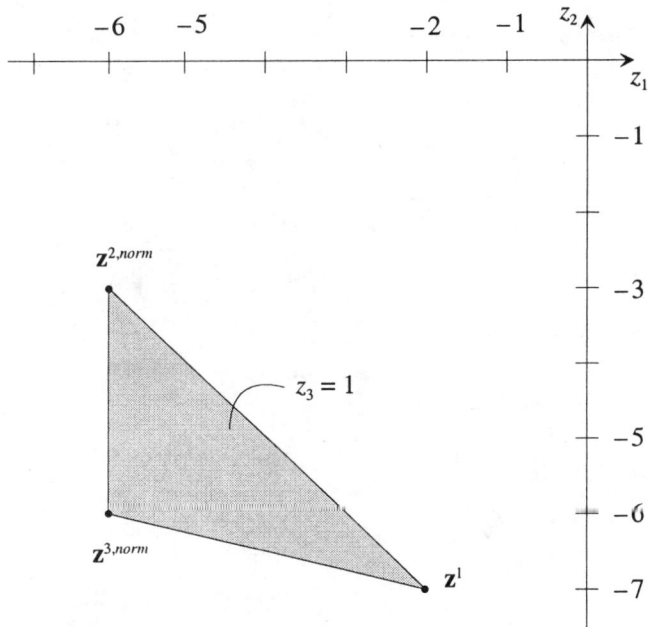

Bild 6.2-4: *Faktordiagramm mit normierten Grundaktivitäten und deren Konvexkombinationen*

Ü 6.3 Kombination von Aktivitäten zu einer fixierten Produktion

Eine Unternehmung mit einer linearen Gütertechnik kann ihre Tagesproduktion an Hand folgender 4 Grundaktivitäten durchführen (Stillstand ist nicht zugelassen):

$$z^1 = (-4; -6; 3) \qquad z^2 = (-6; -7; 5)$$
$$z^3 = (-9; -11; 7) \qquad z^4 = (-5; -8; 3)$$

a) Ermitteln Sie die effizienten Grundaktivitäten und ihre effizienten Kombinationen!

b) Überprüfen Sie, ob und wenn ja, durch welche Kombination der Grundaktivitäten die Wochenproduktion $z^w = (-29,5; -38,5; 23)$ möglich ist! (1 Woche = 5 Arbeitstage)

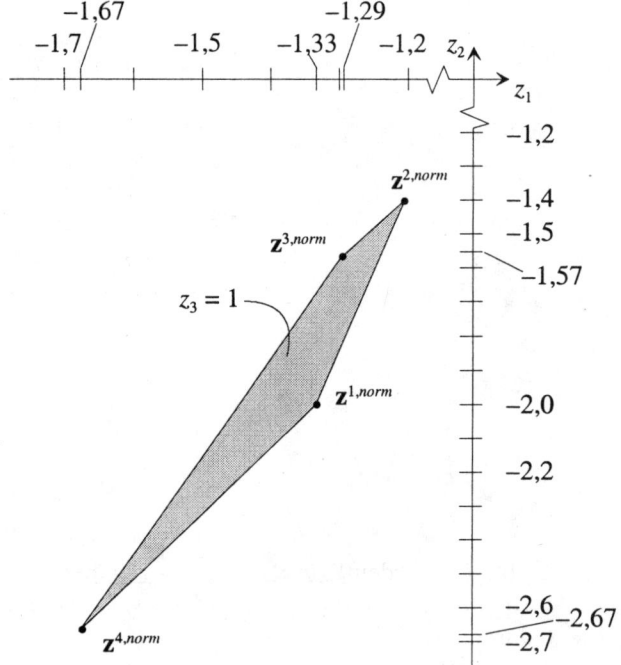

Bild 6.3-1: *Faktordiagramm mit normierten Grundaktivitäten und deren Konvexkombinationen*

Lektion 6: Lineare Produktionstheorie

Lösung:

a) Die Überprüfung der Effizienz der vier Grundaktivitäten kann hier analog zu Ü 6.2 erfolgen, indem man zuerst die Quantitäten einer Objektart normiert. So ergeben sich durch Multiplikation mit entsprechenden Aktivitätsniveaus beispielsweise folgende Aktivitäten (Werte auf zwei Nachkommastellen gerundet):

$$\mathbf{z}^{1,norm} = (-1{,}33; -2; 1) \qquad \mathbf{z}^{2,norm} = (-1{,}2; -1{,}4; 1)$$
$$\mathbf{z}^{3,norm} = (-1{,}29; -1{,}57; 1) \qquad \mathbf{z}^{4,norm} = (-1{,}67; -2{,}67; 1)$$

In Bild 6.3-1 sind die vier Möglichkeiten zur Produktion einer Produkteinheit sowie deren Konvexkombinationen in einem Faktordiagramm eingezeichnet. Es verdeutlicht, dass nur Grundaktivität $\mathbf{z}^2$ sinnvoll und effizient ist. Alleine die hieraus generierte Aktivität $\mathbf{z}^{2,norm}$ stellt den nordöstlichen Rand der möglichen Konvexkombinationen dar. Somit sind auch alle echten Kombinationen der anderen drei Grundaktivitäten ineffizient.

b) Aus dem Ergebnis der Teilaufgabe a) folgt, dass der Produzent nur mit Prozess 2 produziert, so lange keine Restriktionen vorliegen. Durch die genaue Vorgabe der Wochenproduktion ist allerdings eine Restriktion gegeben. Die Wochenproduktion lässt sich nicht alleine mit Prozess 2 realisieren, zumindest dann nicht, wenn keine Fehlmengen oder Überschüsse von Objektarten erlaubt sind, wovon zunächst ausgegangen wird. Auf Grund dieser Restriktion muss Prozess 2 mit den anderen Prozessen kombiniert werden. An Hand folgenden Gleichungssystems lassen sich die Aktivitätsniveaus der einzelnen Prozesse bestimmen:

(1) $\quad -4 \cdot \lambda^1 - 6 \cdot \lambda^2 - 9 \cdot \lambda^3 - 5 \cdot \lambda^4 = -29{,}5$
(2) $\quad -6 \cdot \lambda^1 - 7 \cdot \lambda^2 - 11 \cdot \lambda^3 - 8 \cdot \lambda^4 = -38{,}5$
(3) $\quad 3 \cdot \lambda^1 + 5 \cdot \lambda^2 + 7 \cdot \lambda^3 + 3 \cdot \lambda^4 = 23$
(4) $\quad \lambda^1 + \lambda^2 + \lambda^3 + \lambda^4 = 5$

Die Gleichungen (1) bis (3) verdeutlichen die Linearkombinationen der vier Prozesse separat für die drei Objektarten. Gleichung (4) stellt sicher, dass die Wochenproduktion durch die einzelnen Prozesse ausgefüllt wird, d.h. dass alle 5 Tage durchgehend gearbeitet wird und somit kein Stillstand möglich ist. Das Gleichungssystem besitzt 4 Gleichungen mit 4 Unbekannten und ist für folgende Aktivitätsniveaus gültig:

$$\lambda^1 = 2{,}5; \lambda^2 = 1; \lambda^3 = 1{,}5; \lambda^4 = 0$$

Nutzt der Produzent 2,5 Tage Verfahren 1, 1 Tag Verfahren 2 und 1,5 Tage Verfahren 3, so realisiert er die Wochenproduktion $\mathbf{z}^w = (-29{,}5; -38{,}5; 23)$.

Die Wochenproduktion wird im Übrigen nicht von der vollständigen Produktion nach Verfahren 2 dominiert, denn die Aktivität $\mathbf{z}^5 = 5\cdot\mathbf{z}^2 = (-30;\ -35;\ 25)$ stellt zwar mehr Produktquantitäten her und setzt weniger von Faktor 2 ein, verbraucht aber 0,5 Einheiten des Faktors 1 mehr als $\mathbf{z}^w$.

Dieses Ergebnis steht nur scheinbar im Widerspruch zum Ergebnis der Teilaufgabe a), das alleine Prozess 2 als effizient auswies. Da bei der Festlegung der konkreten Wochenproduktion der zeitliche Stillstand nicht zugelassen ist, ist der Produzent gezwungen, bei ausschließlicher Produktion mit Prozess 2 diesen auch die ganze Zeit ($\lambda^2 = 5$) durchzuführen, woraus sich der 'unproduktive' Einsatz der Faktoren zur Herstellung nicht absetzbarer Produktquantitäten ergibt. Wäre hingegen der Stillstand erlaubt, so könnten 23 Produkteinheiten auch mit einem Aktivitätsniveau $\lambda^2 = 4{,}6$ erzielt werden. Dabei würden dann nur 27,6 Einheiten des ersten und 32,2 Einheiten des zweiten Faktors benötigt.

Ü 6.4 Sinnvolle und effiziente Schnittmuster
(Die Aufgabe wird in Ü 9.2 weitergeführt.)

In einer Papierfabrik werden Rollen der Standardbreite 80 cm und einer Länge von 1.000 Metern der Breite nach in schmalere Rollen zur Erfüllung von Kundenaufträgen zugeschnitten. Für die Planungsperiode liegt Nachfrage nach den Breiten 35 cm, 19 cm und 13 cm in noch nicht genau bestimmter Höhe vor. Sämtliche anderen Breiten stellen für die Unternehmung neutrale Objekte dar.

a) Ermitteln Sie die sinnvollen Grundaktivitäten aus ergebnisorientierter Sicht!

b) Welche der hierdurch beschriebenen Schnittmuster wären noch möglich, wenn die Maschine nur 4 Messer hat und der Prozess kontinuierlich abläuft?

c) Scheiden Sie von den in a) bestimmten Grundaktivitäten diejenigen aus, die nicht effizient sind! Versuchen Sie möglichst auch äquivalente Grundaktivitäten festzustellen! Schließen Sie letztere für Ihr weiteres Vorgehen ebenfalls aus!

d) Stellen Sie die Input- und Outputquantitäten in Abhängigkeit vom Prozessniveau der noch verbleibenden Schnittprozesse dar!

Lektion 6: Lineare Produktionstheorie 125

Lösung:

a) Aus ergebnisorientierter Sicht sind die eingesetzten Bahnen sowie die hergestellten Auftragsbreiten als Güter und die Reststücke als Neutra eingestuft. Daher sind nur solche Schnittmuster sinnvoll, deren Reststück (Verschnitt) schmaler als 13 cm ist.

Um kein sinnvolles Schnittmuster zu vergessen, bietet es sich an, diese in lexikografischer Ordnung aufzulisten. Hiernach werden anfänglich solche Schnittmuster ermittelt, die möglichst viel der großen Auftragsbreiten enthalten. Durch Absenken der Bahnenzahl größerer Auftragsbreiten und Auffüllen des verbliebenen Rest durch möglichst große Auftragsbreiten entstehen sukzessive – quasi verschachtelt – die anderen sinnvollen Schnittmuster. Für große Rollen von 80 cm Breite ($k = 1$) und Rollen der Auftragsbreiten 35 cm ($k = 2$), 19 cm ($k = 3$) und 13 cm ($k = 4$) erhält man folgende neun sinnvollen Schnittmuster (unterhalb der Schnittmuster ist ihre Verschnittbreite angegeben):

(I)	(II)	(III)	(IV)	(V)	(VI)	(VII)	(VIII)	(IX)
$\begin{pmatrix} -1 \\ 2 \\ 0 \\ 0 \end{pmatrix}$	$\begin{pmatrix} -1 \\ 1 \\ 2 \\ 0 \end{pmatrix}$	$\begin{pmatrix} -1 \\ 1 \\ 1 \\ 2 \end{pmatrix}$	$\begin{pmatrix} -1 \\ 1 \\ 0 \\ 3 \end{pmatrix}$	$\begin{pmatrix} -1 \\ 0 \\ 4 \\ 0 \end{pmatrix}$	$\begin{pmatrix} -1 \\ 0 \\ 3 \\ 1 \end{pmatrix}$	$\begin{pmatrix} -1 \\ 0 \\ 2 \\ 3 \end{pmatrix}$	$\begin{pmatrix} -1 \\ 0 \\ 1 \\ 4 \end{pmatrix}$	$\begin{pmatrix} -1 \\ 0 \\ 0 \\ 6 \end{pmatrix}$
10	7	0	6	4	10	3	9	2

b) Wenn die Schneidemaschine nur 4 Messer hat, dann lassen sich inklusive des Reststücks maximal 5 Bahnen in einem kontinuierlichen Schneideprozess herstellen. Durch diese Restriktion sind somit die Schnittmuster VII bis IX ausgeschlossen. (Hinweis: Diese Restriktion wird im weiteren nicht mehr berücksichtigt.)

c) Aus den sinnvollen Schnittmustern lassen sich die ineffizienten ausscheiden, wenn sie durch eine Konvexkombination anderer Schnittmuster dominiert werden. Die Schnittmuster I, V und IX sind in jedem Fall effizient, da sie im Vergleich mit den anderen Schnittmustern von einer Auftragsbreite die höchste Quantität hervorbringen. Eine grafische Überprüfung der Effizienz (analog zu Ü 6.2) ist hier nicht möglich, da neben der auf –1 normierten Inputquantität noch drei Outputobjekte betrachtet werden müssen und somit eine 2-dimensionale Darstellung nicht möglich ist. Bei genauerer Betrachtung lassen sich durch 'Probieren' jedoch einige ineffiziente Schnittmuster erkennen. (Hinweis: Eine exakte Bestimmung aller effizienten Schnittmuster ist mittels spezieller Modelle der Linearen Programmierung möglich, erfordert jedoch bei größerer Zahl an Objektarten und Grundaktivitäten den Einsatz von Computern.) Als Indiz zur heuristischen Bestimmung ineffizienter Grundaktivitäten kann der Verschnitt herangezogen werden. Zudem werden ineffiziente Schnittmuster bei lexikografischer Ordnung häufig durch Konvexkombinationen der beiden 'benachbarten' Schnittmuster dominiert. Kombiniert man die benachbarten Grundaktivitäten jeweils zur Hälfte, so identifiziert man die Schnittmuster VI und VIII als ineffizient:

$$\tfrac{1}{2}z^V + \tfrac{1}{2}z^{VII} = \tfrac{1}{2}\begin{pmatrix}-1\\0\\4\\0\end{pmatrix} + \tfrac{1}{2}\begin{pmatrix}-1\\0\\2\\3\end{pmatrix} = \begin{pmatrix}-1\\0\\3\\1{,}5\end{pmatrix} \gg \begin{pmatrix}-1\\0\\3\\1\end{pmatrix} = z^{VI}$$

$$\tfrac{1}{2}z^{VII} + \tfrac{1}{2}z^{IX} = \tfrac{1}{2}\begin{pmatrix}-1\\0\\2\\3\end{pmatrix} + \tfrac{1}{2}\begin{pmatrix}-1\\0\\0\\6\end{pmatrix} = \begin{pmatrix}-1\\0\\1\\4{,}5\end{pmatrix} \gg \begin{pmatrix}-1\\0\\1\\4\end{pmatrix} = z^{VIII}$$

(Hinweis: Die Aktivitätsniveaus der beiden benachbarten Grundaktivitäten müssen nicht in jedem Fall ½ betragen. Durch diese Kombination lässt sich in den geschilderten Fällen jedoch genau die Quantität der 19 cm-Bahnen der ineffizienten Grundaktivität erzielen.)

Durch ein ähnliches Vorgehen, allerdings bei Kombination der bezüglich einer Outputquantität extremen Schnittmuster, lassen sich die Schnittmuster II, IV und VII herausfiltern, die äquivalent zu Kombinationen anderer Schnittmuster sind:

$$\tfrac{1}{2}z^I + \tfrac{1}{2}z^V = \tfrac{1}{2}\begin{pmatrix}-1\\2\\0\\0\end{pmatrix} + \tfrac{1}{2}\begin{pmatrix}-1\\0\\4\\0\end{pmatrix} = \begin{pmatrix}-1\\1\\2\\0\end{pmatrix} = \begin{pmatrix}-1\\1\\2\\0\end{pmatrix} = z^{II}$$

$$\tfrac{1}{2}z^I + \tfrac{1}{2}z^{IX} = \tfrac{1}{2}\begin{pmatrix}-1\\2\\0\\0\end{pmatrix} + \tfrac{1}{2}\begin{pmatrix}-1\\0\\0\\6\end{pmatrix} = \begin{pmatrix}-1\\1\\0\\3\end{pmatrix} = \begin{pmatrix}-1\\1\\0\\3\end{pmatrix} = z^{IV}$$

Lektion 6: Lineare Produktionstheorie

$$\tfrac{1}{2}\mathbf{z}^V + \tfrac{1}{2}\mathbf{z}^{IX} = \tfrac{1}{2}\begin{pmatrix}-1\\0\\4\\0\end{pmatrix} + \tfrac{1}{2}\begin{pmatrix}-1\\0\\0\\6\end{pmatrix} = \begin{pmatrix}-1\\0\\2\\3\end{pmatrix} = \begin{pmatrix}-1\\0\\2\\3\end{pmatrix} = \mathbf{z}^{VII}$$

Falls es keine Gründe gibt, eine einzelne Aktivität der Konvexkombination zweier Grundaktivitäten vorzuziehen, können auch diese äquivalenten Schnittmuster für die weiteren Planungsüberlegungen eliminiert werden. Insgesamt besteht das Zuschneideproblem dann nur noch aus vier Grundaktivitäten:

$$\begin{array}{cccc}(I) & (III) & (V) & (IX)\\ \begin{pmatrix}-1\\2\\0\\0\end{pmatrix} & \begin{pmatrix}-1\\1\\1\\2\end{pmatrix} & \begin{pmatrix}-1\\0\\4\\0\end{pmatrix} & \begin{pmatrix}-1\\0\\0\\6\end{pmatrix}\\ \hline 10 & 0 & 4 & 2\end{array}$$

Keines dieser vier Schnittmuster kann mehr durch andere effizient oder zumindest äquivalent ersetzt werden.

d) Bei diesem Zuschneideproblem handelt es sich um den Strukturtyp 'Verfahrenswahl bei der Nutzung eines Inputs' (vgl. Ü 3.3). Das Produktionsmodell in z-Darstellung lautet somit:

$$\begin{aligned}z_1 &= z_1^I + z_1^{III} + z_1^V + z_1^{IX}\\ &-2z_1^I - z_1^{III} = z_2\\ & - z_1^{III} - 4z_1^V = z_3\\ & - 2z_1^{III} - 6z_1^{IX} = z_4\end{aligned}$$

Ü 6.5 Messung der relativen Effizienz

Folgende Aktivitäten einer Gütertechnik beschreiben die in der vergangenen Periode eingesetzten bzw. ausgebrachten Quantitäten von acht funktionsgleichen Produktionsanlagen:

$\mathbf{z}^1 = (-2, 1),\quad \mathbf{z}^2 = (-3, 4),\quad \mathbf{z}^3 = (-6, 6),\quad \mathbf{z}^4 = (-9, 7),$
$\mathbf{z}^5 = (-3, 2),\quad \mathbf{z}^6 = (-5, 4),\quad \mathbf{z}^7 = (-7, 3),\quad \mathbf{z}^8 = (-8, 6)$

a) Tragen Sie diese Aktivitäten in ein z_1,z_2-Diagramm ein und zeichnen Sie die sich als konvexe Hülle ergebende umhüllende Technik $\mathbf{T}^{env}$ ein!

b) Welche Produktionsanlagen wurden (relativ) effizient betrieben, welche ineffizient? Zeichnen Sie die Dominanzbereiche der ineffizienten Anlagen in das z_1,z_2-Diagramm ein!

c) Bestimmen Sie die Referenzeinheiten für die ineffizienten Anlagen unter der Prämisse, dass Inputsenkungen und Outputerhöhungen für den Produzenten gleich wichtig sind!

d) Wie würden sich die Referenzeinheiten ändern, wenn allein die Senkung der Inputquantität bei der Beurteilung interessiert? Bestimmen Sie für diesen Fall auch den (prozentualen) Effizienzgrad der ineffizienten Aktivitäten!

Lösung:

a) In Bild 6.5-1 sind die acht Aktivitäten sowie die sich daraus ergebende umhüllende Technik $\mathbf{T}^{env}$ (als durch die Aktivitäten $\mathbf{z}^1$, $\mathbf{z}^2$, $\mathbf{z}^3$, $\mathbf{z}^4$ und $\mathbf{z}^7$ aufgespanntes Fünfeck) eingezeichnet.

b) Aus der Grafik erkennt man, dass die Aktivitäten $\mathbf{z}^1$, $\mathbf{z}^2$, $\mathbf{z}^3$ und $\mathbf{z}^4$ (relativ) effizient sind, da sie auf dem 'nordöstlichen' Rand der umhüllenden Technik liegen. Die den Aktivitäten $\mathbf{z}^5$, $\mathbf{z}^6$, $\mathbf{z}^7$ und $\mathbf{z}^8$ zu Grunde liegenden Produktionsanlagen sind dagegen ineffizient betrieben worden. Für diese ineffizienten Aktivitäten sind in Bild 6.5-1 hellgrau schraffiert ihre (sich teilweise überlappenden) Dominanzbereiche eingezeichnet. Sie enthalten alle Aktivitäten der umhüllenden Technik, die die jeweilige Aktivität dominieren. Dabei kann es sich sowohl um reale Aktivitäten (etwa $\mathbf{z}^2$, $\mathbf{z}^3$ und sogar $\mathbf{z}^6$ für die Aktivität $\mathbf{z}^7$) als auch um Konvexkombinationen realer Aktivitäten (sog. virtuelle Aktivitäten) handeln.

c) Sowohl die effizienten realen Aktivitäten als auch deren Konvexkombinationen auf dem effizienten Rand der umhüllenden Technik können als Referenzeinheiten (Vorbilder) für die ineffizienten Aktivitäten dienen. Es gilt nun, jene Referenzeinheit innerhalb des Dominanzbereichs jeder ineffizienten Aktivität zu finden, mit der die stärkste Verbesserung verbunden ist (von der sie 'am meisten lernen' kann). Welche Aktivität des effizienten Randes (im Dominanzbereich) als Referenzeinheit dienen soll, ist abhängig von der Wichtigkeit, die der Produzent Inputsenkungen und/oder Outputsteigerungen beimisst.

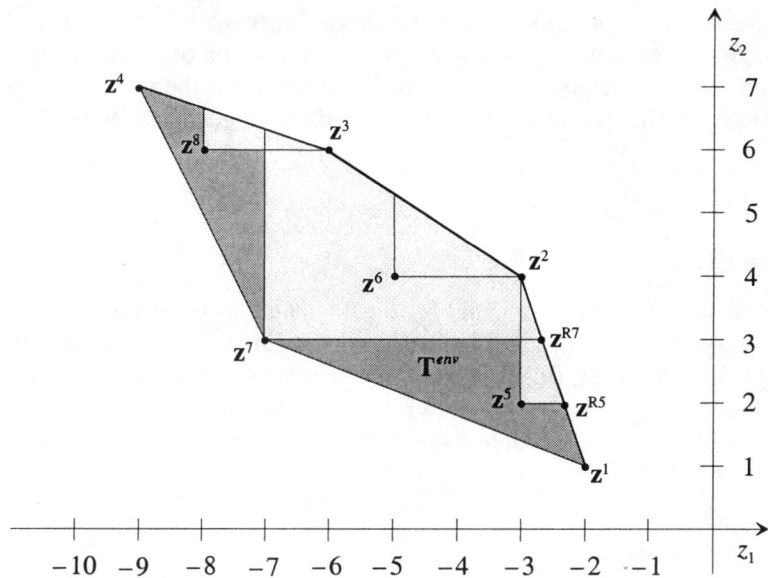

Bild 6.5-1:   *Aus acht Aktivitäten generierte umhüllende Technik*

Wenn bei den gegebenen Maßeinheiten Inputsenkungen und Outputerhöhungen für den Produzenten gleich wichtig sind, dann wird er diejenige Referenzeinheit wählen, die am weitesten von der ineffizienten Einheit entfernt ist. Bestimmt werden die Entfernungen hier nach dem sog. City-Block-Abstandsmaß, das den Abstand zwischen zwei Punkten durch ungewichtete Addition der senkrechten und waagerechten Abstände misst. (Hinweis: Man kann sich das City-Block-Maß am einfachsten an Hand der schachbrettartigen Straßenzüge amerikanischer Großstädte vorstellen. Um von einem Ort zum anderen zu kommen, muss man zuerst eine Straße herauf und dann rechtwinklig eine Straße nach rechts gehen.) Ob die Referenzeinheit durch Inputsenkungen und/oder Outputerhöhungen erreicht wird, hängt von der bzw. den Steigungen der Verbindungslinien zwischen den effizienten Aktivitäten ab. Als Referenzeinheiten ergeben sich folgende Punkte (vgl. Bild 6.5-1):

$$\begin{aligned}\text{für } z^5 &\to z^2 \\ \text{für } z^6 &\to z^2 \\ \text{für } z^7 &\to z^2 \\ \text{für } z^8 &\to z^3\end{aligned}$$

Die Aktivitäten z^5, z^6 und z^7 lassen sich am stärksten verbessern, wenn sie der effizienten Aktivität z^2 'nacheifern'. Dagegen sollte z^8 durch Maßnahmen zur Inputsenkung versuchen, genau so wenig Input zu benötigen wie z^3.

d) Ist alleine die Inputsenkung für den Produzenten von Bedeutung, so liegen die Referenzeinheiten so weit wie möglich 'östlich' von der ineffizienten Aktivität auf dem effizienten Rand innerhalb des Dominanzbereichs. Für die vier ineffizienten Referenzeinheiten ergeben sich dabei folgende Referenzeinheiten:

für $z^5 \rightarrow z^{R5}$
für $z^6 \rightarrow z^2$
für $z^7 \rightarrow z^{R7}$
für $z^8 \rightarrow z^3$

Während die Aktivitäten z^6 und z^8 die gleichen Referenzeinheiten wie in Teilaufgabe c) besitzen, erhält man durch die (unendlich) stärkere Gewichtung der Inputsenkung für die Aktivitäten z^5 und z^7 neue, virtuelle Referenzeinheiten. Die Outputquantitäten dieser Aktivitäten sind jeweils gleich den Outputquantitäten der ineffizienten Aktivitäten, die Inputquantitäten lassen sich aus Bild 6.5-1 ablesen:

$z^{R5} = (-2{,}33; 2)$
$z^{R7} = (-2{,}67; 3)$

(Hinweis: Rechnerisch lassen sich die Inputquantitäten bestimmen, indem man aus den beiden Endpunkten der betrachteten Strecke die Geradengleichung und daraus für den bekannten Output die Inputquantität ermittelt.)

Dabei lässt sich z^{R5} realisieren, indem man die Aktivitäten z^1 und z^2 im Verhältnis 2/3 zu 1/3 kombiniert. z^{R7} erhält man durch eine Kombination dieser beiden Aktivitäten im Verhältnis 1/3 zu 2/3.

Den prozentualen Effizienzgrad der ineffizienten Alternativen bestimmt man in diesem Fall, indem man die Inputquantität der Referenzeinheit zur Inputquantität der ineffizienten Aktivität ins Verhältnis setzt. Man erhält dann folgende (teilweise gerundete) Effizienzgrade:

für $z^5 \rightarrow$ 2,33/3 = 77,78%
für $z^6 \rightarrow$ 3/5 = 60%
für $z^7 \rightarrow$ 2,66/7 = 38,10%
für $z^8 \rightarrow$ 6/8 = 75%

Diese Effizienzmaße geben an, wie gut die ineffiziente Produktionsalternative gegenüber der (laut T^{env}) bezüglich des Inputs bestmöglichen Produktionsalternative ist. z^7 hat somit relativ gesehen den meisten Input verschwendet. (Hinweis: Solche Effizienzmaße sollten bezüglich ihres Aussagegehalts in praktischen Benchmarking-Analysen – insbesondere für ein Ranking der Alternativen – vorsichtig interpretiert werden.)

Kapitel C

Erfolgstheorie

Die Produktionstheorie setzt die Existenz und Kenntnis lediglich unvollständiger Informationen bezüglich der durch die Produktionsaktivitäten hervorgerufenen Wertschöpfung voraus. Sie erlaubt über das Dominanzprinzip dementsprechend auch nur eine partielle Rangordnung der Aktivitäten. Dagegen geht die Erfolgstheorie von der Existenz einer Nutzen- oder Erfolgsfunktion aus, welche jeder Aktivität in eindeutiger Weise die insgesamt bewirkte Wertveränderung zuweist und so eine vollständige Präferenzordnung impliziert. Lektion 7 behandelt grundlegend die damit verknüpfte Bewertungsproblematik, indem es verschiedene Erfolgskategorien und betriebswirtschaftlich relevante *Erfolgsfunktionen* exemplarisch analysiert. Im Zentrum stehen *Kosten* und *Leistungen* als ökonomisch bewertete nachteilige ('schädliche') bzw. vorteilhafte ('nützliche'), durch die Produktion bewirkte Veränderungen. Lektion 8 widmet sich daraufhin der Ermittlung der *erfolgsmaximalen Produktion*. Analog zu den beiden vorangehenden Kapiteln ist die Lektion 9 dann wiederum dem Spezialfall der linearen (Erfolgs-)Theorie gewidmet.

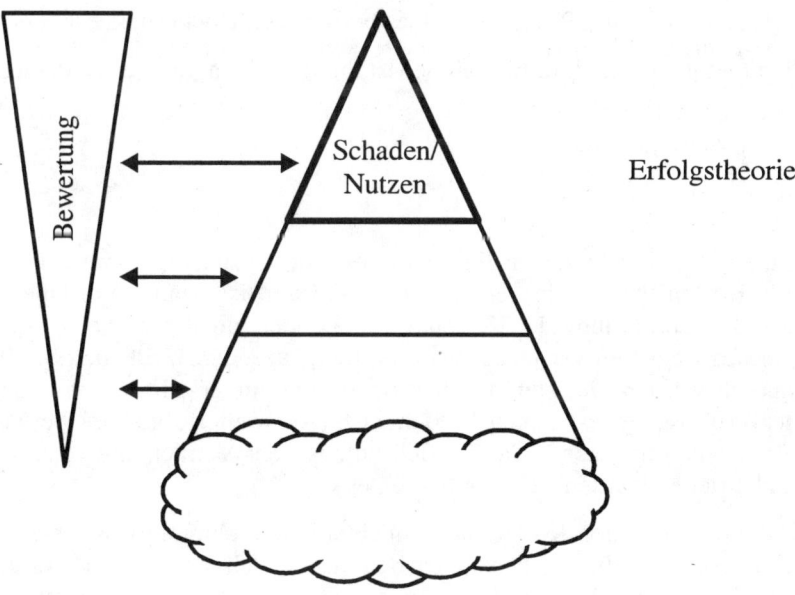

7 Erfolg der Produktion

Ü 7.1	Kostenkategorien	/DY 03/, L. 7.2.2
Ü 7.2	Lineare Erfolgsfunktionen	/DY 03/, L. 7.3
Ü 7.3	Lern- bzw. Erfahrungskurve (Vergleich zweier Kurven)	/DY 03/, L. 7.4.1
Ü 7.4	Lern- bzw. Erfahrungskurve (Parameterbestimmung)	/DY 03/, L. 7.4.1
Ü 7.5	Erfolgsermittlung bei sprungfixem Preisverlauf	/DY 03/, L. 7.4.2 (+ L. 9.3.2)
Ü 7.6	Erfolgsermittlung bei linearer Preis-Absatz-Funktion	/DY 03/, L. 7.4.3

Ü 7.1   Kostenkategorien

Ordnen Sie folgende Kostenarten bezüglich ihrer Zurechenbarkeit zu einzelnen Produktarten (Einzel- versus Gemeinkosten) sowie der Abhängigkeit von Beschäftigungsschwankungen (variable versus fixe Kosten) ein:

- Materialkosten
- Abschreibungen auf die Anschaffung von Maschinen
- Heizkosten
- Personalkosten
- Stromkosten
- Telefonkosten
- Lizenzen für die Produktion eines bestimmten Hochdruckreinigers.

Begründen Sie jeweils Ihre Einteilung! Ist die Zuordnung immer eindeutig?

Lösung:

Die Einteilung verschiedener Kostenarten in die Kostenkategorien 'fixe und variable Kosten' bzw. 'Einzel- und Gemeinkosten' ist relativ. Vor einer entsprechenden Einordnung der Kostenarten sei daher zuerst präzisiert, was hier unter diesen Begriffen verstanden wird (vgl. ergänzend z.B. /PR 02/, S. 29ff.). Gedanklich werden hier stets Produktionssysteme unterstellt, deren Sachziel die Hervorbringung bestimmter Produkte ist. (Auf weiterführende Überlegungen für Reduktionssysteme, die zur Behandlung oder Vernichtung von Abfallstoffen betrieben werden, sei hier verzichtet.)

Die Höhe der gesamten Kosten hängt in einer Unternehmung von verschiedenen Einflussgrößen ab, so z.B. von der Betriebsmittelausstattung, von Auftragszahl und -volumen oder vom Produktionsvolumen. Kostenarten, deren Höhe von einer dieser Einflussgrößen nicht abhängt, sind bezüglich dieser Einflussgröße als *fixe* Kosten zu kennzeichnen. *Variable* Kostenarten verändern ihre Höhe dagegen in Abhängigkeit von den Ausprägungen der betrachteten Einflussgröße. Aus Sicht einer bestimmten Kostenart kann diese in Bezug auf eine Einflussgröße variabel, in Bezug auf eine andere Einflussgröße dagegen fix sein.

Häufig wird die Beschäftigung, d.h. die Ausbringungsquantität(en) des (bzw. der) Produktes(e), als alleinige Einflussgröße betrachtet. Dies soll auch hier der Fall sein. (Beschäftigungs-)*Fixe* Kosten sind dann als solche Kosten aufzufassen, die sich bei Erhöhungen der Produktquantitäten nicht verändern. Als (beschäftigungs-)*variabel* lassen sich dagegen alle Kosten identifizieren, deren Höhe mit Beschäftigungsschwankungen, d.h. mit Veränderungen der Produktquantitäten, variiert. Kosten, bei denen kein kontinuierlicher, sondern ein sprunghafter Anstieg vorliegt, bezeichnet man üblicherweise als sprungfixe Kosten. Die Einteilung in Bezug auf die Abhängigkeit von Beschäftigungsschwankungen ist dabei vor allem von der Fristigkeit der Planung abhängig. Wenn man den Planungszeitraum genügend groß wählt, sind letztlich alle Kostenarten variabel.

Die Einteilung der Kostenarten in die Kategorien 'Einzel- und Gemeinkosten' ist davon abhängig, inwieweit sich die Kosten bestimmten Bezugsobjekten eindeutig zurechnen lassen. Je nach Bezugsobjekt sind bestimmte Kostenarten im einen Fall als Einzel-, im anderen Fall als Gemeinkosten zu kennzeichnen.

Als Bezugsobjekte seien hier die einzelnen Produktarten betrachtet. *Einzelkosten* sind dann solche Kosten, die man einer einzelnen Produktart eindeutig zurechnen kann. *Gemeinkosten* lassen sich dagegen einer einzelnen Produktart nicht (verursachungsgerecht) zuordnen, sie werden lediglich von ihr mitverursacht. (Hinweis: Als Bezugsobjekte könnten außer Produktarten zum einen auch Produktgruppen, aber auch verschiedene Prozesse, Werkstätten oder ganze Betriebe einer Unternehmung verstanden werden. Je höher aggregiert das betrachtete Bezugsobjekt ist, umso mehr Kosten sind dann als Einzelkosten einzustufen. Zum anderen bestünde eine feinere Betrachtungsweise als die hier gewählte darin, als Bezugsobjekt nicht jede Objektart, sondern jedes einzelne Objekt bzw. eine Quantitätseinheit eines Objekts zu wählen. Für diesen Fall wären Einzelkosten dann stets variabel.) Wie die nachfolgenden Beispiele zeigen, ist die Zurechenbarkeit zu einzelnen Produktarten i.d.R. von der konkreten Produktionssituation und dabei vor allem vom betrachteten Produktionssystem (den Systemgrenzen) sowie in der Praxis vom betriebenen Messaufwand abhängig.

Selbst wenn man die Bezugsgrößen konkretisiert, ist es oft trotzdem unmöglich, bestimmte Kostenarten pauschal den einzelnen Kategorien zuzuordnen. Um das wesentliche Einteilungskriterium der Kategorien herauszuarbeiten, werden daher im Folgenden für die einzelnen Kostenarten der Aufgabenstellung die verschiedenen Zuordnungsmöglichkeiten an Hand von Beispielen dargestellt. Es sei nochmals betont, dass hier als Einflussgröße zur Bestimmung der Kostenvariabilität die Beschäftigung und als Bezugsobjekt zur Bestimmung der Kostenzurechenbarkeit die jeweilige Produktart herangezogen werden.

Materialkosten:

Materialkosten sind variabel, wenn bei einer Erhöhung der Produktquantität auch mehr Material verbraucht wird und dadurch die Materialkosten steigen. Dies trifft i.d.R. auf Anschaffungsausgaben von Werkstoffen zu, die in die Produkte einfließen (z.B. Holz für einen Stuhl). Als Beispiel für fixe Materialkosten können dagegen Schreibmaterialien des Rechnungsbüros oder das Heizöl (Betriebsstoff) angesehen werden, das zur Erwärmung des Verwaltungstrakts einer Unternehmung eingesetzt wird und insofern kaum eine Beziehung zur Produktquantität aufweist.

Ob es sich bei Materialkosten um Einzel- oder Gemeinkosten handelt, hängt vom Herstellungsprozess ab, in den die Materialien eingesetzt werden. Wird eine einzelne Produktart erstellt, handelt es sich um Einzelkosten, so etwa bei der Herstellung einer Kurbelwelle. Fallen dagegen, wie z.B. bei der Erdölraffination, in einem (Kuppelproduktions-)Prozess mehrere (Haupt-)Produktarten zwangsläufig nebeneinander an, dann sind mit dem Materialeinsatz, d.h. im Beispiel mit dem Rohöleinsatz, Gemeinkosten verbunden.

Werden in einer Black Box-Betrachtung mehrere Prozesse gemeinsam betrachtet, so lassen sich die Materialkosten häufig nicht mehr eindeutig den Produktarten zurechnen, obwohl sie bei einer genaueren Betrachtung als Einzelkosten identifiziert werden könnten. In der Praxis ist ein analoger Verzicht auf eine exakte Bestimmung der Materialkosten zudem bei geringwertigen Materialien zu beobachten. Sie werden nicht der Herstellung einzelner Produktarten zugerechnet, sondern pauschal verrechnet und insofern als (sog. unechte) Gemeinkosten eingestuft.

Abschreibungen auf die Anschaffung von Maschinen:

Anschaffungsausgaben für Maschinen werden oft zeitlich konstant abgeschrieben. Die Abschreibungen sind dann als (beschäftigungs-)fixe Kosten aufzufassen, da sie unabhängig von der hergestellten Produktquantität anfallen. Wenn die (kalkulatorischen) Abschreibungen dagegen vom Nutzungsgrad der Maschine abhängen, stellen sie variable Kosten dar.

Werden auf der Maschine im Laufe der Zeit mehrere Produktarten gefertigt, so sind die Abschreibungen als Gemeinkosten zu klassifizieren, falls der Verschleiß sich nicht nutzungsbedingt zurechnen lässt. Für eine Spezialmaschine, die nur eine einzige Produktart fertigt, sind sie dagegen immer als Einzelkosten dieser Produktart aufzufassen.

Heizkosten:

Heizkosten für Verwaltungsgebäude oder Werkshallen, in denen mehrere Produktarten gefertigt werden, stellen Gemeinkosten dar, da sie nicht einer einzelnen Produktart zurechenbar sind. Die Heizkosten einer Werkstatt, in der eine spezielle Produktart hergestellt wird, können als Einzelkosten aufgefasst werden, wenn sie durch einen eigenen Heizkostenzähler ermittelt werden.

In den meisten Betrieben sind nicht nur die Heizkosten der Verwaltungsgebäude, sondern auch diejenigen der Produktionshallen fixer Natur, da sie unabhängig von den gefertigten Produktquantitäten anfallen bzw. gemessen werden. Wird die Heizung wegen Überstunden im Betrieb allerdings länger betrieben, stellen die Heizkosten variable (ggf. sprungfixe) Kosten dar.

Personalkosten:

Die rein zeitabhängigen Personalkosten (Gehälter und Lohnnebenkosten) von Angestellten und Arbeitern sind fix, wenn die Produktionszeit selber fix ist und nicht flexibel mit der Produktquantität variiert wird. Variable Personal- bzw. Lohnkosten liegen dagegen bei Akkordlöhnen vor, die bei erhöhter Produktquantität auch zu erhöhten Kosten führen.

Personalkosten sind als Einzelkosten einzustufen, wenn die Mitarbeiter nur für die Herstellung einer bestimmten Produktart eingesetzt bzw. bei der Herstellung mehrerer Produktarten die Einsatzzeiten produktartabhängig erfasst werden. Dagegen gelten Personalkosten als Gemeinkosten, wenn sie bei der Herstellung mehrerer Produktarten gesamthaft ermittelt werden.

Stromkosten:

Wird der Stromverbrauch einer Produktionsmaschine in Abhängigkeit von der produzierten Produktquantität bestimmt, so handelt es sich um variable Kosten. Die durch Verwaltungstätigkeiten bedingten Stromkosten sind dagegen als fixe Kosten einzustufen.

Kosten des Stromverbrauchs einer Maschine sind Einzelkosten, wenn auf der Maschine nur eine Produktart hergestellt bzw. die Einsatzzeit für eine Produktart genau ermittelt wird. Anderenfalls handelt es sich um Gemeinkosten.

Telefonkosten:

Telefonkosten werden i.d.R. als fixe Gemeinkosten betrachtet. Als Einzelkosten sind sie nur dann klassifizierbar, wenn Gespräche, die etwa zum Abschluss eines Auftrags zur Herstellung eines bestimmten Produktes dienen, separat erfasst werden. Als variabel gelten sie nur dann, wenn die Erhöhung der Produktquantität verstärkte Kommunikationsaktivitäten erfordert (etwa beim telefonischen Verkauf von Versicherungen).

Lizenzen für die Produktion eines bestimmten Hochdruckreinigers:

Lizenzen für die Herstellung einer bestimmten Produktart sind stets Einzelkosten, da sie entfallen würden, wenn die Produktart nicht hergestellt wird. Ob es sich um fixe oder variable Kosten handelt, hängt u.a. von der Ausgestaltung des Lizenzvertrags ab. Fallen die Lizenzgebühren einmalig (d.h. unabhängig von der produzierten Quantität) an, so handelt es sich um fixe Kosten. Werden dagegen gestaffelte Lizenzgebühren in Abhängigkeit von der herzustellenden Produktquantität vereinbart, so sind die Lizenzgebühren variabel (bzw. ggf. sprungfix). Letztes gilt auch für den Fall, dass einmalige Lizenzgebühren in Abhängigkeit von der Produktquantität abgeschrieben werden.

Ü 7.2 Lineare Erfolgsfunktionen
(Fortsetzung von Ü 4.3)

Für die Objektarten der Verpackungsabfallsortierung aus Ü 4.3 sollen vereinfachend folgende konstanten Preise gelten:

- Annahmegebühr für den Verpackungsabfall: 0,5 GE/kg
- Wertstofferlös: 0,2 GE/kg
- Lohnkosten der Sortierarbeiter: 40 GE/Stunde
- Weiterverarbeitungskosten des Restabfalls: 0,3 GE/kg.

a) Zeichnen Sie den I/O-Graphen gemäß Ü 4.3! Berücksichtigen Sie dabei neben den Quantitätsflüssen auch die Wertflüsse!

b) Berechnen Sie die Prozessleistungen, die Prozesskosten sowie den gesamten Prozesserfolg!

c) Der Prozess kann auch mit lediglich drei Sortierarbeitern durchgeführt werden. Die anderen Input- und Outputquantitäten werden dadurch nicht beeinträchtigt, allerdings kann der Wertstoff nur noch für 0,1 GE/kg abgesetzt werden, da er eine geringere Sortenreinheit aufweist. Außerdem erhöhen sich die Weiterverarbeitungskosten des Restabfalls durch die störenden Getränkekartons um 0,01 GE/kg. Ist die Personalreduzierung wirtschaftlich zweckmäßig?

Lösung:

a) Bild 7.2-1 zeigt den abstrakten I/O-Graphen der Verpackungsabfallsortierung inklusive der Wertflüsse (gestrichelte Pfeile) unter der Annahme, dass eine lineare Technik vorliegt. Die Werte unterhalb der einzelnen Pfeile geben den (konstanten) Wert einer Einheit des Objekts an. Faktoren und Abprodukte sind mit Kosten (Pfeile laufen aus dem Prozesskasten heraus), Redukte und Produkte mit Leistungen (Pfeile laufen in den Prozesskasten hinein) verbunden. (Hinweis: Die Wertflüsse beziehen sich dabei jeweils auf eine Mengeneinheit der Objektarten.)

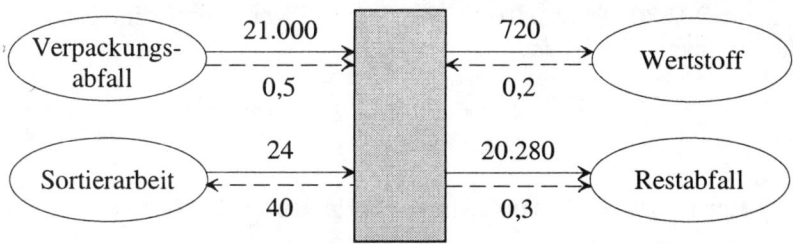

Bild 7.2-1: *I/O-Graph der Verpackungsabfallsortierung mit Wertflüssen*

b) Die Prozessleistungen resultieren aus der Summe aller Leistungen bei einmaliger Prozessdurchführung, die sich aus der Multiplikation der Stückleistungen und der Input- bzw. Outputquantitäten ermitteln lassen. Für das Redukt Verpackungsabfall ($k = 1$) und das gute Nebenprodukt Wertstoff ($k = 3$) gilt:

$$L = e_1 \cdot x_1 + e_3 \cdot y_3 = 0{,}5 \cdot 21.000 + 0{,}2 \cdot 720 = 10.644$$

Die Prozesskosten fallen für den Faktor und das Abprodukt an und werden analog zu den Prozessleistungen durch Multiplikation der Stückkosten mit den Input- bzw. Outputquantitäten ermittelt. Für den Faktor Sortierarbeit ($k = 2$) und das Abprodukt Restabfall ($k = 4$) erhält man:

$$K = c_2 \cdot x_2 + c_4 \cdot y_4 = 40 \cdot 24 + 0{,}3 \cdot 20.280 = 7.044$$

Der Prozesserfolg ergibt sich somit zu:

$$w = L - K = 10.644 - 7.044 = 3.600$$

In sechs Stunden, d.h. bei einmaliger Prozessdurchführung, lässt sich mit dem Prozess ein Erfolg von 3.600 GE realisieren. (Hinweis: Dieser Wert wird alleine schon deswegen nicht der Realität entsprechen, da hier aus Vereinfachungsgründen nur vier Objektarten beachtet wurden. In der Praxis müssen weitere Objektarten, etwa die Einsatzzeit der Sortieranlage, und somit zusätzliche Kosten- und Leistungskomponenten berücksichtigt werden.)

c) Analog zu Teilaufgabe b) lässt sich der Prozesserfolg für die veränderten Stückkosten und -leistungen sowie die insgesamt geleistete Arbeitszeit von 18 Stunden (3 Mitarbeiter zu je 6 Stunden) ermitteln:

$$w = L - K = e_1 \cdot x_1 + e_3 \cdot y_3 - c_2 \cdot x_2 - c_4 \cdot y_4$$
$$= 0{,}5 \cdot 21.000 + 0{,}1 \cdot 720 - 40 \cdot 18 - 0{,}31 \cdot 20.280$$
$$= 10.572 - 7.006{,}8 = 3.565{,}2$$

Die Durchführung des Prozesses mit drei anstatt vier Mitarbeitern ist unwirtschaftlich, da sie einen um 34,80 GE (= 3.600 – 3.565,2) geringeren Prozesserfolg bewirkt. Die Einsparung des Arbeitslohns in Höhe von 240 GE (= 40·6) wird durch die um 72 GE (= 0,1·720) geringeren Absatzerlöse des Wertstoffs und die um 202,80 GE (= 0,01·20.280) höheren Weiterverarbeitungskosten des Restabfalls überkompensiert.

Ü 7.3 Lern- bzw. Erfahrungskurve (Vergleich zweier Kurven)

Auf Grund von Lerneffekten kann die Bearbeitungsdauer eines Werkstückes durch einen Arbeiter im Laufe der Zeit gesenkt werden. Dabei hängen die Stückkosten von der kumulierten Quantität des Werkstückes gemäß folgender Gleichung ab:

$$k_1(y) = 100 \cdot y^{-0{,}5}$$

a) Wie hoch ist die Stückkostensenkung (in %) bei Verdoppelung der kumulierten Produktquantität?

b) Der Arbeiter hat bisher 1.000 Einheiten des Werkstückes hergestellt. Wie viele zusätzliche Einheiten muss er fertigen, damit sich die Stückkosten genau halbieren?

Das Werkstück kann auch von einem zweiten Arbeiter hergestellt werden. Für ihn hat die Stückkostenfunktion folgende Gestalt:

$$k_2(y) = 39{,}81 \cdot y^{-0{,}3}$$

c) Welcher Arbeiter verursacht zu Beginn höhere Stückkosten? Wer lernt schneller?

d) Ermitteln Sie die kumulierte Quantität, für die bei beiden Arbeitern die gleichen Stückkosten anfallen!

Lösung:

Lern- bzw. Erfahrungskurveneffekte entsprechen der Tatsache, dass mit steigender *kumulierter* Produktquantität die spezifischen Herstellungskosten sinken. Beispielsweise benötigt ein Arbeiter zur Herstellung eines Produktes im Laufe der Zeit immer weniger Zeit oder verursacht immer weniger Ausschuss, weil er das Herstellungsverfahren bzw. seinen Arbeitseinsatz ständig perfektioniert. Das Einsparpotenzial ist anfänglich hoch, sinkt mit immer höheren Stückzahlen aber immer mehr ab.

(Hinweis: Anders als in anderen Aufgaben wird im Folgenden mit der Variablen y nicht die in einer begrenzten Periode hergestellte oder herzustellende Produktquantität, sondern die bisher insgesamt hergestellte, d.h. kumulierte Produktquantität bezeichnet.)

Der in der Aufgabenstellung dargestellte Zusammenhang zwischen kumulierter Produktquantität und den Kosten bezieht sich auf die (variablen) Stückkosten $k(y)$, d.h. die durchschnittlichen Kosten der insgesamt hergestellten Einheiten: $k(y) = K(y)/y$, wobei von Fixkosten abgesehen wird. Zuweilen werden im Zusammenhang mit den Lern- bzw. Erfahrungseffekten nicht die Stückkosten, sondern die Grenzkosten $K'(y)$, d.h. die Kosten der zuletzt hergestellten Einheit, modelliert und mit ihnen argumentiert. Der Zusammenhang zwischen Stückkosten und Grenzkosten sei im Folgenden verdeutlicht, wobei an Stelle konkreter Werte mit α und β allgemeine Konstanten für den Faktor und den Exponenten der Stückkostenfunktion gewählt wurden:

$$k(y) = \alpha \cdot y^{-\beta}$$
$$K(y) = k(y) \cdot y = \alpha \cdot y^{-\beta} \cdot y = \alpha \cdot y^{1-\beta}$$
$$K'(y) = (1-\beta) \cdot \alpha \cdot y^{-\beta}$$

Stückkosten- und Grenzkostenfunktion unterscheiden sich nur durch den Faktor $(1-\beta)$. Beispielsweise folgt daraus für $\beta = 0{,}5$, dass die Stückkosten aller bis dato hergestellten Produkteinheiten genau doppelt so hoch sind wie die Kosten der zuletzt hergestellten Produkteinheit (Grenzkosten).

a) Die prozentuale Änderung der Herstellungskosten bei Verdoppelung der kumulierten Produktquantität lässt sich unabhängig von der genauen Produktquantität bestimmen als.

$$\frac{k_1(2y)}{k_1(y)} = \frac{100 \cdot (2y)^{-0,5}}{100 \cdot (y)^{-0,5}} = \frac{2^{-0,5} \, y^{-0,5}}{y^{-0,5}} = 2^{-0,5} \approx 0{,}71$$

Mit jeder Verdoppelung der kumulierten Produktquantität sinken die Stückkosten (und auch die Grenzkosten) der hergestellten Produkteinheiten um ca. 29%. Da Verdoppelungen anfänglich eine geringe (absolute) Steigerung der

Produktquantität erfordern, erzielt man, wie oben bereits erwähnt, zu Beginn der Produktion auch stärkere Kostensenkungen.

b) Die Stückkosten zur Herstellung von 1.000 Einheiten betragen:

$$k_1(1.000) = 100 \cdot 1.000^{-0,5} \approx 3,16$$

Die kumulierte Quantität y, bei der diese Stückkosten genau halbiert werden, berechnet sich folgendermaßen:

$$\begin{aligned} k_1(y) &= 100 \cdot y^{-0,5} &&= 0,5 \cdot 100 \cdot 1.000^{-0,5} &&\approx 1,58 \\ \Rightarrow y^{-0,5} &= 0,5 \cdot 1.000^{-0,5} \\ \Leftrightarrow y^{0,5} &= 1.000^{0,5}/0,5 &&= 2 \cdot 1.000^{0,5} \\ \Leftrightarrow y &= 4.000 \end{aligned}$$

Die Halbierung der Herstellungskosten ist bei der Produktion von 4.000 Stück erreicht (allgemein: stets mit der vierfachen Quantität). Ausgehend von einer bereits hergestellten Quantität von 1.000 Stück muss der Arbeiter somit zusätzlich 3.000 Stück herstellen, um eine 50%-ige Kostensenkung zu realisieren.

c) Stellt man die Kostenfunktion des zweiten Arbeiters der des ersten Arbeiters gegenüber, so werden zwei Unterschiede offensichtlich. $k_2(y)$ weist einen absolut gesehen geringeren Exponenten und einen geringeren Faktor vor dem y-Term auf. Der Faktor vor dem y-Term gibt an, wie viel die Herstellung der ersten Einheit kostet, denn für $y = 1$ gilt: $k_1(1) = 100$, $k_2(1) = 39,81$. Der erste Arbeiter verursacht somit anfänglich deutlich höhere Herstellungskosten.

Demgegenüber weist der erste Arbeiter ein höheres Kostensenkungspotenzial auf, da der Exponent für y bei seiner Kostenfunktion betragsmäßig höher ist als beim zweiten Arbeiter und für positive Vielfache α der Produktquantität stets gilt: $\alpha^{-0,3} > \alpha^{-0,5}$. Bei einer Verdoppelung der Produktquantität verursacht der zweite Arbeiter immer noch 81% ($\approx 2^{-0,3}$) seiner ursprünglichen Kosten, während beim ersten Arbeiter nur noch 71% ($\approx 2^{-0,5}$) seiner ursprünglichen Kosten anfallen. Unter der Prämisse, dass sich die Kostenverläufe durch das Lernverhalten der beiden Mitarbeiter begründen, lässt sich somit schlussfolgern, dass der erste Arbeiter schneller lernt.

d) Um die (kumulierte) Quantität zu ermitteln, bei der die Produktion der bis dato erstellten Produkteinheiten im Durchschnitt durch beide Arbeiter gleich teuer ist, setzt man deren Stückkostenfunktionen gleich:

$$k_1(y) = 100 \cdot y^{-0,5} = 39,81 \cdot y^{-0,3} = k_2(y)$$

$\Rightarrow \quad y^{-0,5}/y^{-0,3} = 0,3981$
$\Leftrightarrow \quad y^{-0,2} = 0,3981$
$\Leftrightarrow \quad y^{0,2} = 1/0,3981$
$\Leftrightarrow \quad y = (1/0,3981)^5 \approx 100$

Bei einer kumulierten Quantität von 100 Produkteinheiten fallen bei beiden Arbeitern die gleichen Stückkosten (bzw. durchschnittlichen Herstellungskosten) an. Wie man durch Einsetzen in eine der beiden Kostenfunktionen ermitteln kann, betragen sie 10 Geldeinheiten.

Ü 7.4 Lern- bzw. Erfahrungskurve (Parameterbestimmung)

Die durchschnittlichen Herstellungskosten eines Artikels wurden am Ende des vergangenen Jahres auf 12 GE pro Stück berechnet. Der Betrieb hatte seit Beginn der Fertigung 500.000 Stück hergestellt. Für dieses Jahr wird eine Produktquantität von 50.000 Stück geplant. Nach den bisherigen Erfahrungen brachte jede Verdoppelung der kumulierten Quantität eine Kostensenkung um 10%. Wie hoch werden die Stückkosten gegen Ende des Jahres sein, wenn diese Entwicklung anhält?

Lösung:

Die Kostenfunktion in Abhängigkeit von der kumulierten Produktionsquantität lautet allgemein:

$$k(y) = \alpha \cdot y^{-\beta}$$

Um den Wert für β zu spezifizieren, muss man die in der Aufgabenstellung angegebene Kostensenkung um 10%, d.h. auf 90% der ursprünglichen Kosten, bei Verdoppelung der kumulierten Produktquantität berücksichtigen und folgendes Gleichungssystem lösen:

$$0,9 = \frac{k(2y)}{k(y)} = \frac{\alpha \cdot (2y)^{-\beta}}{\alpha \cdot (y)^{-\beta}} = 2^{-\beta}$$

$$\Rightarrow \quad 2^\beta = \frac{1}{0,9} \quad \Rightarrow \quad \beta = \log_2\left(\frac{1}{0,9}\right) = \ln\left(\frac{1}{0,9}\right) \bigg/ \ln 2 \approx 0,152$$

Mit diesem Wert sowie den in der Aufgabenstellung gegebenen Stückkosten bei einer kumulierten Produktion von 500.000 Stück erhält man gemäß der allgemeinen Stückkostenfunktion folgende Gleichung:

$$12 = \alpha \cdot (500.000)^{-0,152} \quad \Leftrightarrow \quad \alpha = 12 \cdot (500.000)^{0,152} \approx 88,19$$

Zusammengefasst lautet die Stückkostenfunktion in Abhängigkeit von der kumulierten Produktquantität somit:

$$k(y) = 88,19 \cdot y^{-0,152}$$

Setzt man nun die prognostizierte kumulierte Quantität von 550.000 Stück in diese Funktion ein, so ergeben sich am Ende des Jahres durchschnittliche Stückkosten von ungefähr 11,83 GE.

Ü 7.5 Erfolgsermittlung bei sprungfixem Preisverlauf

Beim Einsatz einer Tonne (Mg) eines Inputs 3 (Materialkosten = 100 GE/Mg) entstehen innerhalb eines Kuppelproduktionsprozesses 500 kg des Outputs 1 und 300 kg des Outputs 2. Daneben entstehen noch 200 kg eines weiteren Outputs, der jedoch nicht beachtet wird. Der Erlös für Output 1 beträgt 250 GE/Mg bis zu einer Absatzgrenze von 500 Mg. Darüber hinaus muss Output 1 mit Kosten von 20 GE/Mg vernichtet werden. Der Erlös des Outputs 2 beträgt 320 GE/Mg bis zu einer Outputquantität von 660 Mg. Überschreitet man diese Grenze, so können zusätzliche Einheiten von Output 2 nur noch mit einem Erlös von 60 GE/Mg verkauft werden.

a) Zeichnen Sie den I/O-Graphen beim Einsatz einer Tonne des Inputs! Tragen Sie hier auch die Wertflüsse ein!

b) Bestimmen Sie die Deckungsbeitrags- sowie die Grenzdeckungsbeitragsfunktion in Abhängigkeit von der Inputquantität! Wie viele Tonnen des Inputstoffes würden Sie verarbeiten?

Lösung:

a) Der auf eine Tonne des Inputs normierte I/O-Graph ist in Bild 7.5-1 dargestellt. Neben den Quantitätsflüssen enthält der I/O-Graph auch die Wertflüsse, die auf eine Quantitätseinheit der Objektarten normiert sind. Der Einsatz der Inputobjektart ist unabhängig von der eingesetzten Quantität stets mit gleich hohen Ausgaben verbunden. Für die Outputobjektarten liegt dagegen eine

Differenzierung ihrer Erfolgswirkungen vor, da abhängig von der abgesetzten Gesamtquantität zwei unterschiedliche Werte zu erzielen sind. (Hinweis: Die in Bild 7.5-1 angegebenen Werte beziehen sich dabei wiederum auf eine ME.) Die Differenzierung des Outputs 2 lässt sich etwa durch die Bearbeitung unterschiedlicher Marktsegmente erklären, während die veränderte Erfolgswirkung von Output 1 auf fehlende weitere Absatzmöglichkeiten und den Zwang zur Vernichtung zurückzuführen ist. Die unterschiedlichen wertmäßigen Konsequenzen sind in Bild 7.5-1 durch eine Aufspaltung der Outputobjektarten 1 und 2 in die Teilquantitäten 1a und 1b bzw. 2a und 2b visualisiert. (Hinweis: Diese Aufspaltung ist alleine durch die unterschiedliche Bewertung der Objektarten begründet und darf nicht mit einer Transformation verwechselt werden, für die zwischen den Objektknoten in Bild 7.5-1 ein weiterer Prozesskasten hätte eingeführt werden müssen.)

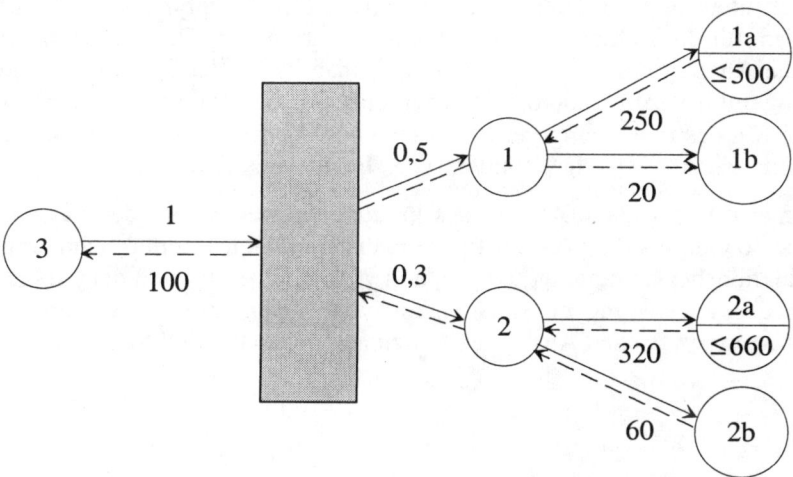

Bild 7.5-1: *I/O-Graph mit Wertflüssen und variierenden Produktwerten*

b) Neben der Tatsache, dass für die beiden Outputs ab einer bestimmten Absatzquantität andere Preise gelten, ist zu beachten, dass sie (starr) gekoppelt im Prozess entstehen und somit eine gleichzeitige Betrachtung der Outputquantitäten vonnöten ist (vgl. zur Kuppelproduktionsproblematik /DY 03/, L. 9.3.2).

Die Deckungsbeitragsfunktion in Abhängigkeit von den drei Objektarten (Input: $i = 3$; Output: $j = 1, 2$) lässt sich allgemein bestimmen als:

$$D = -c_3 \cdot x_3 + e_{1a} \cdot y_{1a} - c_{1b} \cdot y_{1b} + e_{2a} \cdot y_{2a} + e_{2b} \cdot y_{2b}$$

Solange die Absatzgrenzen der beiden Kuppelprodukte noch nicht erreicht sind, werden sie – erfolgsmaximales Verhalten unterstellt – zu den höheren Preisen

$e_{1a} = 250$ GE/Mg bzw. $e_{2a} = 320$ GE/Mg abgesetzt. Werden die Absatzgrenzen überschritten, ist mit der Abgabe des Outputs 2 nur noch ein geringerer Erlös $e_{2b} = 60$ GE/Mg bzw. sind im Fall von Output 1 sogar Kosten in Höhe von $c_{1b} = 20$ GE/Mg verbunden.

Läge anders als in diesem Fall eine unverbundene Produktion der beiden Outputs vor, würde von Output 1 nur seine maximal absetzbare Quantität produziert, da sowohl Faktor- als auch Vernichtungskosten anfallen, aber keinerlei Erlöse erzielt werden könnten. Bei der gekoppelten Produktion ist eine Ausdehnung der Produktion über die Absatzgrenze des Outputs 1 allerdings unter Umständen sinnvoll, wenn dadurch die Absatzerlöse des Outputs 2 gesteigert werden und diese die anfallenden Kosten überkompensieren.

Ob dies hier der Fall ist, soll im Folgenden mittels der Deckungsbeitrags- bzw. der Grenzdeckungsbeitragsfunktion in Abhängigkeit von der Inputquantität ermittelt werden. Hierzu müssen zunächst die Inputquantitäten bestimmt werden, für die sich ein Wechsel in der Bewertung der Outputobjekte ergibt. An die Absatzgrenze des Outputs 1 stößt man, wenn der Prozess tausendmal durchgeführt wird (= 500/0,5: Absatzgrenze/Ausbeutekoeffizient) bzw. wenn 1.000 Mg des Inputs eingesetzt werden. Die Absatzgrenze von Output 2 wird erreicht, wenn 2.200 Mg (= 660/0,3) des Inputs verarbeitet werden.

Solange weniger als 1.000 Mg des Inputs umgewandelt werden, lassen sich für beide Outputs die höheren Preise realisieren. Unter Berücksichtigung der Produktionsbeziehungen $y_{1a} = 0,5x_3$ und $y_{2a} = 0,3x_3$ ergibt sich dann folgender Grenzdeckungsbeitrag in Abhängigkeit von der eingesetzten Quantität (mit den faktorspezifischen Ausbeutekoeffizienten $b_{1,3} = 0,5$ und $b_{2,3} = 0,3$):

$$D' = \frac{dD}{dx_3} = -c_3 + b_{1,3} \cdot e_{1a} + b_{2,3} \cdot e_{2a} = -100 + 0,5 \cdot 250 + 0,3 \cdot 320 = 121$$

Mit jeder Erhöhung der Inputquantität um eine Tonne wird ein zusätzlicher Deckungsbeitrag von 121 GE erzielt. Er ergibt sich aus dem Verkauf einer halben Tonne des Outputs 1 zu 250 GE/Mg und 0,3 Mg des Outputs 2 zu 320 GE/Mg abzüglich der Materialkosten von 100 GE/Mg des Inputs.

Erhöht man die Inputquantität über 1.000 Mg hinaus, so muss die 500 Mg übersteigende Quantität von Output 1 vernichtet werden ($y_{1b} > 0$). Als Grenzdeckungsbeitrag ergibt sich dann:

$$D' = \frac{dD}{dx_3} = -c_3 - b_{1,3} \cdot c_{1b} + b_{2,3} \cdot e_{2a} = -100 - 0,5 \cdot 20 + 0,3 \cdot 320 = -14$$

Eine Ausweitung der Produktion über einen Einsatz von 1.000 Mg des Inputs führt somit zu einem negativen Grenzdeckungsbeitrag. Der Produzent sollte demnach genau 1.000 Mg des Inputs verarbeiten.

Wird auch Output 2 nur noch zu einem geringeren Erlös abgesetzt, so sinkt der Grenzdeckungsbeitrag weiter ab. Für $x_3 > 2.200$ gilt:

$$D' = \frac{dD}{dx_3} = -c_3 - b_{1,3} \cdot c_{1b} + b_{2,3} \cdot e_{2b} = -100 - 0,5 \cdot 20 + 0,3 \cdot 60 = -92$$

Insgesamt ergibt sich somit folgende Grenzdeckungsbeitragsfunktion:

$$D' = \begin{cases} 121 & \text{für } x_3 \leq 1.000 \\ -14 & \text{für } 1.000 < x_3 \leq 2.200 \\ -92 & \text{für } x_3 > 2.200 \end{cases}$$

Die Werte der Grenzdeckungsbeitragsfunktion geben die Steigungen der Deckungsbeitragsfunktion an. Sie lautet:

$$D = \begin{cases} 121 x_3 & \text{für } x_3 \leq 1.000 \\ -14(x_3 - 1.000) + 121.000 & \text{für } 1.000 < x_3 \leq 2.200 \\ -92(x_3 - 2.200) + 121.000 - 16.800 & \text{für } x_3 > 2.200 \end{cases}$$

Der erste Abschnitt der Deckungsbeitragsfunktion ergibt sich durch Multiplikation des Grenzdeckungsbeitrags mit der Inputquantität x_3. Beim zweiten Teil der Funktion zeigt sich, dass nur jene Inputquantität, die 1.000 Einheiten übersteigt, mit dem Grenzdeckungsbeitrag von –14 GE multipliziert wird. Die ersten 1.000 Inputeinheiten werden hingegen mit einem Grenz- bzw. Stückdeckungsbeitrag von 121 GE produziert, sodass in der Gleichung ein konstanter Term von 121.000 GE auftritt. Für den dritten Teil der Gleichung gilt entsprechend, dass nur die Inputeinheiten oberhalb von 2.200 mit dem Grenzdeckungsbeitrag von –92 bewertet werden. Außerdem muss bei dieser Funktion auch der konstante Term von –16.800 (= –14·1.200) berücksichtigt werden, der den Deckungsbeitrag der 1.200 Inputeinheiten zwischen 1.000 und 2.200 Stück repräsentiert.

Fasst man nun noch die einzelnen Terme der Deckungsbeitragsteilfunktionen zusammen, so ergibt sich:

$$D = \begin{cases} 121 x_3 & \text{für } x_3 \leq 1.000 \\ -14 x_3 + 135.000 & \text{für } 1.000 < x_3 \leq 2.200 \\ -92 x_3 + 306.600 & \text{für } x_3 > 2.200 \end{cases}$$

Das Maximum dieser Funktion wird für $x_3 = 1.000$ erreicht. Wie oben bereits bei der Ermittlung der Grenzdeckungsbeiträge festgestellt, ist es deshalb erfolgsmaximal, 1.000 Mg des Inputs zu verarbeiten.

Ü 7.6 Erfolgsermittlung bei linearer Preis-Absatz-Funktion

Im Rahmen einer limitationalen, linearen Gütertechnik werden bei der Herstellung eines Produktes drei Faktoren eingesetzt. In der nachfolgenden Tabelle sind die Produktionskoeffizienten sowie die Beschaffungspreise der Faktoren angegeben:

	Produktions-koeffizient	Beschaffungspreis [GE/Stück]
Faktor 1	3	10
Faktor 2	2	20
Faktor 3	1	50

Die fixen Kosten betragen 15.000 GE. Bei einem Absatzpreis (= Stückerlös) von 100 GE können 400 Stück abgesetzt werden, bei einem Stückerlös von 300 GE dagegen nur noch 200 Stück. Vereinfachend sei angenommen, dass der Absatz-Preis-Zusammenhang eine lineare Gestalt aufweist.

a) Bestimmen Sie die Absatz-Preis-Funktion!

b) Zeichnen Sie den Verlauf der Umsatzkurve, der variablen Kosten, des Deckungsbeitrags und des Gewinns in ein Diagramm, den Verlauf des Grenzumsatzes, der Grenzkosten und des Grenzgewinns in ein zweites Diagramm! Leiten Sie daraus ab, wo der Umsatz und wo der Gewinn maximal sind! Wie würde man diese Werte analytisch bestimmen?

Lösung:

a) Die (lineare) Absatz-Preis-Funktion lautet allgemein für den Preis bzw. Stückerlös e_4 und die produzierte Quantität y_4:

$$e_4(y_4) = \beta - \alpha y_4$$

(Hinweis: Die Absatz-Preis-Funktion stellt die Umkehrfunktion der ursprünglichen, logisch zutreffenderen Preis-Absatz-Funktion dar, die den Absatz in Abhängigkeit vom Preis angibt. Für obige Absatz-Preis-Funktion lautet diese: $y_4(e_4) = \beta/\alpha - e_4/\alpha$.)

Die Werte für α und β lassen sich durch folgendes Gleichungssystem bestimmen, das aus den beiden Preis-Absatz-Konstellationen der Aufgabenstellung gebildet werden kann:

(1) $100 = \beta - \alpha \cdot 400$
(2) $300 = \beta - \alpha \cdot 200$

Subtrahiert man die zweite Gleichung von der ersten, so ergibt sich:

$-200 = -200\alpha \quad \Leftrightarrow \quad \alpha = 1$

Durch Einsetzen dieses Werts in Gleichung (1) ergibt sich:

$100 = \beta - 400 \quad \Leftrightarrow \quad \beta = 500$

Die Absatz-Preis-Funktion lautet somit:

$e_4(y_4) = 500 - y_4$

b) Der Umsatz L ergibt sich durch Multiplikation des Stückerlöses e_4 mit der hergestellten Quantität y_4:

$L(y_4) = e_4(y_4) \cdot y_4 = (500 - y_4) \cdot y_4 = 500y_4 - y_4^2$

Durch Ableiten dieser Funktion nach y_4 erhält man die Grenzumsatzfunktion:

$L'(y_4) = 500 - 2y_4$

Die Stückkosten k_4 zur Herstellung einer Produkteinheit ermittelt man, indem man die Beschaffungspreise der Faktoren (c_1, c_2, c_3) mit ihren Produktionskoeffizienten ($a_{1,4}$, $a_{2,4}$, $a_{3,4}$) multipliziert und aufaddiert:

$k_4 = a_{1,4} \cdot c_1 + a_{2,4} \cdot c_2 + a_{3,4} \cdot c_3 = 3 \cdot 10 + 2 \cdot 20 + 1 \cdot 50 = 120$

Unter Berücksichtigung der Fixkosten folgt für die Kostenfunktion:

$K(y_4) = K^{fix} + K^{var}(y_4) = K^{fix} + k_4 \cdot y_4 = 15.000 + 120y_4$

Abgeleitet liefert dies die Grenzkostenfunktion

$K' = 120$

d.h. die Grenzkosten sind hier stets gleich den variablen Stückkosten.

Die Deckungsbeitragsfunktion lässt sich durch Subtraktion der variablen Kosten von den (variablen) Leistungen ermitteln:

$D(y_4) = L(y_4) - K^{var}(y_4) = 500y_4 - y_4^2 - 120y_4 = 380y_4 - y_4^2$

Die Gewinnfunktion ergibt sich dagegen, indem vom Umsatz die gesamten Kosten, also auch die Fixkosten, abgezogen werden:

$G(y_4) = L(y_4) - K(y_4) = 380y_4 - y_4^2 - 15.000$

Leitet man diese Funktion nach y_4 ab, folgt für die Grenzgewinnfunktion:

$$G'(y_4) = L'(y_4) - K'(y_4) = 380 - 2y_4$$

Da der Fixkostenblock beim Ableiten wegfällt, ist der Grenzgewinn gleich dem Grenzdeckungsbeitrag D'.

In der oberen Grafik des Bildes 7.6-1 sind die Umsatz-, die Deckungsbeitrags-, die Gewinnfunktion und die Funktion der variablen Kosten dargestellt. Die untere Grafik des Bildes 7.6-1 zeigt den Verlauf des Grenzumsatzes, der Grenzkosten und des Grenzgewinns. Aus Bild 7.6-1 oben lässt sich das Umsatzmaximum für $y_4 = 250$ ablesen. Das Gewinn- und Deckungsbeitragsmaximum ergibt sich an der Stelle $y_4 = 190$. Für diese Produktquantität ist der Abstand zwischen der Umsatzfunktion und der Funktion der variablen Kosten, also der Deckungsbeitrag, am größten.

Umsatz- und Deckungsbeitragsmaximum lassen sich auch aus der unteren Grafik in Bild 7.6-1 ablesen. Das Umsatzmaximum liegt dort, wo die Grenzumsatzkurve die Abszisse schneidet (L' = 0). Das Gewinn- und Deckungsbeitragsmaximum ist dort gegeben, wo die Grenzgewinnfunktion gleich Null ist bzw. wo sich Grenzumsatzfunktion und Grenzkostenfunktion schneiden (L' = K'). Unterhalb der Produktquantität von 190 Stück ist jede Erhöhung der Produktquantität mit einer Steigerung des Gewinns verbunden, da der zusätzlich erzielte Umsatz höher als die zusätzlich aufzuwendenden Kosten ist. Oberhalb von 190 Stück wird der zusätzliche Umsatz dagegen von den zusätzlichen Kosten überkompensiert.

Analytisch lässt sich die umsatzmaximale Quantität bestimmen, indem die Grenzumsatzfunktion gleich Null gesetzt wird:

$$L'(y_4^{Umax}) = 500 - 2y_4^{Umax} = 0$$
$$\Leftrightarrow y_4^{Umax} = 250$$

Setzt man diesen Wert in die Absatz-Preis-Funktion ein, so erhält man den umsatzmaximalen Preis:

$$e_4^{Umax}(y_4^{Umax}) = 500 - y_4^{Umax} = 500 - 250 = 250$$

Die gewinnmaximale Quantität y_4^{Gmax} erhält man, wenn man die Grenzgewinnfunktion gleich Null setzt:

$$G'(y_4^{Gmax}) = L'(y_4^{Gmax}) - K'(y_4^{Gmax}) = 380 - 2y_4^{Gmax} = 0$$
$$\Leftrightarrow y_4^{Gmax} = 190$$

Der gewinnmaximale Preis lässt sich ebenfalls durch Einsetzen dieses Wertes in die Absatz-Preis-Funktion bestimmen:

$$e_4^{Gmax}(y_4^{Gmax}) = 500 - y_4^{Gmax} = 500 - 190 = 310$$

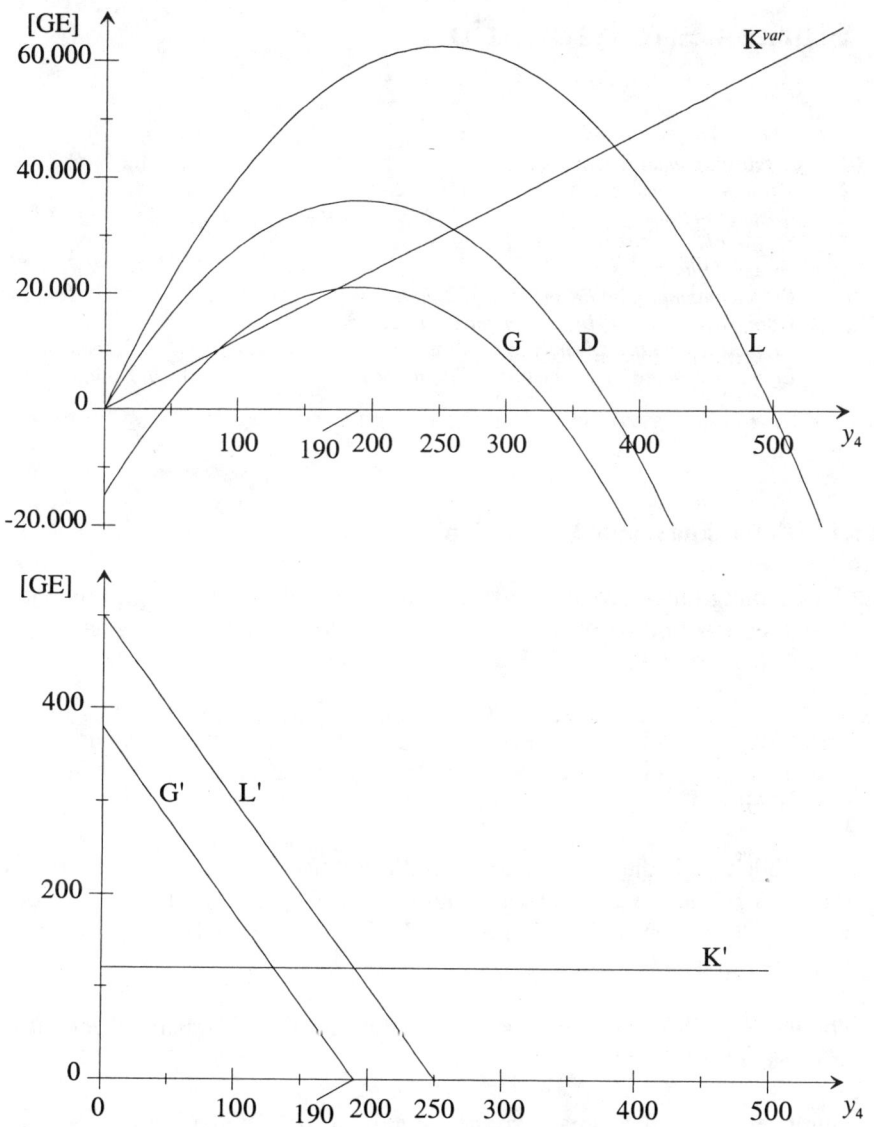

Bild 7.6-1:   *Erfolgsfunktionen der Produktherstellung*

8 Starkes Erfolgsprinzip

Ü 8.1	Erfolgsmaximale Produktion	/DY 03/, L. 8.1.2 (+ L. 8.3.2)
Ü 8.2	Minimalkostenkombination und indirekte Kostenfunktion	/DY 03/, L. 8.2.1 + L. 8.2.2 (+ L. 8.3.2)
Ü 8.3	Minimalkostenkombinationen einer Busreiseunternehmung	/DY 03/, L. 8.2.2
Ü 8.4	Erfolgsmaximierung bei mehreren Engpässen	/DY 03/, L. 8.3.2
Ü 8.5	Erfolgsmaximierung bei einem einzigen Faktorengpass und indirekte Gewinnfunktion	/DY 03/, L. 8.2.1 + L. 8.3.3
Ü 8.6	Erfolgsmaximierung bei mehreren Engpässen	/DY 03/, L. 8.3.2

Ü 8.1 Erfolgsmaximale Produktion

Zur Herstellung eines Produktes wird lediglich ein Faktor benötigt. Folgende (Cobb-Douglas-)Produktionsfunktion stellt den Produktionsvorgang dar:

$$y_2 = 10 x_1^{0,5}$$

a) Ermitteln Sie grafisch und rechnerisch die erfolgsmaximale (deckungsbeitragsmaximale) Produktion, wenn folgende Preise gelten: $p_1 = 4$ GE/QE, $p_2 = 10$ GE/QE!

b) Wie ändert sich die erfolgsmaximale Produktion, wenn der Produktpreis um zwei Einheiten gesenkt wird? Um wie viel müsste in diesem Fall der Faktorpreis sinken, damit die gleiche Produktion wie in Teilaufgabe a) erfolgsmaximal ist?

c) Für welches Preisverhältnis ist die Produktion von 80 QE des Produktes erfolgsmaximal?

d) Durch einen Lieferengpass können maximal 121 QE des Faktors in der Produktion eingesetzt werden. Für welches Preisverhältnis ist die maximal mögliche Produktion auch die erfolgsmaximale? Berechnen Sie die Schattenpreise für den Faktor, falls die Preise wie unter a) bzw. c) gelten!

Lösung:

Im Rahmen einer grafischen Bestimmung der erfolgsmaximalen Produktion ist der Tangentialpunkt der *Produktionsfunktion* – als Graph der effizienten Input/Output-Kombinationen – und der *bestmöglichen Deckungsbeitragsisoquante* zu ermitteln. Letztere ergibt sich durch Auflösung der Deckungsbeitragsfunktion nach y_2:

$$D = 10y_2 - 4x_1$$
$$\Leftrightarrow \quad y_2 = D/10 + 0{,}4x_1$$

Diese Funktion bildet parallele Geraden mit der Steigung 0,4 und dem variablen Achsenabschnitt D/10 ab.

In Bild 8.1-1 sind die Produktionsfunktion und die Deckungsbeitragsisoquante für D = 0 dargestellt. Letztere ist zur Ermittlung der erfolgsmaximalen Produktion so weit wie möglich parallel 'nach oben' zu verschieben (in Bild 8.1-1 durch Pfeile angedeutet). Diese Verschiebung entspricht einer Erhöhung des Achsenabschnitts und somit des Deckungsbeitrags D.

Die bestmögliche Deckungsbeitragsisoquante berührt die Produktionsfunktion gerade noch in einem einzigen Punkt, dem gesuchten *Tangentialpunkt*. Er liegt hier bei ungefähr $x_1 = 155$, $y_2 = 125$.

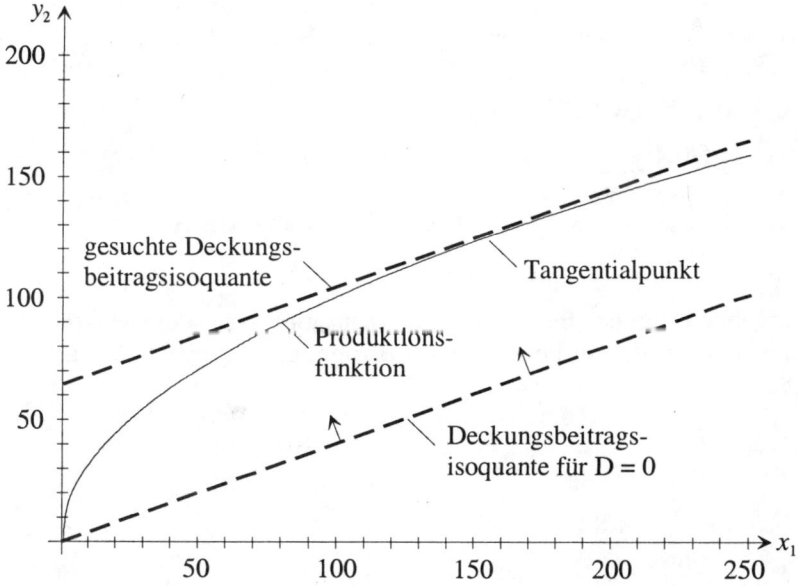

Bild 8.1-1: *Ermittlung des Deckungsbeitragsmaximums*

Eine exakte Bestimmung des Tangentialpunkts kann nur auf rechnerischem Wege erfolgen. Als eine Möglichkeit bietet sich die Ermittlung des *Maximums der Deckungsbeitragsfunktion* an. Diese ist abzuleiten und gleich Null zu setzen:

$$D = 10y_2 - 4x_1 \qquad | y_2 = 10x_1^{0,5}$$
$$\Rightarrow D = 100x_1^{0,5} - 4x_1$$
$$D' = 0,5 \cdot 100x_1^{-0,5} - 4 = 0$$
$$\Rightarrow 50x_1^{-0,5} = 4$$
$$\Leftrightarrow x_1^{0,5} = 50/4$$
$$\Leftrightarrow x_1 = 12,5^2$$
$$\Leftrightarrow x_1 = 156,25 \quad \Rightarrow \quad y_2 = 125 \quad \Rightarrow \quad D^{opt} = 625$$

Ausgangspunkt einer alternativen Vorgehensweise zur Deckungsbeitragsmaximierung ist der Umstand, dass die Steigungen der Produktionsfunktion und der Deckungsbeitragsisoquante im Tangentialpunkt gleich sind (vgl. dazu nochmals Bild 8.1-1). Für die erstgenannte Funktion entspricht diese Steigung der '*Kompensationsrate*' (Grenzproduktivität), für die letztgenannte Funktion dem '*umgekehrten Preisverhältnis*' (im Hinblick auf Faktor und Produkt). Bezüglich D^{opt} gilt daher:

$$\frac{dy_2}{dx_1} = \frac{p_1}{p_2} \qquad \text{mit} \quad \frac{dy_2}{dx_1} = 0,5 \cdot 10x_1^{-0,5}$$
$$\Rightarrow 0,5 \cdot 10x_1^{-0,5} = 4/10$$
$$\Leftrightarrow x_1^{0,5} = 5/0,4$$
$$\Leftrightarrow x_1 = 12,5^2$$
$$\Leftrightarrow x_1 = 156,25 \quad \Rightarrow \quad y_2 = 125 \quad \Rightarrow \quad D^{opt} = 625$$

b) Ausgehend von der Bedingung 'Kompensationsrate = umgekehrtes Preisverhältnis' – auf die im Folgenden bevorzugt zurückgegriffen wird – gilt für $p_2 = 8$:

$$\frac{dy_2}{dx_1} = \frac{p_1}{p_2}$$
$$\Rightarrow 0,5 \cdot 10x_1^{-0,5} = 4/8$$
$$\Leftrightarrow x_1^{0,5} = 5/0,5$$
$$\Leftrightarrow x_1 = 10^2$$
$$\Leftrightarrow x_1 = 100 \quad \Rightarrow \quad y_2 = 100 \quad \Rightarrow \quad D^{opt} = 8y_2 - 4x_1 = 400$$

Die Senkung des Produktpreises hat zur Folge, dass die Deckungsbeitragsisoquante einen *steileren Verlauf* nimmt und sich deswegen der Tangentialpunkt mit der Produktionsfunktion zum Ursprung hin verschiebt. Durch Senkung des Faktorpreises kann diese Wirkung allerdings kompensiert werden. Damit exakt die gleiche Produktion wie in Teilaufgabe a) erfolgsmaximal wird, muss diesbezüglich das *gleiche Preisverhältnis* gelten:

$$4/10 = p_1/8$$
$$\Rightarrow p_1 = 3{,}2$$

Wenn also der Faktorpreis 3,2 GE beträgt, ergibt sich wieder die gleiche erfolgsmaximale Produktion wie in Teilaufgabe a). Entscheidend für das Erfolgsmaximum sind demnach nicht die absoluten Preise, sondern es kommt auf das *Verhältnis* zwischen Faktor- und Produktpreis an.

c) Aus der gegebenen Produktionsmenge lässt sich die *benötigte Faktormenge* errechnen:

$$y_2 = 10 x_1^{0{,}5} \qquad | y_2 = 80$$
$$\Rightarrow x_1^{0{,}5} = 8$$
$$\Leftrightarrow x_1 = 64$$

Für das *erfolgsmaximale Preisverhältnis* gilt dann:

$$\frac{dy_2}{dx_1} = \frac{p_1}{p_2}$$
$$\Rightarrow 0{,}5 \cdot 10 x_1^{-0{,}5} = p_1/p_2 \qquad | x_1 = 64$$
$$\Rightarrow 5 \cdot 64^{-0{,}5} = p_1/p_2$$
$$\Leftrightarrow p_1/p_2 = 5/8$$

Jedes Preisverhältnis von 5 zu 8 – also etwa auch $p_1 = 10$, $p_2 = 16$ – führt somit zu einer optimalen Faktoreinsatzmenge von $x_1 = 64$ bei einer Produktmenge von $y_2 = 80$. (Hinweis: Allerdings verändert sich der erzielbare Deckungsbeitrag in Abhängigkeit von den absoluten Preisen.)

d) Auf Grund der *begrenzten Faktorverfügbarkeit* ist nur folgende maximale Produktionsmenge herstellbar:

$$y_2 = 10 x_1^{0{,}5} \qquad | x_1 = 121$$
$$\Rightarrow y_2 = 10 \cdot 121^{0{,}5}$$
$$\Leftrightarrow y_2 = 110$$

Soll diese Menge gleichzeitig erfolgsmaximal sein, muss gelten:

$$\frac{dy_2}{dx_1} = \frac{p_1}{p_2}$$

$\Rightarrow \quad 0{,}5 \cdot 10 x_1^{-0{,}5} = p_1/p_2 \quad | x_1 = 121$

$\Rightarrow \quad 5 \cdot 121^{-0{,}5} = p_1/p_2$

$\Leftrightarrow \quad p_1/p_2 = 5/11$

Das Wertepaar ($x_1 = 121$; $y_2 = 110$) stellt demnach bei einem *Preisverhältnis* von 5/11 die erfolgsmaximale Lösung dar. Dies gilt allerdings auch für alle Preisverhältnisse, die kleiner als 5/11 sind. Für sie würde das Optimum zwar eigentlich 'weiter rechts' auf der Produktionsfunktion liegen, auf Grund der Faktorrestriktion ist aber faktisch nur ($x_1 = 121$; $y_2 = 110$) realisierbar.

Falls bei gegebenen Preisen ein (Faktor-)Engpass die Realisierung der erfolgsmaximalen Lösung verhindert, entstehen Opportunitätskosten. Die marginalen Opportunitätskosten pro Engpasseinheit bezeichnet man als *Schattenpreis* (μ). Er gibt die mögliche Erfolgssteigerung an, falls eine hinreichend kleine Menge der beschränkten Objektart mehr zur Verfügung steht. Zugleich erfasst der Schattenpreis denjenigen Betrag, um den der Preis der beschränkt verfügbaren Objektart gesteigert werden muss, damit bei Wegfall der Beschränkung die gleiche Produktion erfolgsmaximal ist wie mit Schranke.

Bezogen auf die *Preise aus Teilaufgabe a)* stellt sich nun die Frage, um welchen Betrag μ der Faktorpreis zu erhöhen ist, damit auch ohne Faktorrestriktion der Punkt ($x_1 = 121$; $y_2 = 110$) erfolgsmaximal ist. Diesbezüglich muss gelten:

$$\frac{p_1^{a)} + \mu}{p_2^{a)}} = \frac{p_1^{d)}}{p_2^{d)}}$$

$\Leftrightarrow \quad \dfrac{4 + \mu}{10} = \dfrac{5}{11}$

$\Leftrightarrow \quad \mu = \dfrac{5 \cdot 10}{11} - 4 = 0{,}\overline{54}$

Im Hinblick auf die *Preise aus Teilaufgabe c)* zeigt sich, dass deren Relation größer ist als das Preisverhältnis aus Teilaufgabe d):

$$\frac{p_1^{c)}}{p_2^{c)}} = \frac{5}{8} \quad > \quad \frac{5}{11} = \frac{p_1^{d)}}{p_2^{d)}}$$

In solchen Fällen wirkt sich die Faktorrestriktion nicht auf die erfolgsmaximale Produktion aus (welche in Teilaufgabe c) ja auch tatsächlich unterhalb des Punkts ($x_1 = 121$; $y_2 = 110$) liegt). Der Schattenpreis ist gemäß Definition damit gleich Null, da der Preis des Engpassfaktors nicht erhöht werden muss.

Ü 8.2   Minimalkostenkombination und indirekte Kostenfunktion

I) $x_1 = 4y$, $x_2 = 2y$ II) $y = x_1 x_2$
III) $y = 4x_1 + 2x_2$ IV) $y = 7x_1 x_2 + x_1^2$

a) Ermitteln Sie für die obigen Produktionsfunktionen grafisch die Minimalkostenkombination für $y = 100$, falls die Faktoren folgende Preise besitzen: $p_1 = 3$ GE/QE, $p_2 = 2$ GE/QE!

b) Ermitteln Sie analytisch die Minimalkostenkombination für $y = 100$ und die Preise aus Teilaufgabe a)! Welche Kosten fallen dabei an?

c) Ermitteln Sie für Fall II die indirekte Kostenfunktion in Abhängigkeit von der produzierten Menge! Setzen Sie dabei das Preissystem wie bei Teilaufgabe a) voraus!

d) Im Fall II stehen vom Faktor 1 auf Grund eines Lieferengpasses lediglich 5 Quantitätseinheiten zur Verfügung. Wie hoch ist der Schattenpreis der Faktorbeschränkung bei der Produktion von 50 Produkteinheiten?

Lösung:

a) Die Minimalkostenkombination beschreibt für gegebene Produktquantitäten diejenige Faktorkombination, die am kostengünstigsten ist. Sie entspricht dem Tangentialpunkt der *Produktisoquante* – als Graph der sich bei feststehendem Output ergebenden effizienten Faktorkombinationen – und der *bestmöglichen Kostenisoquante* – als Graph der aus feststehenden Faktorpreisen resultierenden Kosten. Letztere ist zwecks Einzeichnung in ein x_1, x_2-Koordinatensystem wie folgt umzuformen:

$K = p_1 x_1 + p_2 x_2 = 3x_1 + 2x_2$
$\Leftrightarrow \quad x_2 = K/2 - 3/2 \cdot x_1$

Diese Funktion bildet parallele Kostenisoquanten mit der Steigung $-3/2$ ab.

Im Gegensatz zur Kostenisoquante hängt die Gestalt der Produktisoquante von der jeweils zu Grunde liegenden Produktionsfunktion ab. Da sie im *Fall I* limitational ist, existiert bezüglich der Produktion einer bestimmten Produktquantität lediglich eine einzige effiziente Faktorkombination; diese entspricht bei Kompatibilität von schwachem und starkem Erfolgsprinzip zugleich der gesuchten Minimalkostenkombination.

Diese Kombination ergibt sich hier durch Einsetzen von $y = 100$ in die Produktionsfunktion:

$x_1 = 4y \qquad x_2 = 2y \qquad |\, y = 100$

$\Rightarrow \quad x_1 = 400 \qquad x_2 = 200$

(Hinweis: Zum Begriff der Limitationalität bzw. (partiellen oder totalen) Substitutionalität vgl. auch Ü 5.4.)

Im *Fall II* handelt es sich um eine substitutionale Produktionsfunktion mit abnehmender Faktorsubstitutionsrate bei nur partieller Substitutionsmöglichkeit beider Faktoren, aus der sich folgende Produktisoquante ableitet:

$y = x_1 x_2 \qquad\qquad |\, y = 100$

$\Rightarrow \quad x_2 = 100/x_1$

Im Rahmen der Suche nach der Minimalkostenkombination ist nun diejenige Kostenisoquante zu ermitteln, welche einerseits möglichst nah am Ursprung des Koordinatensystems liegt (und somit einen möglichst geringen Wert aufweist), andererseits aber die Produktisoquante gerade noch berührt. Auf grafischem Wege löst man dieses Problem, indem man – neben der Produktisoquante – die Kostenisoquante für einen beliebigen Wert (z.B. für K = 18; siehe Bild 8.2-1) in das x_1, x_2-Koordinatensystem einzeichnet und solange parallel verschiebt, bis die bestmögliche Kostenisoquante mit dem fraglichen Tangentialpunkt gefunden ist. (Hinweis: In den folgenden Bildern wird nur noch die bestmögliche Kostenisoquante eingezeichnet.)

Aus Bild 8.2-1 geht hervor, dass der gesuchte Tangentialpunkt in etwa durch den Punkt ($x_1 = 8$; $x_2 = 12$) repräsentiert wird.

Auch der *Fall III* verkörpert eine substitutionale Produktionsfunktion, diesmal jedoch mit konstanter Faktorsubstitutionsrate bei vollständiger Substitutionsmöglichkeit beider Faktoren. Es ergibt sich folgende Produktisoquante:

$y = 4x_1 + 2x_2 \qquad\qquad |\, y = 100$

$\Rightarrow \quad x_2 = 50 - 2x_1$

Wie Bild 8.2-2 zeigt, liegt der kostenminimale Berührungspunkt ($x_1 = 25$; $x_2 = 0$) dieser Produktisoquante mit der bestmöglichen Kostenisoquante auf der Abszisse, also am 'rechten Ende' beider Funktionen. (Hinweis: Aus mathematischer Sicht kann hier nicht von einem 'Tangentialpunkt' gesprochen werden; siehe auch die in Teilaufgabe b) nachzulesenden Ausführungen.)

Lektion 8: Starkes Erfolgsprinzip

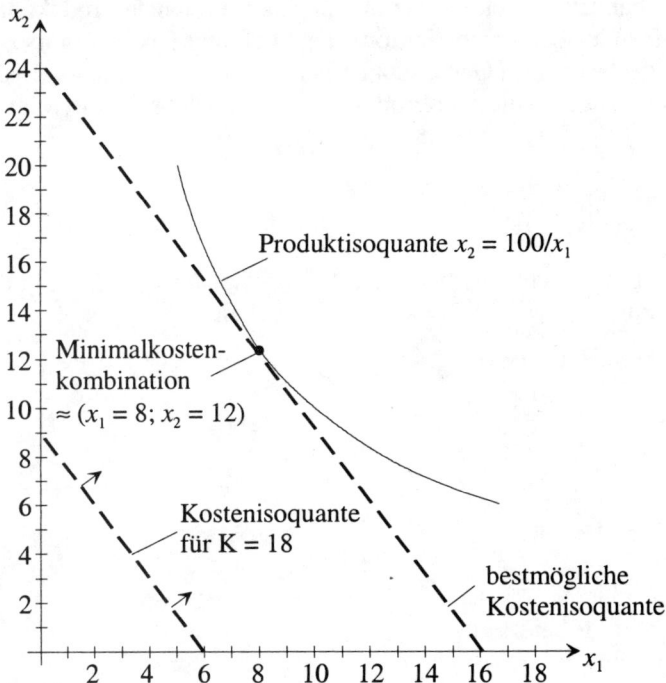

Bild 8.2-1:   *Minimalkostenkombination für Fall II*

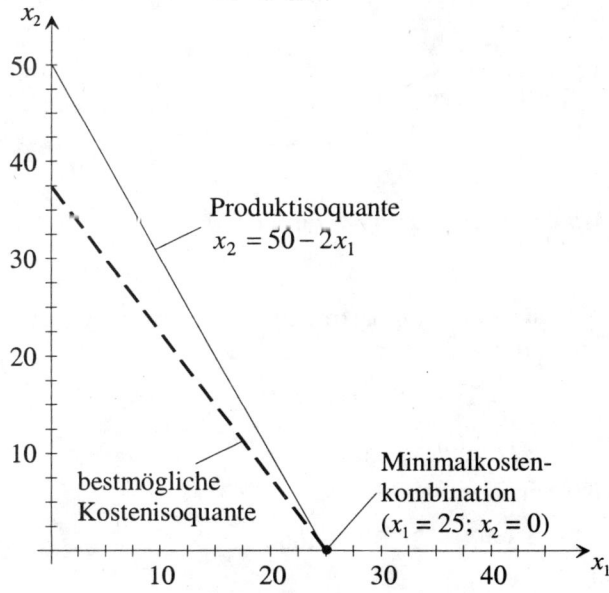

Bild 8.2-2:   *Minimalkostenkombination für Fall III*

Im *Fall IV* handelt es sich wieder um eine substitutionale Produktionsfunktion mit abnehmender Faktorsubstitutionsrate. Während Faktor 1 nur partiell substituierbar ist, besteht im Gegensatz zu Fall II hinsichtlich Faktor 2 vollständige Substitutionsmöglichkeit. Die Produktisoquante leitet sich wie folgt ab:

$$y = 7x_1x_2 + x_1^2 \qquad |\, y = 100$$
$$\Rightarrow \quad 7x_1x_2 = 100 - x_1^2$$
$$\Leftrightarrow \quad x_2 = (100 - x_1^2)/7x_1$$

Gemäß Bild 8.2-3 wird die gesuchte Minimalkostenkombination annähernd durch den Punkt ($x_1 = 3{,}2$; $x_2 = 4$) wiedergegeben.

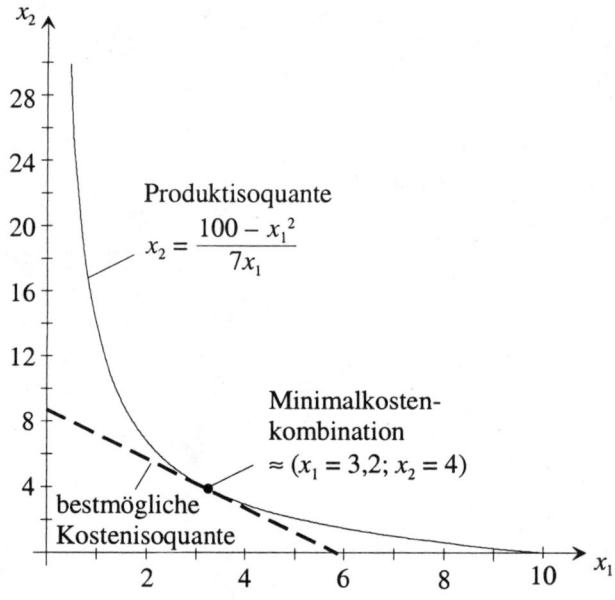

Bild 8.2-3: *Minimalkostenkombination für Fall IV*

b) Im *Fall I* ergibt sich die Minimalkostenkombination bereits durch Einsetzen von $y = 100$ in die Produktionsfunktion:

$$x_1 = 4y \qquad x_2 = 2y \qquad |\, y = 100$$
$$\Rightarrow \quad x_1 = 400 \qquad x_2 = 200$$

Als minimale Kosten entstehen:

$$K = 3x_1 + 2x_2 = 3 \cdot 400 + 2 \cdot 200 = 1.600$$

Einer besonderen analytischen Vorgehensweise bedarf es erst im *Fall II*. Neben der Möglichkeit, die Kostenfunktion aufzustellen und abzuleiten, lässt sich zur Bestimmung der Minimalkostenkombination auch der Umstand nutzen, dass in diesem Punkt die Steigung der Produktisoquante (= Faktorsubstitutionsrate) und die Steigung der Kostenisoquante (= umgekehrtes Preisverhältnis) betragsmäßig gleich sind:

$$\left|\frac{dx_2}{dx_1}\right| = \frac{p_1}{p_2} \qquad \text{mit} \quad \frac{dx_2}{dx_1} = \left(\frac{100}{x_1}\right)' = -\frac{100}{x_1^2}$$

$\Rightarrow \quad 100/x_1^2 = 3/2$

$\Leftrightarrow \quad x_1^2 = 200/3$

$\Rightarrow \quad x_1 = 8{,}16$

$\Rightarrow \quad x_2 = 12{,}25$

Als minimale Kosten ergeben sich:

K = 3·8,16 + 2·12,25 = 48,98

Aus Bild 8.2-2 geht hervor, dass im *Fall III* die Steigungen der Produktisoquante und der Kostenisoquante für keine x_1,x_2-Kombination gleich sind. Die Bedingung 'Faktorsubstitutionsrate = umgekehrtes Preisverhältnis' kann daher hier nicht herangezogen werden. Dennoch lassen sich die Koordinaten der Minimalkostenkombination leicht feststellen, da sie auf der Abszisse am 'rechten Ende' beider Funktionen liegt (d.h. $x_2 = 0$):

$y = 4x_1 + 2x_2 \qquad\qquad |\, y = 100;\, x_2 = 0$

$\Rightarrow \quad x_1 = 25$

Als minimale Kosten fallen an:

K = 3·25 + 2·0 = 75

(Hinweis: Bei linearen Produktisoquanten und Kostenfunktionen reicht es zur Bestimmung der Minimalkostenkombination zweier Faktoren stets aus, die Kosten derjenigen Kombinationen zu berechnen, bei denen jeweils auf einen Faktor völlig verzichtet wird. Sollten beide Punkte zu gleichen Kosten führen, sind alle Punkte auf der Produktisoquante optimal; in diesem Fall weisen die Produktisoquante und die Kostenisoquante identische Steigungen auf.)

Im Fall IV lässt sich zur analytischen Ermittlung der Minimalkostenkombination wieder auf die Bedingung 'Faktorsubstitutionsrate = umgekehrtes Preisverhältnis' zurückgreifen:

$$\left|\frac{dx_2}{dx_1}\right| = \frac{p_1}{p_2} \qquad \text{mit} \quad \frac{dx_2}{dx_1} = \left(\frac{100-x_1^2}{7x_1}\right)' = -\frac{100}{7x_1^2} - \frac{1}{7}$$

$\Rightarrow\ 100/7x_1^2 + 1/7 = 3/2$
$\Leftrightarrow\ 7x_1^2/100 = 14/19$
$\Leftrightarrow\ x_1 = 3{,}24$

$\Rightarrow\ x_2 = 3{,}95$

Die minimalen Kosten betragen:

$\quad$ K = 3·3,24 + 2·3,95 = 17,62

c) Bezogen auf Fall II ist diejenige Funktion gesucht, welche die Kosten in Abhängigkeit von der Produktionsmenge y unter der Bedingung angibt, dass stets die Minimalkostenkombination der Faktoren zu Grunde gelegt wird. Diese so genannte indirekte Kostenfunktion $K^{opt}(y)$ – oft kurz nur als K(y) bezeichnet – lässt sich in 3 Schritten herleiten:

1.) Zunächst ist die Produktionsfunktion nach x_1 bzw. x_2 umzuformen:

$\quad y = x_1 x_2 \quad \Rightarrow \quad x_1 = \dfrac{y}{x_2} \quad$ bzw. $\quad x_2 = \dfrac{y}{x_1}$

2.) Für die durch $K^{opt}(y)$ erfassten Minimalkostenkombinationen gilt (im Fall II) 'Faktorsubstitutionsrate = umgekehrtes Preisverhältnis', woraus zum einen folgt:

$$\left|\frac{dx_1}{dx_2}\right| = \frac{p_2}{p_1} \qquad \text{mit} \quad \frac{dx_1}{dx_2} = \left(\frac{y}{x_2}\right)' = -\frac{y}{x_2^2}$$

$\Rightarrow\ \dfrac{y}{x_2^2} = \dfrac{2}{3}$

$\Leftrightarrow\ x_2 = \sqrt{\dfrac{3}{2} y}$

Zum anderen gilt aber auch:

$$\left|\frac{dx_2}{dx_1}\right| = \frac{p_1}{p_2} \qquad \text{mit} \quad \frac{dx_2}{dx_1} = \left(\frac{y}{x_1}\right)' = -\frac{y}{x_1^2}$$

$\Rightarrow\ \dfrac{y}{x_1^2} = \dfrac{3}{2}$

$\Leftrightarrow\ x_1 = \sqrt{\dfrac{2}{3} y}$

3.) Gemäß dieser Resultate sind x_1 und x_2 in der Kostenfunktion zu ersetzen:

$$K = 3x_1 + 2x_2 \qquad \text{mit } x_1 = \sqrt{\frac{2}{3}y} \text{ und } x_2 = \sqrt{\frac{3}{2}y}$$

$$\Rightarrow K^{opt}(y) = 3 \cdot \sqrt{\frac{2}{3}y} + 2 \cdot \sqrt{\frac{3}{2}y} = 3 \cdot \sqrt{\frac{4}{6}y} + 2 \cdot \sqrt{\frac{9}{6}y}$$

$$= 6 \cdot \sqrt{\frac{1}{6}y} + 6 \cdot \sqrt{\frac{1}{6}y} = 12 \cdot \sqrt{\frac{1}{6}y}$$

Ein Vorteil der indirekten Kostenfunktion liegt darin, dass die im Rahmen der Minimalkostenkombination anfallenden Kosten für sämtliche Produktquantitäten direkt bestimmbar sind.

d) Zwecks Bestimmung des *Schattenpreises* hinsichtlich x_1 ist zunächst die Minimalkostenkombination für $y = 50$ zu ermitteln. Dies kann auf Basis des bereits in Teilaufgabe c) abgeleiteten, für die Minimalkostenkombination geltenden Zusammenhangs zwischen x_1 und y geschehen:

$$x_1 = \sqrt{\frac{2}{3}y} \qquad | y = 50$$

$$\Rightarrow x_1 = 5{,}77$$

Es stehen jedoch nur 5 Einheiten von Faktor 1 zur Verfügung, d.h. die Minimalkostenkombination kann nicht verwirklicht werden, und es existiert daher ein positiver Schattenpreis.

Zwecks Berechnung des Schattenpreises ist nun die Frage zu beantworten, bei welchem Preis p_1^* von x_1 diese Kombination auch ohne Beschränkung maximal wäre. Diesbezüglich muss gelten:

$$\left|\frac{dx_2}{dx_1}\right| = \frac{y}{x_1^2} = \frac{p_1}{p_2} = \frac{p_1^*}{2} \qquad | x_1 = 5; \ y = 50$$

$$\Rightarrow \frac{50}{25} = \frac{p_1^*}{2}$$

$$\Leftrightarrow p_1^* = 4$$

Der Schattenpreis, der sich aus der Differenz von $p_1^* = 4$ und dem ursprünglichen Preis $p_1 = 3$ ergibt, hat somit den Wert 1.

Ü 8.3 Minimalkostenkombinationen einer Busreiseunternehmung
(Fortsetzung von Ü 2.6 und Ü 5.2)

Die Busreiseunternehmung möchte den mit der Fahrt in den Taunus verbundenen Erfolg maximieren. Die Kosten pro Liter Diesel betragen 1,20 GE. Die Nutzung des Busses wird inklusive der Lohnkosten für den Busfahrer vereinfachend mit 100 GE/Stunde angenommen. Teilnehmerzahl und Preis der Bustour sind fix, sodass für die Erfolgsmaximierung lediglich die Kosten relevant sind.

a) Bestimmen Sie für den in Ü 2.6 b) dargestellten Zusammenhang das Kostenminimum für die Bustour! Mit welcher durchschnittlichen Geschwindigkeit sollte der Bus fahren?

b) Wie würde sich die kostenminimale Faktorkombination verändern, wenn der Preis für einen Liter Diesel auf 5 GE steigt?

c) Ab welchem Dieselpreis wird der Busunternehmer von der in a) ermittelten Fahrgeschwindigkeit abweichen?

Lösung:

a) Gemäß der Aufgabenstellung ergibt sich die Kostenfunktion des Busreiseunternehmers zu:

$$K = 1{,}2 \cdot x_1 + 100 \cdot x_2$$

Da die kostenminimale Faktorkombination auf Grund der Kompatibilität zwischen schwachem und starkem Erfolgsprinzips auch effizient sein muss, liegt sie auf dem in Ü 5.2 b) dargestellten effizienten Rand. Dieser ist durch folgende Beziehung beschrieben (vgl. Ü 2.6 b)):

$$x_2 = \frac{708{,}75}{x_1} \qquad \text{für } 94{,}5 \leq x_1 \leq 157{,}5$$

Setzt man diesen Ausdruck in obige Kostenfunktion ein, so ergibt sich:

$$K = 1{,}2 x_1 + \frac{70.875}{x_1} \qquad \text{für } 94{,}5 \leq x_1 \leq 157{,}5$$

Bei vorübergehender Vernachlässigung der Beschränkung von x_1 lässt sich das Minimum dieser Funktion bestimmen, indem man die erste Ableitung gleich Null setzt:

$$K' = 1{,}2 - \frac{70.875}{x_1^2} = 0$$

$$\Rightarrow \frac{70.875}{x_1^2} = 1{,}2$$

$$\Rightarrow x_1 = \sqrt{\frac{70.875}{1{,}2}} = 243{,}03$$

Dieser Wert für x_1 verdeutlicht das *Kostenoptimum* für den Fall, dass die durchschnittliche Fahrgeschwindigkeit nicht beschränkt ist. Durch die Beschränkung der Fahrgeschwindigkeit auf den Bereich zwischen 60 und 100 km/h können aber – effiziente Produktion vorausgesetzt – selbst bei höchster Geschwindigkeit ($\rho = 100$) nur 157,5 Liter Diesel verbraucht werden. Eine weiter gehende Substitution der relativ teuren Buseinsatzzeit (x_2) durch den Dieselverbrauch ist nicht möglich. Die kostenoptimale Faktorkombination liegt somit am äußersten rechten Ende des effizienten Randes: $x_1 = 157{,}5$ und $x_2 = 4{,}5$. *Die optimale Fahrgeschwindigkeit* ist hierbei gleich der maximalen Fahrgeschwindigkeit von 100 km/h. Die Kosten betragen 639 GE (= 1,2·157,5 + 100·4,5).

(Hinweis: Zum gleichen Ergebnis kommt man auch, wenn man eine Kostenisoquante der Form $x_2 = K/100 - 0{,}012 \cdot x_1$ in Bild 5.2-1(b) einzeichnet und parallel verschiebt.)

b) Durch eine Verteuerung des Dieselkraftstoffs kann es zu einer Verschiebung der kostenoptimalen Faktorkombination kommen. Aus einem Dieselpreis von 5 GE/Liter resultiert folgende Kostenfunktion:

$$K = 5 \cdot x_1 + 100 \cdot x_2$$

Analog zu Teilaufgabe a) lässt sich wiederum das Kostenoptimum bestimmen. Es liegt hier bei der Faktorkombination ($x_1 = 119{,}06$; $x_2 = 5{,}95$). Durch Einsetzen dieser Werte in die Produktionsbeziehungen zur Fahrgeschwindigkeit (etwa: $x_1 = 1{,}575\rho$, vgl. Ü 2.6 b)) ergibt sich als optimale Fahrgeschwindigkeit $\rho = 75{,}6$ km/h. Die Kosten betragen nun 1.190,30 GE.

Mit dem erhöhten Dieselpreis ist also die gleichzeitige Senkung der Fahrgeschwindigkeit und des (verteuerten) Dieselverbrauchs verbunden, denn es ist nun lohnenswert, den Dieselverbrauch (teilweise) durch die Einsatzzeit des Busses zu substituieren.

c) Das Ergebnis der Teilaufgabe b) verdeutlicht, dass die Erhöhung des Dieselpreises durchaus zu einer *angepassten Fahrweise* und letztendlich zu einem geringeren Dieselverbrauch führt. (Hinweis: Mit Hilfe entsprechender gesamtwirtschaftlicher Überlegungen lassen sich die Effekte analysieren, die mit einer Besteuerung des Kraftstoffs verbunden sind.) Der Busunternehmer passt seinen Dieselverbrauch allerdings erst ab einem gewissen Preis an. Um diesen Preis zu ermitteln, muss der Faktorpreis (c_1), der im Gegensatz zu den Teilaufgaben a) und b) unbekannt ist, als Variable in die Kostenfunktion eingesetzt werden. Leitet man diese Kostenfunktion ab und setzt die Ableitung gleich Null, so erhält man:

$$K' = c_1 - \frac{70.875}{x_1^2} = 0$$

Durch Einsetzen des maximalen Dieselverbrauchs von $x_1 = 157{,}5$ Liter in diese Gleichung, lässt sich der Preis c_1^* berechnen, für den die maximale Dieselquantität gerade noch optimal ist:

$$c_1^* - \frac{70.875}{(157{,}5)^2} = 0$$

$$c_1^* = 2{,}86$$

Bei einem Dieselpreis von knapp unter 2,86 GE/Liter wird also genau wie bei einem Preis von 1,20 GE/Liter die maximale Geschwindigkeit und der maximale Dieselverbrauch realisiert. Erst wenn der Dieselpreis über diesen Betrag angehoben wird, senkt der Busreiseunternehmer kontinuierlich die Geschwindigkeit und substituiert den Dieselverbrauch durch die Einsatzzeit des Busses.

(Hinweis: Im Rahmen der vorgegebenen Restriktionen der Fahrgeschwindigkeit würde die maximale Substitution von Dieselkraftstoff durch Einsatzzeit des Busses ab einem Dieselpreis von 7,94 GE erfolgen.)

Ü 8.4 Erfolgsmaximierung bei mehreren Engpässen
(Fortsetzung von Ü 2.4)

Der mittelständische Unternehmer aus Ü 2.4 will seinen Deckungsbeitrag maximieren. Nachfolgende Tabelle gibt Auskunft über Verkaufspreise und proportionale Einzelkosten zur Herstellung der automatischen Rufnummerngeber (ARG) und Gebührenzähler (GZ):

	Verkaufspreis (Listenpreis) [GE/QE]	variable Stückkosten [GE/QE]
ARG	2.000	1.800
GZ	1.250	1.150

a) Formulieren Sie dieses Problem der Erzeugnisprogrammplanung als lineare Optimierungsaufgabe!

b) Ermitteln Sie auf grafischem Wege das deckungsbeitragsmaximale Erzeugnisprogramm sowie den zugehörigen Deckungsbeitrag!

c) Welche Fertigungsengpässe existieren bei optimaler Produktion? Berechnen Sie die freien Kapazitäten nicht ausgelasteter Fertigungsstellen! Würde sich ein Aufwand zur Förderung des Absatzes (z.B. Werbemaßnahmen) überhaupt lohnen?

d) Wie verändert sich das optimale Erzeugnisprogramm, wenn der Listenpreis für die Gebührenzähler auf 1.350 GE/QE erhöht wird? Wie stark darf dabei die obere Absatzgrenze für die Gebührenzähler sinken, ohne das optimale Erzeugnisprogramm zu beeinflussen?

Lösung:

Da die Aufgabe eine Fortsetzung von Ü 2.4 darstellt, wird im Folgenden sowohl auf die dort angegebenen Daten als auch auf die im Rahmen der Lösung von Ü 2.4 benutzten Variablen und Indizes zurückgegriffen. Allerdings wird nicht mehr die z-Version, sondern die x,y-Version zu Grunde gelegt.

a) Die lineare Optimierungsaufgabe umfasst *drei Bestandteile*:

1. Zielfunktion: Deckungsbeitrag D
    = Stückdeckungsbeitrag$_{ARG}$·Menge$_{ARG}$
    + Stückdeckungsbeitrag$_{GZ}$·Menge$_{GZ}$
    = $d_5 \cdot y_5 + d_6 \cdot y_6$
    = $(2.000 - 1.800) \cdot y_5 + (1.250 - 1.150) \cdot y_6$
    = $200 y_5 + 100 y_6$

2. Entscheidungsregel: Maximiere D!

3. Nebenbedingungen:
    I: $10 y_5 + 8 y_6 \leq 8.000$
    II: $6 y_5 + 12 y_6 \leq 9.600$
    III: $10 y_5 \leq 8.000$
    IV: $10 y_6 \leq 6.000$
    V: $y_5 \leq 700$
    VI: $y_6 \leq 1.000$
    $y_5, y_6 \geq 0$

b) Zur grafischen Ermittlung des optimalen Erzeugnisprogramms und des entsprechenden Deckungsbeitrags im Rahmen eines y_5,y_6-Koordinatensystems beginnt man zweckmäßigerweise mit der Einzeichnung der Nebenbedingungen; dem Bild 8.4-1 liegt diesbezüglich Bild 2.4-1 zu Grunde. Daraufhin ist die Deckungsbeitragsisoquante einzutragen, die folgende Gestalt hat:

$$D = 200y_5 + 100y_6$$
$$\Leftrightarrow \quad y_6 = D/100 - 2y_5$$

Ziel ist die Ermittlung derjenigen Deckungsbeitragsisoquante, die innerhalb des in Bild 8.4-1 grau gekennzeichneten Produktionsraums **Z** zum höchstmöglichen Deckungsbeitrag führt. Ausgehend von z.B. der Isoquante für D = 50.000 ist diese so weit wie möglich nach 'rechts oben' zu verschieben. Eine solche Verschiebung führt zur Erhöhung des Achsenabschnitts der Deckungsbeitragsisoquante und ist gleich bedeutend mit einer Steigerung von D.

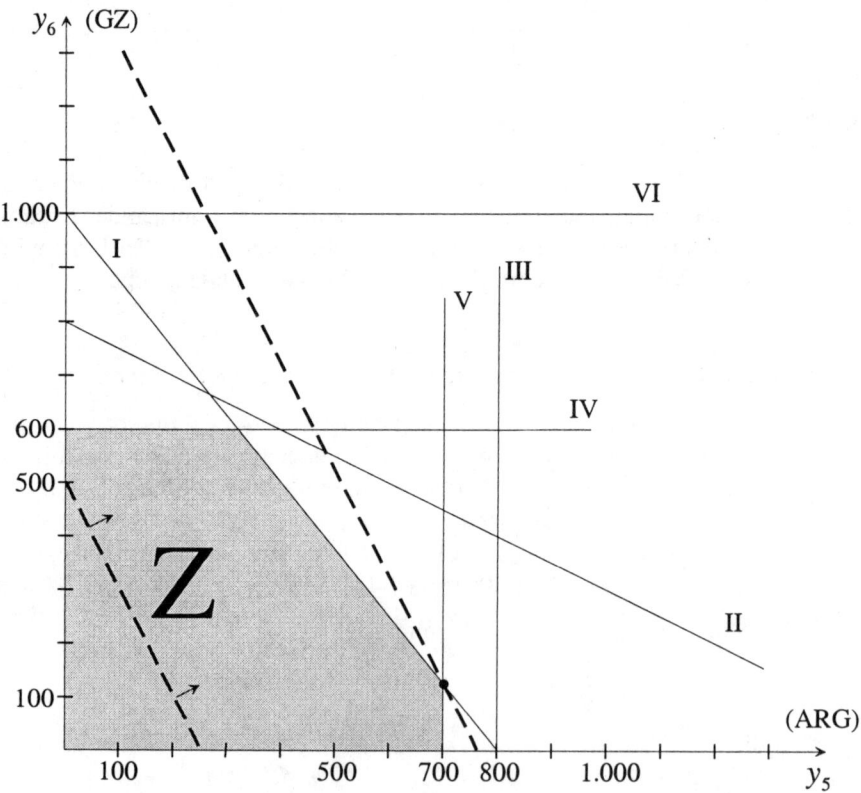

Bild 8.4-1: *Ermittlung des deckungsbeitragsmaximalen Erzeugnisprogramms*

Das *deckungsbeitragsmaximale Erzeugnisprogramm* resultiert aus dem Schnittpunkt der (Grenzen für die) Nebenbedingungen I und V. Mithin folgt:

I: $10y_5 + 8y_6 = 8.000$ | V: $y_5 = 700$

$\Rightarrow \quad y_6 = 125$

Als maximaler Deckungsbeitrag ergibt sich:

$D = 200 \cdot 700 + 100 \cdot 125 = 152.500$

c) Die beanspruchten und ggf. noch freien *Kapazitäten der Fertigungsstellen* gehen aus Tabelle 8.4-1 hervor.

Tab. 8.4-1: *Beanspruchte bzw. freie Fertigungskapazitäten*

Fertigungsstelle	beanspruchte Kapazität [ZE]	freie Kapazität [ZE]
Gehäusebau	$10 \cdot 700 + 8 \cdot 125 = 8.000$	ausgelastet
Elektr. Ausrüstungen	$6 \cdot 700 + 12 \cdot 125 = 5.700$	3.900
Montage ARG	$10 \cdot 700 = 7.000$	1.000
Montage GZ	$10 \cdot 125 = 1.250$	4.750

Wie zuvor ermittelt, bilden die Restriktionen I und V die relevanten Engpässe. *Werbemaßnahmen* beeinflussen nun zwar nicht die (Fertigungs-)Restriktion I, sie können aber Folgen für die (Absatz-)Restriktion V haben. Wird diese irrelevant, ist eine maximale Steigerung des Absatzes von 700 auf 800 Stück denkbar. Die Deckungsbeitragsisoquante verschiebt sich entsprechend weiter nach 'rechts oben', bis an Stelle von Restriktion V die Restriktion III bindend wird.

Das deckungsbeitragsmaximale Erzeugnisprogramm wird jetzt durch den Punkt ($y_5 = 800$; $y_6 = 0$) – als Schnittpunkt der Restriktionen I und III – abgebildet. Bei einem Deckungsbeitrag von 160.000 GE (= $200 \cdot 800$) werden dann nur noch automatische Rufnummerngeber gefertigt. Gegenüber der ursprünglichen Lösung aus Teilaufgabe b) ist damit eine Verbesserung des Deckungsbeitrags um 7.500 GE (= 160.000 – 152.500) möglich. Potenzielle Werbemaßnahmen dürfen diesen Betrag nicht übersteigen. (Hinweis: Trotz solcher Werbemaßnahmen ist natürlich nicht garantiert, dass sich die Restriktion V verschiebt.)

d) Durch die Erhöhung des Preises für die Gebührenzähler verändert sich die Deckungsbeitragsisoquante:

$D = 200y_5 + d_6 \cdot y_6$ | $d_6 = 1.350 - 1.150 = 200$

$\Rightarrow \quad D = 200y_5 + 200 \cdot y_6$
$\Leftrightarrow \quad y_6 = D/200 - y_5$

Wie aus Bild 8.4-2 ersichtlich, liegt das deckungsbeitragsmaximale Erzeugnisprogramm jetzt im Schnittpunkt der Restriktionen I und IV:

I: $10y_5 + 8y_6 = 8.000$ \quad | IV: $y_6 = 600$

$\Rightarrow$ \quad $y_5 = 320$

Als maximaler Deckungsbeitrag des Punktes ($y_5 = 320$; $y_6 = 600$) ergibt sich:

$D = 200 \cdot 320 + 200 \cdot 600 = 184.000$

Dieses Ergebnis behält seine Gültigkeit bis zu einer Reduzierung der Absatzgrenze (Restriktion VI) für die Gebührenzähler auf 600 QE.

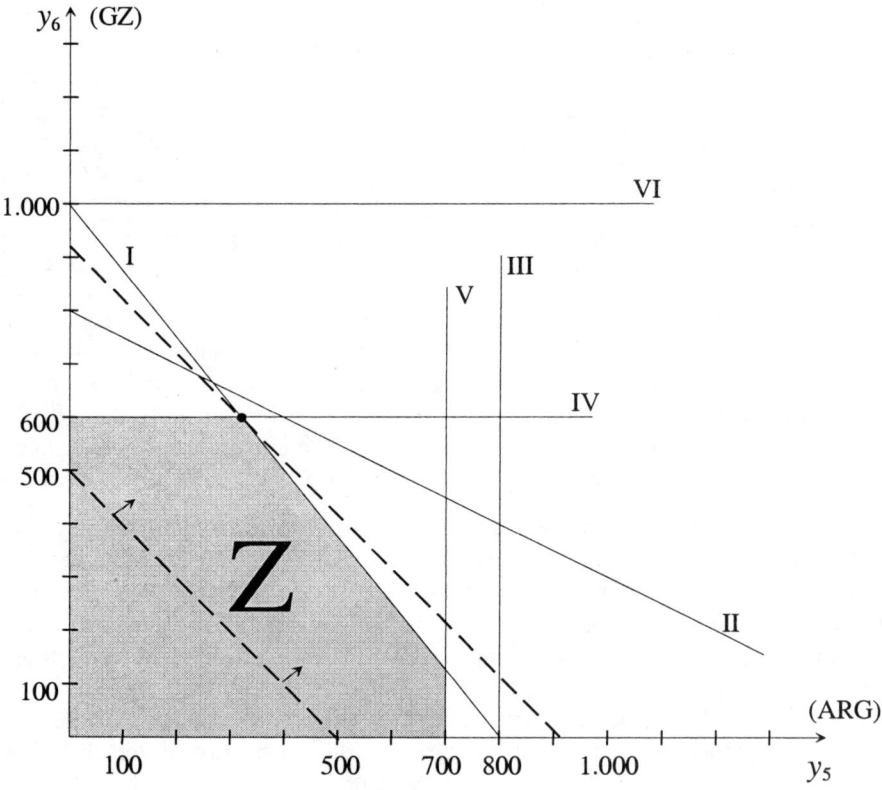

Bild 8.4-2: *Verändertes deckungsbeitragsmaximales Erzeugnisprogramm*

Ü 8.5 Erfolgsmaximierung bei einem einzigen Faktorengpass und indirekte Gewinnfunktion

Folgende Tabelle enthält die Stückdeckungsbeiträge und Absatzgrenzen von vier Produkten sowie ihre Produktionskoeffizienten (unter Voraussetzung einer linearen Technik) bezüglich eines beschränkten Faktors 5:

Produkt j	Stückdeckungs- beitrag d_j [GE/PE]	maximaler Absatz y_j^{max} [PE]	Produktions- koeffizient $a_{5,j}$ [FE/PE]
1	100	30	10
2	400	15	20
3	150	20	10
4	200	30	5

Wie viele Einheiten der einzelnen Produkte würden Sie herstellen, wenn die Faktorbeschränkung 500 Einheiten beträgt? Bestimmen Sie die indirekte Gewinnfunktion in Bezug auf eine Variation der Faktorbegrenzung, falls die Fixkosten 3.500 GE betragen!

Lösung:

Ist nur eine einzige Faktorbeschränkung zu beachten, lässt sich das optimale Erzeugnisprogramm auf der Basis *engpassspezifischer Deckungsbeiträge* $\tilde{d}_j$ ermitteln. Diese Größen geben den Stückdeckungsbeitrag der Produkte in Bezug auf eine Engpasseinheit an. Übertragen auf das Beispiel gilt:

$$\tilde{d}_1 = \frac{d_1}{a_{5,1}} = \frac{100}{10} = 10$$

$$\tilde{d}_2 = \frac{d_2}{a_{5,2}} = \frac{400}{20} = 20$$

$$\tilde{d}_3 = \frac{d_3}{a_{5,3}} = \frac{150}{10} = 15$$

$$\tilde{d}_4 = \frac{d_4}{a_{5,4}} = \frac{200}{5} = 40$$

Ohne Absatzgrenzen wäre es am vorteilhaftesten, ausschließlich Produkt 4 – mit dem höchsten engpassspezifischen Deckungsbeitrag – herzustellen, denn es führt pro eingesetzter Engpasseinheit zur bestmöglichen Zielsteigerung. Hier ist der Absatz von Produkt 4 allerdings auf 30 PE beschränkt. Für deren Herstellung werden $y_4^{max} \cdot a_{5,4} = 150$ Faktoreinheiten benötigt. Weil darüber hinaus noch Faktoreinheiten zur Verfügung stehen, sollte auch das Produkt mit dem zweithöchsten engpassspezifischen Deckungsbeitrag bis zu seiner Absatzgrenze hergestellt werden usw. Dementsprechend erhält man das in Tabelle 8.5-1 abgeleitete optimale Produktionsprogramm. Es setzt sich aus 30 PE von P4, 15 PE von P2 und 5 PE von P3 zusammen.

Tab. 8.5-1: *Ermittlung des optimalen Produktionsprogramms*

Produkt	engpassspezifischer Deckungsbeitrag [GE]	maximaler Absatz [PE]	benötigte Faktorkapazität [PE] · [FE]/[PE]	restliche Faktorkapazität [FE]
P4	40	30	30 · 5 = 150	500 − 150 = 350
P2	20	15	15 · 20 = 300	350 − 300 = 50
P3	15	20	20 · 10 = 200 > 50 → 5 · 10 = 50	50 − 50 = 0

Es ergibt sich ein maximaler Deckungsbeitrag von (30·200 + 15·400 + 5·150 =) 12.750 GE.

Gesucht ist auch diejenige Funktion, welche den maximal erzielbaren Gewinn in Abhängigkeit von der Faktormenge x_5 beschreibt. Diese *indirekte Gewinnfunktion* $G^{opt}(x_5)$ hat im Beispiel – unter Vernachlässigung einer eventuellen Ganzzahligkeitsbedingung – einen stückweise linearen Verlauf. Die Funktionsstücke werden dabei durch die Absatzgrenzen der Produkte determiniert.

Das erste Funktionsstück bezieht sich auf das Produkt mit dem höchsten engpassspezifischen Deckungsbeitrag, also auf Produkt 4. Es gilt:

$$G^{opt}(x_5) = \tilde{d}_4 \cdot x_5 - K_f = 40x_5 - 3.500 \qquad \text{für } 0 \leq x_5 \leq 150$$

$G^{opt}(x_5)$ ergibt sich demnach durch Multiplikation der jeweiligen Faktormenge mit dem engpassspezifischen Deckungsbeitrag des Produktes 4 und anschließender Subtraktion der Fixkosten. Auf Grund der maximalen Absatzmenge von 30 Einheiten des Produktes 4 besteht dieser Zusammenhang allerdings nur bis zur Faktoreinsatzmenge von $x_5 = 150$, für die gilt: $G^{opt}(150) = 2.500$ GE.

Über diese Grenze hinaus wird Produkt 2, das den nächsthöchsten engpassspezifischen Deckungsbeitrag aufweist, produziert. Das entsprechende Funktionsstück hat folgende Gestalt:

$$G^{opt}(x_5) = 2.500 + \tilde{d}_2 \cdot (x_5 - 150) \qquad \text{für } 150 \leq x_5 \leq 450$$

Es gibt den maximal erzielbaren Gewinn an, wenn neben 30 Einheiten des Produktes 4 auch noch Produkt 2 abgesetzt wird. Seine untere Intervallgrenze resultiert aus einem Absatz von y_4^{max} = 30 PE und y_2 = 0 PE, seine obere Intervallgrenze aus einem Absatz von y_4^{max} = 30 PE und y_2^{max} = 15 PE. Für letztere gilt: $G^{opt}(450) = 8.500$ GE.

Entsprechend leiten sich auch die Funktionsstücke für P3 und P1 ab:

$$G^{opt}(x_5) = 8.500 + \tilde{d}_3 \cdot (x_5 - 450) \qquad \text{für } 450 \leq x_5 \leq 650$$

$$G^{opt}(x_5) = 11.500 + \tilde{d}_1 \cdot (x_5 - 650) \qquad \text{für } 650 \leq x_5 \leq 950$$

(Hinweis: Die im ersten Aufgabenteil zu berücksichtigende Faktorrestriktion spielt bei der Ermittlung der indirekten Gewinnfunktion keine Rolle mehr.)

Der Verlauf der gesamten Funktion mit ihren vier Teilstücken ist Bild 8.5-1 zu entnehmen. Im Bild sind zudem die Eckpunkte der Teilstücke sowie der im jeweiligen Bereich erzielbare Grenzgewinn (als Gewinn je zusätzlich eingesetzter Faktoreinheit) angegeben.

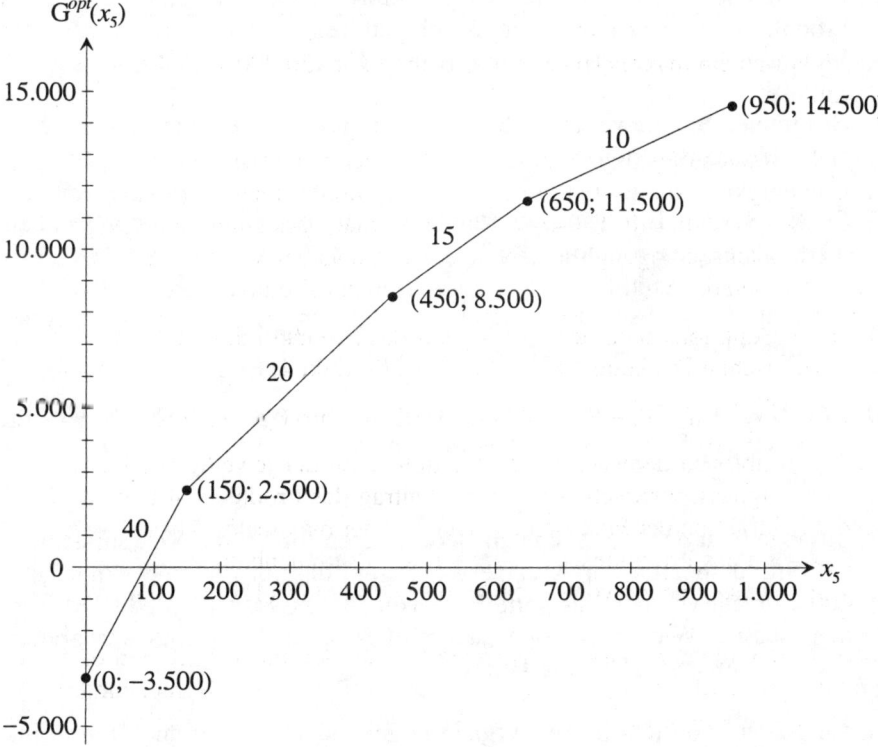

Bild 8.5-1: *Indirekte Gewinnfunktion $G^{opt}(x_5)$*

Ü 8.6 Erfolgsmaximierung bei mehreren Engpässen

Eine Gießerei stellt unter anderem 2 Gusssorten A und B her, die aus hochwertigem Gussbruch und Roheisen gemischt werden. Für die Sorte A ist ein Mischungsverhältnis von 4:1 (Anteile Gussbruch zu Anteile Roheisen) und für die Sorte B ein Mischungsverhältnis von 3:2 gefordert. Beide Gusssorten werden jeweils nur in speziellen Öfen hergestellt, deren Kapazitäten mit 900 kg/h (Kilogramm pro Stunde) für Sorte A und 1.600 kg/h für Sorte B beschränkt sind. Der zu den Mischungen benötigte Gussbruch steht nur in einer Menge von 1.200 kg/h zur Verfügung.

Der Nettoerlös für Sorte A beträgt 3 GE/kg, der für B 2,50 GE/kg. Die Beschaffung der Rohstoffe kostet 1,50 GE/kg für den Gussbruch bzw. 1 GE/kg für das Roheisen. Für den Betrieb der beiden Öfen fallen pro Stunde einheitlich jeweils 0,80 GE/kg gefertigter Gusssorte an variablen Kosten an. Alle anderen Herstellkosten können als fix angesehen werden.

a) Um welche Arten von Produktionsfaktoren handelt es sich bei diesem Produktionsprozess (soweit sie im obigen Text explizit aufgeführt sind)? Welche Beziehung herrscht zwischen den Faktoren?

b) Bestimmen Sie die variablen Stückkosten und die Deckungsbeiträge jeder der beiden Gusssorten!

c) Stellen Sie das Erfolgsmodell zur Ermittlung des deckungsbeitragsmaximalen Erzeugnisprogramms auf!

d) Ermitteln Sie grafisch das optimale Erzeugnisprogramm! Wie hoch ist der maximale Deckungsbeitrag?

e) Ändert sich das optimale Erzeugnisprogramm, falls mindestens 400 kg Roheisen pro Stunde verarbeitet werden sollen? Begründen Sie Ihre Antwort!

f) Zusätzlich zu den vorgenannten Bedingungen fordert die Verkaufsleitung auf Grund spezifischer Absatzerwägungen, dass pro Stunde mindestens 600 kg mehr von der Gusssorte B als von der Gusssorte A produziert werden müssen. Wie ändern sich dadurch das optimale Erzeugnisprogramm und der maximale Deckungsbeitrag?

g) Ausgehend von den in Teilaufgabe f) geltenden Restriktionen führt eine Absatzschwäche der Gusssorte A zu Preissenkungen am Markt, sodass sich der Nettoerlös auf 2 GE/kg verringert. Wie lauten nun das optimale Erzeugnisprogramm und der maximal erzielbare Deckungsbeitrag?

Lösung:

a) Gussbruch und Roheisen sind *Repetierfaktoren*, die Öfen dagegen *Potenzialfaktoren*. Sie können nicht gegeneinander ausgetauscht werden und sind somit *limitational*.

b) Die variablen Stückkosten und Deckungsbeiträge beider Gusssorten A und B errechnen sich wie folgt:

$k_A^{var} = 4/5 \cdot 1,5 + 1/5 \cdot 1 + 0,8 = 2,2$
$k_B^{var} = 3/5 \cdot 1,5 + 2/5 \cdot 1 + 0,8 = 2,1$

$d_A \ \ = 3 - 2,2 \ \ = 0,8$
$d_B \ \ = 2,5 - 2,1 = 0,4$

c) Das Erfolgsmodell umfasst folgende *Bestandteile*:

1. Zielfunktion: $D = 0,8 y_A + 0,4 y_B$
2. Entscheidungsregel: Maximiere D!
3. Nebenbedingungen:
    I: $y_A \leq 900$
    II: $y_B \leq 1.600$
    III: $(4/5) \cdot y_A + (3/5) \cdot y_B \leq 1.200$

    $y_A, y_B \geq 0$

Während die Nebenbedingungen I und II die Kapazitätsgrenzen der Öfen abbilden, erfasst Nebenbedingung III die maximal zur Verfügung stehende Menge an Gussbruch. Dieser kommt in Sorte A mit einem Anteil von 4/5 vor ('Mischungsverhältnis 4:1'), in Sorte B mit einem Anteil von 3/5 ('Mischungsverhältnis 3:2').

d) Zur grafischen Ermittlung des optimalen Erzeugnisprogramms im Rahmen eines y_A, y_B-Koordinatensystems ist die Zielfunktion in die Deckungsbeitragsisoquante zu überführen:

$D = 0,8 y_A + 0,4 y_B$
$\Leftrightarrow \ y_B = D/0,4 - 2 y_A$

Darüber hinaus ist die Nebenbedingung III umzuformen:

$(4/5) \cdot y_A + (3/5) \cdot y_B \leq 1.200$
$\Leftrightarrow \ y_B \leq 2.000 - (4/3) \cdot y_A$

Bild 8.6-1 stellt den Bereich potenzieller Outputkombinationen grau schattiert dar. Verschiebt man innerhalb dieses Produktionsraums **Z** die Deckungsbeitragsisoquante so weit wie möglich in 'nordöstliche' Richtung, ergibt sich der Punkt (y_A = 900; y_B = 800) als deckungsbeitragsmaximales Erzeugnisprogramm mit D^{opt} = 0,8·900 + 0,4·800 = 1.040 GE.

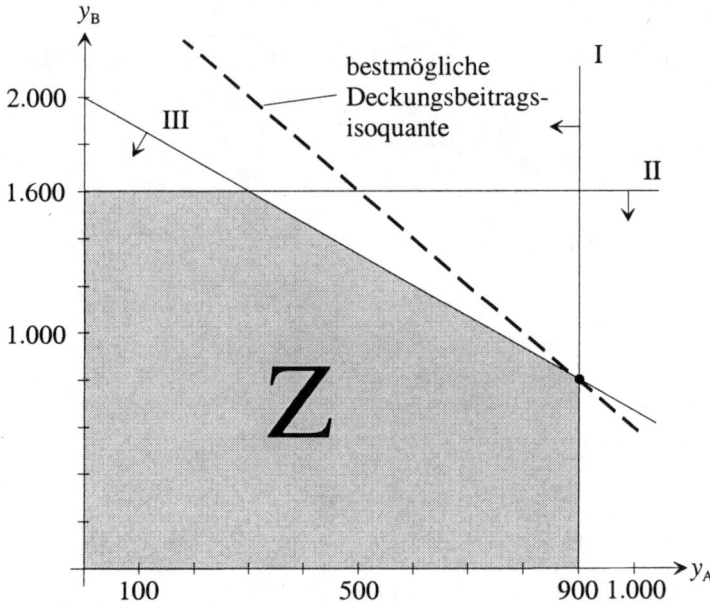

Bild 8.6-1: *Ermittlung der deckungsbeitragsmaximalen Outputkombination*

e) Es lässt sich sowohl rechnerisch als auch grafisch zeigen, dass die Mindestverarbeitungsmenge von 400 kg Roheisen ohne Einfluss auf das optimale Erzeugnisprogramm bleibt. Diese Nebenbedingung IV hat folgende Gestalt:

$(1/5) \cdot y_A + (2/5) \cdot y_B \geq 400$ bzw. $y_B \geq 1.000 - (1/2) \cdot y_A$

Sie ist bei Verwirklichung der Kombination (y_A = 900; y_B = 800) erfüllt, denn dazu werden $(1/5) \cdot 900 + (2/5) \cdot 800$ = 500 QE an Roheisen benötigt. Dies geht auch aus Bild 8.6-2 hervor. Die Nebenbedingung IV grenzt zwar die potenziellen Outputkombinationen zusätzlich ein, die Produktion von 900 kg der Gusssorte A und 800 kg der Gusssorte B ist aber weiterhin möglich.

f) Die Forderung der Verkaufsleitung gibt Nebenbedingung V wieder:

$y_B \geq y_A + 600$

Wie aus Bild 8.6-3 ersichtlich wird, hat sie Einfluss auf D^{opt}.

Lektion 8: Starkes Erfolgsprinzip

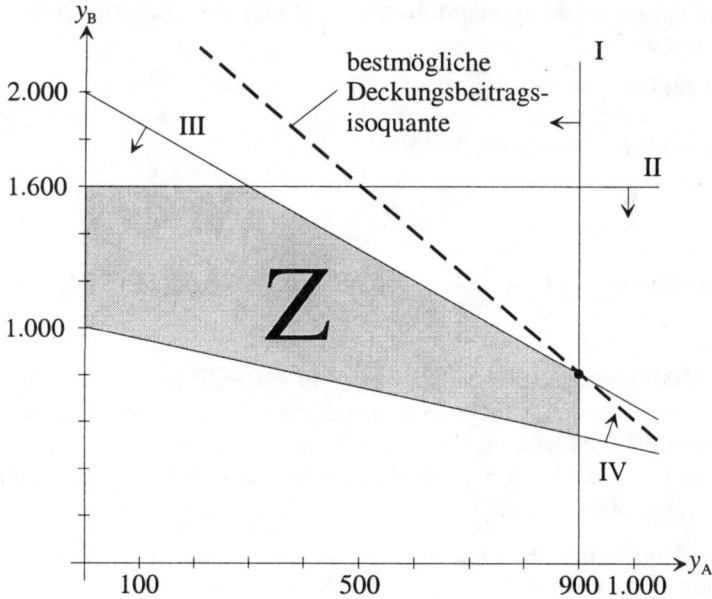

Bild 8.6-2: *Zusätzliche Einsatzmengenrestriktion (ohne Einfluss auf D^{opt})*

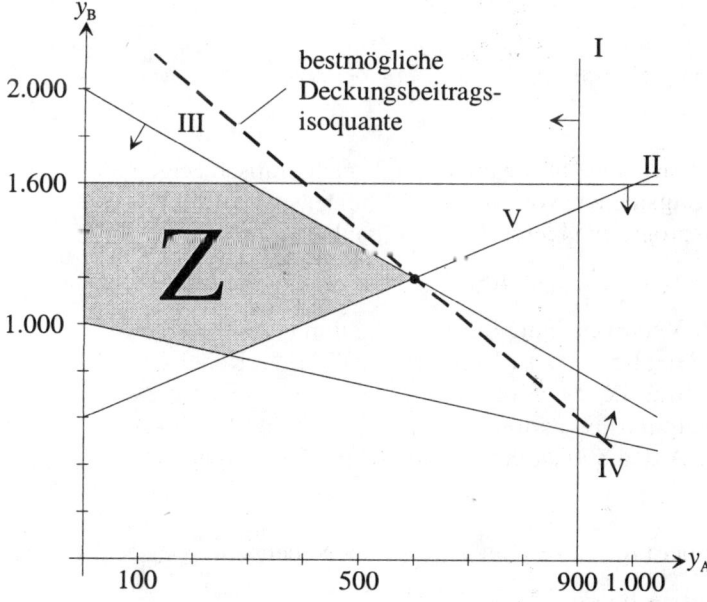

Bild 8.6-3: *Zusätzliche Absatzrestriktion (mit Einfluss auf D^{opt})*

Das neue optimale Erzeugnisprogramm liegt nun im Schnittpunkt der Restriktionen III und V:

III: $(4/5) \cdot y_A + (3/5) \cdot y_B = 1.200;$ V: $y_B = y_A + 600$

$\Rightarrow$ $(4/5) \cdot y_A + (3/5) \cdot (y_A + 600) = 1.200$

$\Leftrightarrow$ $y_A = 600$

$\Rightarrow$ $y_B = 1.200$

Der Deckungsbeitrag beläuft sich auf 960 GE ($= 0{,}8 \cdot 600 + 0{,}4 \cdot 1.200$).

g) Der Stückdeckungsbeitrag d_A beträgt nun $-0{,}2$ GE ($= 2 - 2{,}2$). Da er negativ ist, wird Gusssorte A nicht mehr produziert. Von Gusssorte B mit weiterhin positivem Stückdeckungsbeitrag will man dagegen so viel wie möglich herstellen. Dem Bild 8.6-3 lässt sich entnehmen, dass nunmehr der Punkt ($y_A = 0; y_B = 1.600$) optimal ist mit D^{opt} 640 GE ($= 0{,}4 \cdot 1.600$).

(Hinweis: Würde in einem anderen Fall der Stückdeckungsbeitrag d_B kleiner Null, könnte auf Grund der Restriktion V die Produktion von Sorte B *nicht* eingestellt werden, es sei denn, man würde auch auf die Produktion von Sorte A verzichten.)

9 Lineare Erfolgstheorie

Ü 9.1	Kofferfertigung als outputseitig determinierte Produktion	/DY 03/, L. 9.1.2
Ü 9.2	Erfolgsmaximale Schnittmuster	/DY 03/, L. 9.2.1
Ü 9.3	Erfolgsmaximierung eines Produktionsbetriebs	/DY 03/, L. 9.2.2
Ü 9.4	Expansionspfad (abstraktes Zahlenbeispiel)	/DY 03/, L. 9.2.2 + 9.2.3
Ü 9.5	Expansionspfad am Beispiel zweier Menüvarianten	/DY 03/, L. 9.2.2 + 9.2.3
Ü 9.6	Optimaler Mischprozess	/DY 03/, L.9.1
Ü 9.7	Erfolgsmaximierung bei Kuppelproduktion	/DY 03/, L. 9.3.2

Ü 9.1 Kofferfertigung als outputseitig determinierte Produktion

Ein Kofferfabrikant benötigt zur Fertigung von 6 Koffern insgesamt 18 Schlösser, 12 Schnallen, 6 Griffe, 6 Rahmen und 7,5 m^2 Nylonmaterial. Alle 6 Koffer werden auf einer Maschine innerhalb einer Stunde hergestellt. Diese Maschine wird von einem Arbeiter bedient, der zusätzlich noch eine halbe Stunde zur handwerklichen Weiterverarbeitung aller 6 Koffer benötigt.

Der Erlös pro Koffer liegt bei 100 GE. Die Faktorpreise belaufen sich auf folgende Werte: 5 GE pro Schloss, 2 GE pro Schnalle, 3 GE pro Griff, 8 GE pro Rahmen, 7,20 GE pro m^2 Nylonmaterial, 120 GE pro Maschinenstunde und 80 GE pro Stunde des Arbeiters.

a) Zeichnen Sie den I/O-Graphen für die beschriebene Produktion mit Objekt- und Wertflüssen!

b) Bestimmen Sie für jeden Faktor den Produktionskoeffizienten, und stellen Sie das Produktions- sowie das Erfolgsmodell zur Produktion eines Koffers auf!

c) Führen Sie eine Produktkalkulation für die Herstellung eines Koffers durch! Bestimmen Sie den produktspezifischen Deckungsbeitrag! Welche Kosten verursacht demnach die Produktion von 6 Koffern? Welcher Deckungsbeitrag ergibt sich?

Lösung:

a) Bei der Fertigung der 6 Koffer handelt es sich um einen elementaren, konvergierenden Prozess (Typ m:1). Bild 9.1-1 zeigt den entsprechenden I/O-Graphen mit Objekt- und Wertflüssen. (Hinweis: Während die Objektflüsse die benötigten Mengeneinheiten bei einmaliger Prozessdurchführung – hier: Produktion von 6 Koffern bei $\lambda = 1$ – wiedergeben, beziehen sich die Wertflüsse stets auf eine Mengeneinheit der jeweiligen Objektart.)

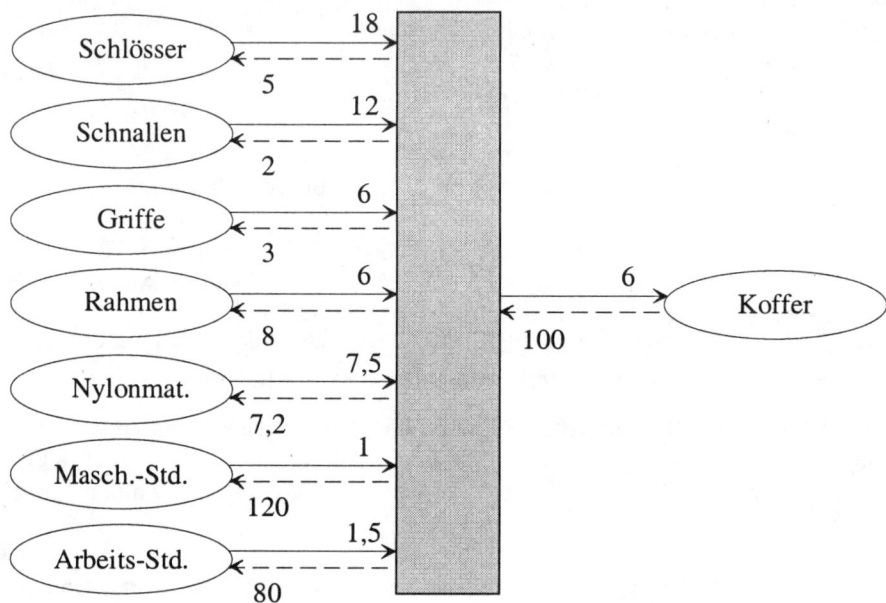

Bild 9.1-1: *I/O-Graph der Kofferherstellung mit Wertflüssen*

b) Der *Produktionskoeffizient* gibt an, wie viele Mengeneinheiten eines Faktors i (hier: $i = 1, ..., 7$) zur Produktion einer Mengeneinheit des Produktes j (hier: $j = 8$) benötigt werden. Aus

$$x_i = a_i \cdot \lambda \qquad \text{für } i = 1, ..., m$$
$$b_{m+1} \cdot \lambda = y_{m+1}$$

ergeben sich die Produktionskoeffizienten $a_{i,m+1}$ zu

$$a_{i,m+1} = \frac{\text{Inputkoeffizient}}{\text{Outputkoeffizient}} = \frac{a_i}{b_{m+1}} = \frac{x_i}{y_{m+1}}$$

Im Beispiel ist gefragt nach den Produktionskoeffizienten $a_{i,8} = \dfrac{x_i}{y_8}$. Es gilt:

Lektion 9: Lineare Erfolgstheorie

Schlösser: $a_{1,8} = \dfrac{18}{6} = 3$

Schnallen: $a_{2,8} = \dfrac{12}{6} = 2$

Griffe: $a_{3,8} = \dfrac{6}{6} = 1$

Rahmen: $a_{4,8} = \dfrac{6}{6} = 1$

Nylonmaterial: $a_{5,8} = \dfrac{7,5}{6} = 1,25$

Maschinenstunden: $a_{6,8} = \dfrac{1}{6} = 0,1\overline{6}$

Arbeitsstunden: $a_{7,8} = \dfrac{1,5}{6} = 0,25$

Das *Produktionsmodell* (Mengenmodell) lautet allgemein:

$x_i = a_{i,m+1} \cdot y_{m+1}$ für $i = 1, ..., m$

Für die Produktion eines Koffers ($y_8 = 1$) gilt diesbezüglich:

$$\mathbf{x} = \begin{pmatrix} x_1 \\ x_2 \\ x_3 \\ x_4 \\ x_5 \\ x_6 \\ x_7 \end{pmatrix} = \begin{pmatrix} 3 \\ 2 \\ 1 \\ 1 \\ 1,25 \\ 0,1\overline{6} \\ 0,25 \end{pmatrix} \cdot 1$$

Das *Erfolgsmodell* (Wertmodell) lautet allgemein:

Stückkosten eines Koffers: $k_{m+1} = \sum_{i=1}^{m} c_i \cdot a_{i,m+1}$

Stückerlös eines Koffers: e_{m+1}

Im Beispiel gilt:

$k_8 = 5 \cdot 3 + 2 \cdot 2 + 3 \cdot 1 + 8 \cdot 1 + 7,2 \cdot 1,25 + 120 \cdot 0,1\overline{6} + 80 \cdot 0,25 = 79$

$e_8 = 100$

c) Im Rahmen der *Produktkalkulation* sind die (Stück-)Kosten k_8 eines Koffers zu ermitteln. Wie in Teilaufgabe b) bereits errechnet, betragen diese 79 GE. Der *produktspezifische Deckungsbeitrag* d_8 ergibt sich wie folgt:

d_8 = Umsatz pro Koffer – variable Kosten pro Koffer
  = $e_8 - k_8$ = 100 – 79 = 21

Die Produktion von 6 Koffern verursacht nachstehende Kosten:

$K(y_8 = 6) = k_8 \cdot y_8 = 79 \cdot 6 = 474$

Als (Gesamt-)Deckungsbeitrag resultiert daraus:

$D(y_8 = 6) = E(y_8 = 6) - K(y_8 = 6)$
  $= e_8 \cdot y_8 - k_8 \cdot y_8$
  $= 100 \cdot 6 - 79 \cdot 6 = 126$

Zum selben Ergebnis kommt man, wenn der Stückdeckungsbeitrag als Berechnungsgrundlage herangezogen und mit der hergestellten Produktquantität multipliziert wird:

$D(y_8 = 6) = d_8 \cdot y_8 = 21 \cdot 6 = 126$

Ü 9.2 Erfolgsmaximale Schnittmuster
(Fortsetzung von Ü 6.4)

Gegeben sind nachstehende – in Ü 6.4 als planungsrelevant identifizierte – Schnittmuster:

$$\begin{array}{cccc} \text{(I)} & \text{(III)} & \text{(V)} & \text{(IX)} \\ \begin{pmatrix} -1 \\ 2 \\ 0 \\ 0 \end{pmatrix} & \begin{pmatrix} -1 \\ 1 \\ 1 \\ 2 \end{pmatrix} & \begin{pmatrix} -1 \\ 0 \\ 4 \\ 0 \end{pmatrix} & \begin{pmatrix} -1 \\ 0 \\ 0 \\ 6 \end{pmatrix} \\ \hline 10 & 0 & 4 & 2 \end{array}$$

a) Ermitteln Sie den spezifischen Deckungsbeitrag dieser Prozesse, falls folgende Preise gelten: $c_{80} = 75$, $e_{35} = 38$, $e_{19} = 21$, $e_{13} = 14$ (jeweils in GE pro Rolle)!

b) In welcher Reihenfolge würden Sie die Schnittmuster anwenden, wenn die Beseitigung des Verschnitts einen Engpass darstellt? Planen Sie das konkrete Schnittprogramm, wenn nur insgesamt 70 m² Verschnitt beseitigt werden können und jeder Prozess maximal für eine Rolle durchgeführt werden kann! Wie hoch ist unter diesen Voraussetzungen der Deckungsbeitrag?

c) Die Lieferverpflichtung der Unternehmung beläuft sich auf 10.000 Meter der 35 cm-Rollen, 20.000 Meter der 19 cm-Rollen und 25.000 Meter der 13 cm-Rollen. Stellen Sie jeweils ein Erfolgsmodell zur Minimierung der Materialkosten sowie zur Minimierung des Verschnitts auf! Wie lautet das Erfolgsmodell zur Maximierung des Deckungsbeitrags bei den o.g. Lieferverpflichtungen, falls der Unternehmung nur 20 Rollen der Standardlänge 1.000 Meter zur Verfügung stehen?

Lösung:

a) Zu errechnen ist der jeweilige *prozessspezifische Deckungsbeitrag* d^P, d.h. derjenige Deckungsbeitrag, welcher bei einmaliger Prozessdurchführung erwirtschaftet wird. Es gilt:

$$
\begin{aligned}
d^{I} &= -1\cdot 75 + 2\cdot 38 &&= 1 \\
d^{III} &= -1\cdot 75 + 1\cdot 38 + 1\cdot 21 + 2\cdot 14 &&= 12 \\
d^{V} &= -1\cdot 75 + 4\cdot 21 &&= 9 \\
d^{IX} &= -1\cdot 75 + 6\cdot 14 &&= 9
\end{aligned}
$$

Demnach würde man bei unbeschränkten Absatzmöglichkeiten und beschränkter Kapazität der Schneidemaschine Prozess III den Prozessen V und IX und diese wiederum dem Prozess I vorziehen. (Hinweis: Ein Prozess mit negativem Deckungsbeitrag würde nur dann durchgeführt werden, wenn diesbezügliche Absatzverpflichtungen einzuhalten sind.)

b) Stellt lediglich der Verschnitt einen Engpass dar, lassen sich die Schnittmuster an Hand ihres *engpassspezifischen Deckungsbeitrags* $\tilde{d}^P$ – als Deckungsbeitrag je Engpasseinheit – miteinander vergleichen. Misst man den Verschnitt zunächst an Hand seiner Breite je Längeneinheit, so ergibt sich:

$$\tilde{d}^{I} = \frac{1}{10} = 0{,}1$$

$$\tilde{d}^{III} = \frac{12}{0} = \infty \quad \rightarrow \text{keine Engpaßbelastung}$$

$$\tilde{d}^{V} = \frac{9}{4} = 2{,}25$$

$$\tilde{d}^{IX} = \frac{9}{2} = 4{,}5$$

Die Schnittmuster sollten demnach in der Reihenfolge III, IX, V und I angewendet werden, falls die Menge des Verschnitts (gemessen in Flächeneinheiten) einen Engpass darstellt.

Unter Beachtung der Restriktionen, dass nur insgesamt 70 m² Verschnitt beseitigt werden können und jeder Prozess maximal einmal durchgeführt werden kann, ist nun das *optimale Schnittprogramm* zu ermitteln. Diesbezüglich ergibt sich der bei einem Prozess anfallende Verschnitt aus der Verschnittbreite multipliziert mit der Verschnittlänge. Beispielsweise ist mit dem Schnittmuster I ein Verschnitt von 10 cm Breite verbunden; wird nach diesem Muster eine ganze Rolle zerschnitten, auf der gemäß Ü 6.4 1000 m Papier aufgewickelt sind, entsteht ein Verschnitt von 100 m² (= 10 cm · 1.000 m).

Tabelle 9.2-1 gibt die Ableitung des optimalen Schnittprogramms wieder.

Tab. 9.2-1: *Ermittlung des optimalen Schnittprogramms*

Prozess	prozessspezifischer Verschnitt [m²]	noch erlaubter Verschnitt [m²]	prozessbezogener Deckungsbeitrag [GE]	kumulierter Deckungsbeitrag [GE]
III	1 Rolle → 0	70	12	12
IX	1 Rolle → 20	50	9	21
V	1 Rolle → 40	10	9	30
I	1 Rolle → 100 > 10 1/10 Rolle → 10	0	0,1	30,1

Demnach können jeweils 1.000 m Papier gemäß der Prozesse III, IX und V zerschnitten werden; dagegen lassen sich gemäß Prozess I auf Grund der Verschnittrestriktion nur noch 100 m einer Papierrolle zerschneiden. Dieses optimale Schnittprogramm führt zu einem Deckungsbeitrag von 30,1 GE.

c) Das Erfolgsmodell zur *Minimierung der Materialkosten* lautet:

1. Zielfunktion: $K = 75 \cdot (\lambda^I + \lambda^{III} + \lambda^V + \lambda^{IX})$

2. Entscheidungsregel: Minimiere K!

3. Nebenbedingungen:
$$2\lambda^I + 1\lambda^{III} \geq 10$$
$$1\lambda^{III} + 4\lambda^V \geq 20$$
$$2\lambda^{III} + 6\lambda^{IX} \geq 25$$
$$\lambda^I, \lambda^{III}, \lambda^V, \lambda^{IX} \geq 0$$

Lektion 9: Lineare Erfolgstheorie

Im Hinblick auf das Erfolgsmodell der *Verschnittminimierung* ändern sich lediglich Zielfunktion und Entscheidungsregel:

1. Zielfunktion: $\quad V = 100\lambda^I + 0\lambda^{III} + 40\lambda^V + 20\lambda^{IX}$

2. Entscheidungsregel: $\quad$ Minimiere V!

(Hinweis: Der Verschnitt V wird bei dieser Zielfunktion wie oben in m² gemessen, wenn $\lambda^\rho = 1$ bedeutet, dass eine Rolle der Länge 1.000 m zerschnitten wird.)

In Bezug auf die *Deckungsbeitragsmaximierung* ist über eine neue Zielfunktion und Entscheidungsregel hinaus eine weitere Nebenbedingung zu beachten:

1. Zielfunktion: $\quad D = 1\lambda^I + 12\lambda^{III} + 9\lambda^V + 9\lambda^{IX}$

2. Entscheidungsregel: $\quad$ Maximiere D!

5. Weitere Nebenbedingung: $\quad 1\lambda^I + 1\lambda^{III} + 1\lambda^V + 1\lambda^{IX} \leq 20$

(Ohne diese zusätzliche Restriktion würden alle Verfahren unendlich oft durchgeführt werden, da sie einen positiven Deckungsbeitrag aufweisen.)

(Hinweis: Wenn nur ganze Rollen zerschnitten werden können oder die Kunden nur solche Rollenlängen akzeptieren, müssen bei allen drei Erfolgsmodellen zusätzlich noch Ganzzahligkeitsbedingungen an die Aktivitätsvariablen λ^ρ gestellt werden.)

Ü 9.3 Erfolgsmaximierung eines Produktionsbetriebs

Auf Grund einer neuen Gesetzeslage entschließt sich der frisch gebackene Handwerksmeister H. Packan, einen Produktionsbetrieb für Kindersitze zu eröffnen. Nach der Einrichtung der Werkstatt überlegt er, wie viele Einheiten der beiden Modelle 'Maxi' und 'Mini' er im nächsten Jahr herstellen soll.

Zur Produktion der beiden Sitztypen benötigt er verschiedene Faktoren. Die Produktionskoeffizienten (in FE/PE) sowie die Beschaffungsrestriktionen und Stückkosten (in GE/FE) der einzelnen Faktoren (Stoff, Gurte, Schaumstoff und Arbeitsstunden) sind in der folgenden Tabelle wiedergegeben. Zusätzlich enthält diese auch die Stückerlöse (in GE/PE) für die Sitze und deren Absatzrestriktionen.

Objektart	Produkt-stückerlös	Faktor-preis	Prozess 1	Prozess 2	Restrik-tionen
Sitz 'Maxi'	195	–	1	–	≤ 900
Sitz 'Mini'	135	–	–	1	≤ 600
Stoff [m^2]	–	30	1,5	1	≤ 1.350
Gurt [Stück]	–	15	1	1	≤ 900
Schaumstoff [m^3]	–	10	0,5	0,2	≤ 300
Arbeit [Stunde]	–	40	2	1,2	≤ 1.800

a) Herr Packan möchte seinen Deckungsbeitrag maximieren und fragt Sie, wie viele Einheiten der beiden Sitztypen er produzieren soll. Stellen Sie zur Lösung des Problems ein geeignetes Erfolgsmodell auf, und lösen Sie es grafisch!

b) Herr Packan hätte ohne Ihren betriebswirtschaftlich fundierten Rat die maximal mögliche Quantität des Sitzes 'Maxi' produziert, "weil der ja im Vergleich zu seinen Kosten das meiste bringt". Wie viel zahlt er Ihnen, wenn er Ihnen 50% der durch Ihren Tipp entstandenen Deckungsbeitrags-differenz versprochen hat?

Lösung:

a) Das *Erfolgsmodell* umfasst folgende Bestandteile:

1. Zielfunktion: $D = d_5 \cdot y_5 + d_6 \cdot y_6$
   $= (195 - 1{,}5 \cdot 30 - 1 \cdot 15 - 0{,}5 \cdot 10 - 2 \cdot 40) \cdot y_5$
   $+ (135 - 1 \cdot 30 - 1 \cdot 15 - 0{,}2 \cdot 10 - 1{,}2 \cdot 40) \cdot y_6$
   $= 50 y_5 + 40 y_6$

2. Entscheidungsregel: Maximiere D!

3. Nebenbedingungen:
   I: $y_5 \leq 900$
   II: $y_6 \leq 600$
   III: $1{,}5 y_5 + y_6 \leq 1.350$
   IV: $y_5 + y_6 \leq 900$
   V: $0{,}5 y_5 + 0{,}2 y_6 \leq 300$
   VI: $2 y_5 + 1{,}2 y_6 \leq 1.800$
   $y_5, y_6 \geq 0$

Um auf der Basis dieses Erfolgsmodells auf grafischem Wege den maximalen Deckungsbeitrag zu ermitteln, ist aus der Zielfunktion die Deckungsbeitragsisoquante abzuleiten:

$y_6 = D/40 - 1{,}25 y_5$

Darüber hinaus sind die Nebenbedingungen III bis VI wie folgt umzuformen:

III: $y_6 \leq 1.350 - 1{,}5\ y_5$
IV: $y_6 \leq\ \ \ 900 -\ \ \ \ y_5$
V: $y_6 \leq 1.500 - 2{,}5\ y_5$
VI: $y_6 \leq 1.500 - 1{,}67 y_5$

Bild 9.3-1 stellt den resultierenden Produktionsraum und die Deckungsbeitragsisoquante für D = 20.000 dar. Verschiebt man diese parallel nach 'rechts oben', erweist sich der Punkt ($y_5 = 400$; $y_6 = 500$) als optimal mit $D^{opt} = 40.000$ GE.

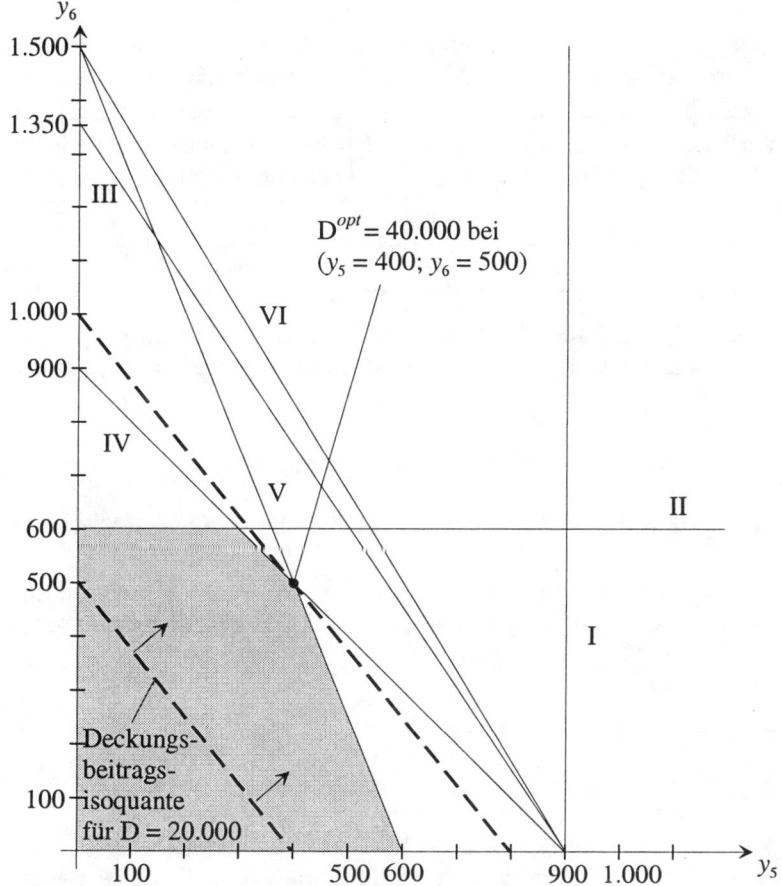

Bild 9.3-1: *Bestimmung der deckungsbeitragsmaximalen Produktion*

b) Die *maximal produzierbare Menge* des Sitztyps Maxi ist aus Bild 9.3-1 ersichtlich, lässt sich aber auch wie folgt berechnen:

$$y_5^{max} = \min \{1.350/1{,}5;\ 900/1;\ 300/0{,}5;\ 1.800/2\}$$
$$= \min \{900;\ 900;\ 600;\ 900\}$$
$$= 600$$

Herr Packan hätte nach seiner Strategie einen Deckungsbeitrag von 600·50 = 30.000 GE erwirtschaftet. Wie in Teilaufgabe a) errechnet, ist jedoch ein maximaler Deckungsbeitrag von 40.000 GE erzielbar. Herr Packan zahlt Ihnen demnach für Ihren Rat 10.000·0,5 = 5.000 GE.

Ü 9.4 Expansionspfad (abstraktes Zahlenbeispiel)

Zur Herstellung eines Produktes lassen sich im Rahmen einer linearen Technik zwei Faktoren gemäß folgender drei Verfahren kombinieren:

	Verfahren 1 [FE/PE]	Verfahren 2 [FE/PE]	Verfahren 3 [FE/PE]	Beschaffungsschranke [QE]	Preis [GE/QE]
Faktor 1	30	40	80	800	5
Faktor 2	100	60	20	400	8

In den Feldern der Tabelle sind die Produktionskoeffizienten der beiden Faktoren für das jeweilige Verfahren sowie die Beschaffungsgrenzen und die Preise angegeben.

a) Zeichnen Sie die Prozessstrahlen in ein Faktordiagramm!

b) Zeichnen Sie den Expansionspfad ein, und beschreiben Sie seinen Verlauf!

c) Ermitteln und zeichnen Sie die Grenzkostenfunktion und die Kostenfunktion in Abhängigkeit von der produzierten Quantität! Erläutern Sie den sprunghaften Verlauf der Grenzkostenfunktion!

Lösung:

a) In Bild 9.4-1 sind die *Prozessstrahlen* als Verbindungslinien der Faktorkombinationen eines Verfahrens zur Herstellung unterschiedlicher Produktquantitäten eingezeichnet (vgl. Ü. 5.5).

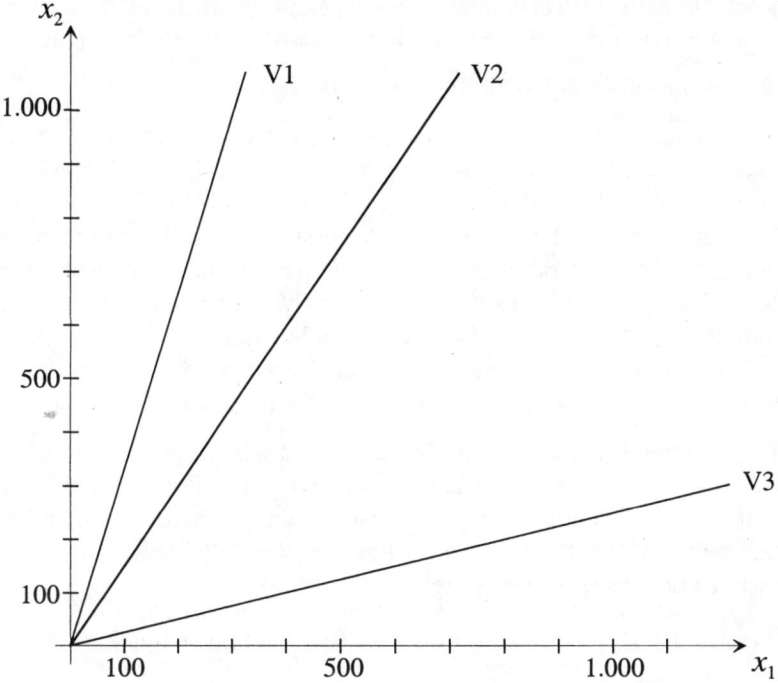

Bild 9.4-1: *Prozessstrahlen im Faktordiagramm*

Beispielsweise gibt der Strahl von Verfahren 1 (V1) alle Bruchteile und Vielfache der Faktorkombination ($x_1 = 30$; $x_2 = 100$) wieder. Die entsprechende Funktion leitet sich wie folgt ab:

V1: $30x_2 = 100x_1 \quad \Rightarrow \quad x_2 = 3{,}33x_1$

Für die Prozessstrahlen von V2 und V3 ergeben sich folgende Verläufe:

V2: $x_2 = 1{,}5x_1$
V3: $x_2 = 0{,}25x_1$

b) Als *Expansionspfad* bezeichnet man diejenige Linie, welche bei vorgegebenen Faktorengpässen die erfolgsmaximale (hier: kostengünstigste) Produktion für verschiedene Produktquantitäten beschreibt.

Zur Bestimmung des Expansionspfades sind zunächst für die drei Verfahren die prozessspezifischen Herstellungskosten einer Produkteinheit (k^p) zu ermitteln:

$k^1 = 30 \cdot 5 + 100 \cdot 8 = 950$
$k^2 = 40 \cdot 5 + 60 \cdot 8 = 680$
$k^3 = 80 \cdot 5 + 20 \cdot 8 = 560$

Das kostengünstigste Verfahren ist V3. Wegen der Beschaffungsschranken lassen sich mit ihm jedoch nur 10 Einheiten des Produktes herstellen:

$$y^{3max} = \min\{800/80; 400/20\} = \min\{10; 20\} = 10$$

Bis zur Beschaffungsschranke von Faktor 1, der als erster Engpass wirksam wird, verläuft der Expansionspfad damit auf dem Prozessstrahl für Verfahren 3.

Will man mehr als 10 Produkteinheiten herstellen, ist dies möglich, indem Verfahren 3 sukzessive durch das zweitgünstigste Verfahren substituiert wird. (Hinweis: Dies gilt allerdings nur, wenn das zweitgünstigste Verfahren weniger vom beschränkten Faktor verbraucht, was hier der Fall ist.) Verzichtet man nämlich auf die Herstellung von 1 PE nach Verfahren 3, werden 80 QE von Faktor 1 frei. Mit diesen 80 QE lassen sich 2 PE nach Verfahren 2 herstellen.

Der *Umfang der Substitution* von V3 durch V2 wird begrenzt durch die Beschaffungsschranke von Faktor 2. Der zweite Teil des Expansionspfades verläuft damit senkrecht auf der Restriktionsgeraden für Faktor 1 und endet dort, wo sich beide Restriktionsgeraden schneiden. In Bild 9.4-2 ist der gesamte Expansionspfad gestrichelt eingezeichnet.

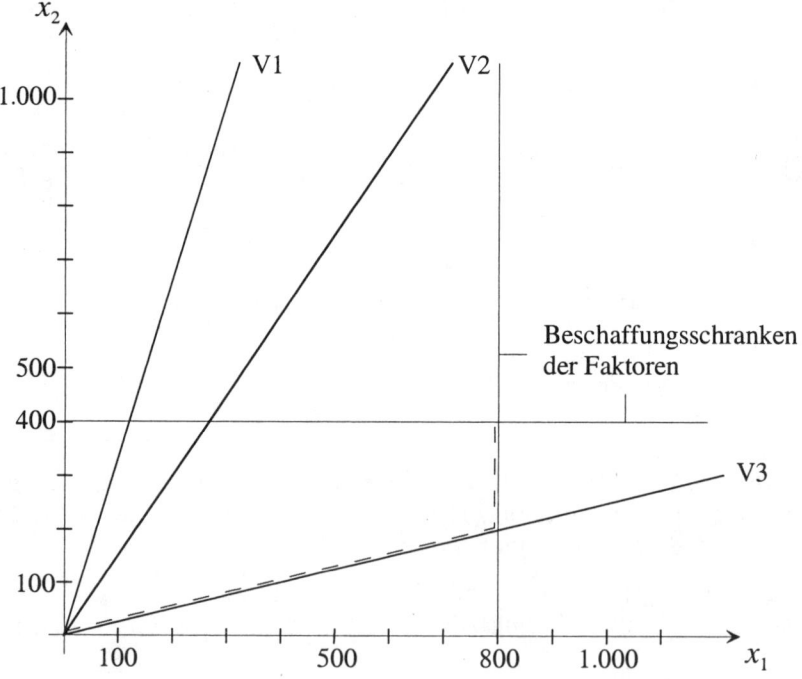

Bild 9.4-2: *Expansionspfad bei Faktorbeschränkung*

(Hinweis: Der senkrechte Verlauf des Expansionspfades 'auf der Restriktion' folgt aus der Tatsache, dass man nur so weit wie nötig das billigere gegen das teurere Verfahren austauscht, d.h. den 'kostbaren' Faktor stets vollständig verbraucht.)

Die durch Kombination von V2 und V3 *maximal herstellbare Produktionsmenge* lässt sich auf Basis folgender Gleichungen errechnen, welche die Verwendung der Faktoren in den beiden Verfahren sowie die daraus resultierende Gesamtproduktionsmenge wiedergeben (vgl. Ü 6.1):

(1) $\quad 800 = 40y^2 + 80y^3$
(2) $\quad 400 = 60y^2 + 20y^3$
(3) $\quad y = y^2 + y^3$

Formt man Gleichung (3) nach y^2 um und setzt sie in die Gleichungen (1) und (2) ein, resultiert daraus:

$$800 = 40y + 40y^3$$
$$400 = 60y - 40y^3$$

Addiert man nun beide Gleichungen, ergibt sich:

$1.200 = 100y$
$\Leftrightarrow \quad y = 12$

Durch Einsetzen von $y = 12$ in obige Gleichungen erhält man schließlich:

$y^3 = 8; \quad y^2 = 4$

Demnach lassen sich maximal 12 Produkteinheiten herstellen, und zwar 8 Einheiten nach Verfahren 3 und 4 Einheiten nach Verfahren 2.

c) Zur Bestimmung der *Grenzkostenfunktion* ist gemäß den Ergebnissen aus Teilaufgabe b) zwischen den Produktionsmengenintervallen $0 \leq y \leq 10$ und $10 < y \leq 12$ zu differenzieren. Im erstgenannten Intervall entstehen zur Herstellung jeder (weiteren) Produkteinheit folgende Grenzkosten (beachte: Nur Verfahren 3 wird eingesetzt):

$K' = 80 \cdot 5 + 20 \cdot 8 = 560$

Im zweiten Intervall, bei dem V2 und V3 gleichzeitig zum Einsatz kommen, lassen sich die Grenzkosten an Hand folgender Bedingung ermitteln: Es ist auf die Herstellung so vieler Produkteinheiten nach Verfahren 3 zu verzichten, dass mit den freiwerdenden Einheiten von Faktor 1 unter Nutzung von Verfahren 2 genau eine Produkteinheit mehr hergestellt werden kann.

Wie bereits in Teilaufgabe b) dargelegt, können durch Verzicht von 1 PE nach V3 genau 2 PE nach V2 mehr hergestellt werden, d.h. insgesamt ergibt sich eine Mehrproduktion von 1 PE. Die diesbezüglichen Kostenwirkungen stellt

Tabelle 9.4-1 dar. (Hinweis: Das recht einfache Austauschverhältnis von 1:2 ergibt sich dadurch, dass Verfahren 3 genau doppelt so viel von Faktor 1 benötigt wie Verfahren 2. Würde man hingegen z.B. Verfahren 1 gegen Verfahren 2 ersetzen, müsste man auf die Herstellung von 3 PE nach V2 verzichten, um 4 PE nach V1 und somit 1 PE mehr herstellen zu können.)

Tab. 9.4-1: *Ermittlung der Grenzkosten bei Substitution von V3 durch V2*

	V3	V2	insgesamt
Mengenänderung	−1	+2	+1
Engpassänderung	−1·80	+2·40	0
Kostenänderung	−1·560	+2·680	+800 (= K')

(Hinweis: Die Mengenänderung muss stets +1 sein, die Engpassänderung stets gleich 0!)

Im Intervall $10 < y \leq 12$ entstehen demnach Grenzkosten in Höhe von 800 GE, sodass sich insgesamt die in Bild 9.4-3 dargestellte Grenzkostenfunktion ergibt:

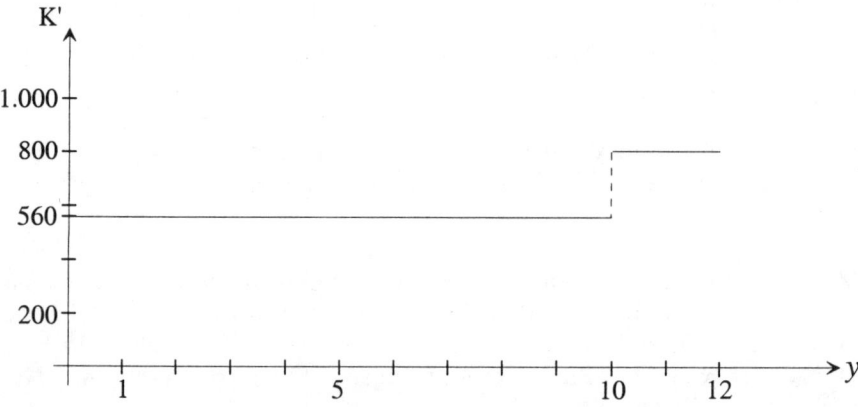

Bild 9.4-3: *Grenzkostenfunktion bei Faktorbeschränkung*

Der *sprunghafte Verlauf* der Grenzkostenfunktion beruht auf dem sukzessiven Verfahrenswechsel. Die Grenzkosten sind dabei höher als die Stückkosten bei alleiniger Anwendung des Verfahrens 2, da nach dem teureren Verfahren 2 PE hergestellt werden müssen, um *insgesamt* 1 PE mehr fertigen zu können. So kostet beim Sprung von 10 auf 11 PE nicht nur die Herstellung des elften, sondern auch des zehnten Produktes 680 GE. Die Fertigung des zehnten Produktes verteuert sich damit um 120 GE (= 680 − 560). Diese Summe stellt die Opportunitätskosten zur Fertigung jeder über 10 PE hinausgehenden Einheit dar.

Für das Produktionsmengenintervall $0 \leq y \leq 10$ erhält man die (Gesamt-)*Kosten* durch Multiplikation der Grenzkosten mit der hergestellten Produktmenge:

$K = 560y$ \qquad\qquad für $0 \leq y \leq 10$

Im Hinblick auf das zweite Intervall beginnt die Kostenfunktion beim Punkt ($y = 10$; $K = 5.600$) und hat eine Steigung von $K' = 800$. Ausgehend von der Funktionsgleichung

$K = \text{Achsenabschnitt} + 800y$ \qquad für $10 < y \leq 12$

resultiert aus dem Einsetzen des Punkts (10; 5.600) für den Achsenabschnitt ein Wert von -2.400, und es ergibt sich als Funktionsgleichung:

$K = -2.400 + 800y$

Die Kostenfunktion hat damit insgesamt den in Bild 9.4-4 wiedergegebenen Verlauf:

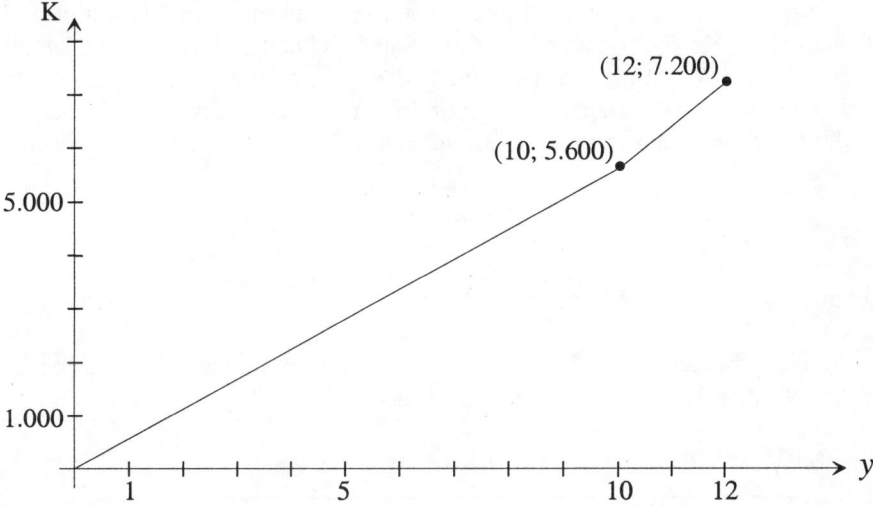

Bild 9.4-4: *Kostenfunktion bei Faktorbeschränkung*

Ü 9.5 Expansionspfad am Beispiel zweier Menüvarianten

Der Restaurantbesitzer Gerd Gourmet bietet als Sonderaktion seinen beliebten Filetteller für zwei Personen zum Preis von 49,90 GE an. Dabei hat er zwei Möglichkeiten bzgl. der Zusammenstellung des Filettellers aus Rinder- und Schweinefiletstücken. Er kann entweder 2 Rinder- und 6 Schweinefiletstücke oder 4 Rinder- und 2 Schweinefiletstücke zusammenstellen. Beide

Alternativen werden von seinen Gästen schon seit Jahren als gleichwertig angesehen. Herr Gourmet hat morgens 80 Rinderfiletstücke und 120 Schweinefiletstücke gekauft, die 6 GE pro Rinderfiletstück und 4 GE pro Schweinefiletstück kosten. Unabhängig von der konkreten Zusammenstellung fallen für beide Filetteller-Varianten noch 10 GE Kosten für Beilagen, Bedienung etc. an. Bezüglich der Filetstücke besteht die Möglichkeit, diese zu lagern, sodass in der betrachteten Periode nur Kosten für die eingesetzten Filetstücke entstehen.

a) Zeichnen Sie die Prozessstrahlen sowie den Expansionspfad für die Filettellerzusammenstellung in ein Faktordiagramm! Wie viele Filetteller lassen sich maximal bei Einsatz nur eines Verfahrens herstellen? Wie viel Filetteller lassen sich überhaupt herstellen?

b) Am Nachmittag bestellt eine Reisegruppe für den späten Abend 20 Filetteller. Am frühen Abend bestellt auch ein Ehepaar den Filetteller. Herr Gourmet sieht sich wieder einmal in seiner Speisenauswahl bestätigt und freut sich über die weitere Einnahme. Seine Kellnerin Trixi Tragauf, hauptberuflich BWL-Studentin, behauptet hingegen, dass sich der Verkauf des Filettellers an das Ehepaar nicht lohnt. Herr Gourmet verweist lachend auf die fehlenden mathematischen Grundkenntnisse von Trixi Tragauf. Wer hat Recht?

Lösung:

a) Um einen besseren Überblick zu erhalten, bietet es sich an, die faktorbezogenen Daten an Hand einer Tabelle zu strukturieren:

Tab. 9.5-1: *Strukturierung der faktorbezogenen Daten*

Faktor (Filetart)	Variante 1 [FE/PE]	Variante 2 [FE/PE]	Einkaufsmenge [FE]	Preis [GE/FE]
Rind: x_1	2	4	80	6
Schwein: x_2	6	2	120	4

Für die *Prozessstrahlen* der beiden Filetteller-Varianten V1 und V2 ergeben sich folgende Funktionsverläufe:

V1: $x_2 = 3x_1$
V2: $x_2 = 0{,}5x_1$

Zur Bestimmung des *Expansionspfades* sind die prozessspezifischen Deckungsbeiträge d^p jeder Variante gegenüberzustellen:

$$d^1 = e^1 - k^1 = 49{,}9 - (2 \cdot 6 + 6 \cdot 4 + 10)$$
$$= 49{,}9 - 46 = 3{,}9$$

$$d^2 = e^2 - k^2 = 49{,}9 - (4 \cdot 6 + 2 \cdot 4 + 10)$$
$$= 49{,}9 - 42 = 7{,}9$$

Die deckungsbeitragsmaximale Variante ist V2. Auf ihrem Prozessstrahl verläuft der erste Teil des Expansionspfades. Folgende maximale Anzahl an Filettellern lässt sich unter Einsatz von V2 servieren:

$$y^{2max} = \min\{80/4;\ 120/2\} = \min\{20;\ 60\} = 20$$

Der erste Teil des Expansionspfades wird damit durch die Einkaufsmenge von Faktor 1 begrenzt.

Will Herr Gourmet mehr als 20 Filetteller servieren, muss er Variante 2 sukzessive durch Variante 1 substituieren. Verzichtet er nämlich auf 1 Filetteller nach Variante 2, werden 4 QE von Faktor 1 frei. Damit lassen sich 2 Filetteller nach Variante 1 servieren.

Der *Umfang der Substitution* von V2 durch V1 wird begrenzt durch die Beschaffungsschranke von Faktor 2. Der zweite Teil des Expansionspfades verläuft damit senkrecht auf der Restriktionsgeraden für Faktor 1 und endet dort, wo sich beide Restriktionsgeraden schneiden. In Bild 9.5-1 ist der gesamte Expansionspfad gestrichelt eingezeichnet. (Hinweis: Wäre Variante 1 günstiger gewesen, dann würde der Expansionspfad entlang V1 sowie danach waagerecht auf Höhe der Beschränkung von Faktor 2 laufen.)

Die durch Kombination von V1 und V2 *maximal herstellbare Menge* an Filettellern lässt sich auf Basis folgender Gleichungen errechnen, welche die Verwendung der Faktoren in den beiden Varianten sowie die daraus resultierende Gesamtmenge an Filettellern wiedergeben:

(1) $\quad 80 = 2y^1 + 4y^2$
(2) $\quad 120 = 6y^1 + 2y^2$
(3) $\quad y = y^1 + y^2$

Formt man Gleichung (3) nach y^1 um und setzt sie in die Gleichungen (1) und (2) ein, resultiert daraus:

$$80 = 2y + 2y^2$$
$$120 = 6y - 4y^2$$

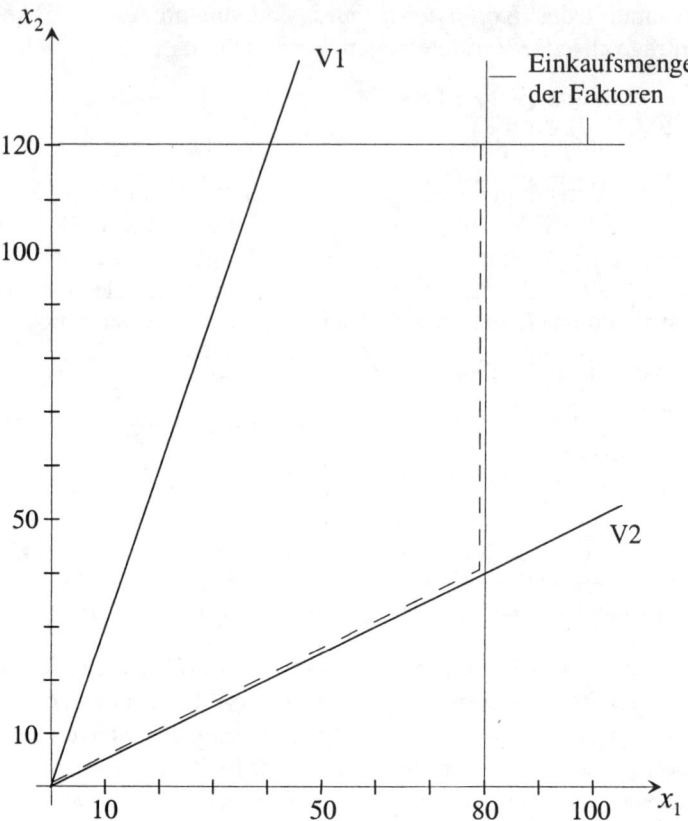

Bild 9.5-1: *Prozessstrahlen und Expansionspfad bei Faktorbeschränkung*

Multipliziert man nun die obere Gleichung mit 2 und addiert anschließend beide Gleichungen, ergibt sich:

$$280 = 10y$$
$$\Leftrightarrow y = 28$$

Durch Einsetzen von $y = 28$ in obige Gleichungen erhält man schließlich:

$$y^2 = 12; \quad y^1 = 16$$

Demnach lassen sich maximal 28 Filetteller servieren, und zwar 16 nach Variante 1 und 12 nach Variante 2.

b) Nimmt Herr Gourmet die Bestellung des Ehepaars an, muss er insgesamt 21 Filetteller zusammenstellen, da ja die 20 Teller der Reisegruppe bereits eingeplant sind. Der Verkauf des 21. Filettellers erfordert dabei eine Substitution von Variante 2 durch Variante 1. Vor diesem Hintergrund lässt sich auf Basis der *Grenzkosten des 21. Filettellers* feststellen, ob sich sein Verkauf lohnt. Tabelle 9.5-2 gibt die Ermittlung dieser Grenzkosten wieder:

Tab. 9.5-2: *Ermittlung der Grenzkosten des 21. Filettellers*

	V2	V1	insgesamt
Mengenänderung	−1	+2	+1
Engpassänderung	−1·4	+2·2	0
Kostenänderung	−1·42	+2·46	+50 (= K')

Stellt man die Grenzkosten des 21. Tellers dem erzielbaren Grenzerlös von 49,9 GE gegenüber, wird deutlich, dass sich ein negativer Grenzdeckungsbeitrag in Höhe von −0,1 GE ergibt. Trixi Tragauf hat damit Recht behalten.

(Hinweis: Die Heranziehung der Grenzkosten (bzw. des Grenzdeckungsbeitrags) als Entscheidungsgrundlage ist hier nur dann sinnvoll, wenn sich ggf. übrig bleibende Filetstücke und Beilagen lagern lassen. Ansonsten wären die Kosten ihrer Beschaffung irrelevant ('sunk costs'), und man müsste auf Basis der Grenzerlöse entscheiden. Des Weiteren ist zu erwägen, ob es sich bei dem Ehepaar, dessen Bestellung nach kurzfristigen ökonomischen Überlegungen abzulehnen wäre, um Stammgäste handelt, für die ein negativer Deckungsbeitrag vorübergehend in Kauf genommen werden könnte, um sie langfristig als Kunden zu behalten.)

Ü 9.6 Optimaler Mischprozess

Eine Viehfuttermischung kann aus den drei Rohstoffen Luzerne, Destillat und Fischmehl gemischt werden. Das Viehfutter muss eine bestimmte Mindestqualität haben, die durch die drei Inhaltsstoffe Fasern (≤ 8% des Gewichts), Protein (≥ 35% des Gewichts) und Fett (≥ 3% des Gewichts) gegeben ist. Folgende Tabelle gibt die Gewichtsprozente dieser drei Inhaltsstoffe für die drei Rohstoffe sowie die Preise der Rohstoffe an:

	Gehalt (Gewichtsprozente) an			Preis (GE/t)
	Fasern	Protein	Fett	
Luzerne (x_L)	25%	17%	2%	66
Destillat (x_D)	3%	25%	5%	92
Fischmehl (x_F)	1%	60%	7%	156

a) Stellen Sie das algebraische Produktionsmodell auf!

b) Geben Sie eine formale Darstellung der Durchschnittskosten des Viehfutters an!

c) Wie lautet das Erfolgsmodell zur Minimierung der Herstellkosten einer Tonne des Viehfutters? Ermitteln Sie grafisch die Lösung!

Lösung:

a) Das *Produktionsmodell* für die Viehfuttermischung V – bestehend aus der Mengenbilanz und drei Restriktionen – lautet wie folgt:

$$x_L + x_D + x_M = y_V$$
$$0{,}25 x_L + 0{,}03 x_D + 0{,}01 x_M \leq 0{,}08\, y_V$$
$$0{,}17 x_L + 0{,}25 x_D + 0{,}60 x_M \geq 0{,}35\, y_V$$
$$0{,}02 x_L + 0{,}05 x_D + 0{,}07 x_M \geq 0{,}03\, y_V$$

b) Die *Durchschnittskosten des Viehfutters* betragen:

$$k = \frac{K}{y_V} = \frac{66 x_L + 92 x_D + 156 x_M}{y_V}$$

c) Bezogen auf 1 Tonne Viehfutter ($y_V = 1$) ergibt sich als *Erfolgsmodell*:

1. Zielfunktion: $\quad k = 66 x_L + 92 x_D + 156 x_M$

2. Entscheidungsregel: $\quad$ Minimiere k!

3. Nebenbedingungen:
   - I: $\quad 25 x_L + 3 x_D + 1 x_M \leq 8$
   - II: $\quad 17 x_L + 25 x_D + 60 x_M \geq 35$
   - III: $\quad 2 x_L + 5 x_D + 7 x_M \geq 3$
   - IV: $\quad x_L + x_D + x_M = 1$
   - $x_L, x_D, x_M \geq 0$

Zur grafischen Ermittlung der kostenminimalen Produktion ist das 3-dimensionale Problem auf ein 2-dimensionales zu reduzieren. Dies lässt sich z.B. durch *Elimination der Variablen* x_L erreichen, indem man x_L gemäß der Gleichung $x_L = 1 - x_D - x_M$ ersetzt. Daraus resultiert als Erfolgsmodell:

1. Zielfunktion: $k = 26x_D + 90x_M + 66$
2. Entscheidungsregel: Minimiere k!
3. Nebenbedingungen:
   I': $\quad 22x_D + 24x_M \geq 17$
   II': $\quad 8x_D + 43x_M \geq 18$
   III': $\quad 3x_D + 5x_M \geq 1$
   IV': $\quad x_D + x_M \leq 1$
   $x_D, x_M \geq 0$

Da x_L größer Null sein kann, müssen x_D und x_M zusammen nicht gleich 1 sein. Deshalb ist die Nebenbedingung IV' – im Gegensatz zur Nebenbedingung IV – als Ungleichung formuliert.

Aus den Nebenbedingungen ergibt sich der in Bild 9.6-1 wiedergegebene Produktionsraum. Darüber hinaus ist die bestmögliche Kostenisoquante eingetragen.

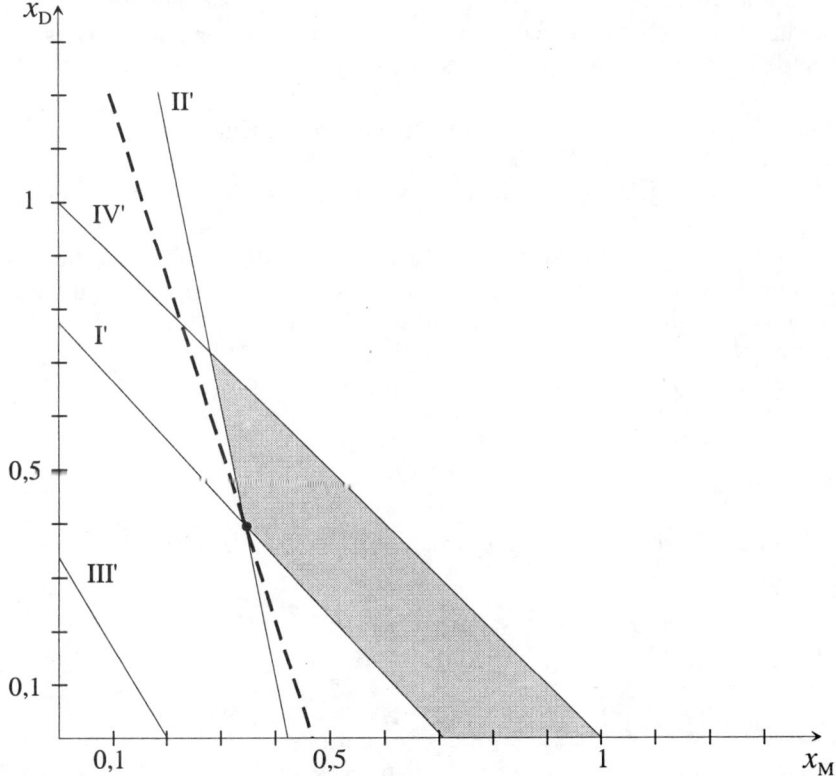

Bild 9.6-1: *Ermittlung der kostenminimalen Faktormengenkombination*

Als *kostenminimale Faktormengenkombination* erweist sich in etwa der Punkt ($x_D = 0{,}35$; $x_M = 0{,}4$). Eingesetzt in die Gleichung $x_L = 1 - x_D - x_M$ erhält man für x_L den Wert 0,25, sodass die minimalen Kosten zur Herstellung einer Tonne Viehfutter circa $66x_L + 92x_D + 156x_M = 111{,}10$ GE betragen.

Ü 9.7 Erfolgsmaximierung bei Kuppelproduktion

Zur Herstellung einer Quantitätseinheit (QE) eines Hauptproduktes (Stückerlös 185 GE/QE) werden 4 QE eines Faktors (Beschaffungspreis 10 GE/QE) und 9,75 QE eines weiteren Faktors (Beschaffungspreis 2,5 GE/QE) eingesetzt. Bei der Produktion entstehen zwangsläufig 0,5 QE eines Reststoffes, der in einem nachgelagerten Prozess überarbeitet wird. Die Überarbeitungskosten des Reststoffes betragen 3,6 GE/QE. Nach der Überarbeitung werden 60% davon für 2,2 GE/QE als Nebenprodukt verkauft. Die restlichen 40% haben qualitativ die gleichen Eigenschaften wie der zweite Faktor und können daher an dessen Stelle in den Produktionsprozess eingesetzt werden.

a) Zeichnen Sie den zugehörigen I/O-Graphen mit Wertflüssen!

b) Geben Sie das algebraische Produktionsmodell dieser Technik an!

c) Kalkulieren Sie die Stückkosten des Hauptproduktes, wobei Sie die Erlöse und Kosten des Nebenproduktes im Sinne einer Restwertkalkulation dem Hauptprodukt zurechnen! Bestimmen Sie den produktspezifischen Deckungsbeitrag!

Lösung:

a) Den I/O-Graphen mit zweistufiger Struktur und Zyklus stellt Bild 9.7-1 dar:

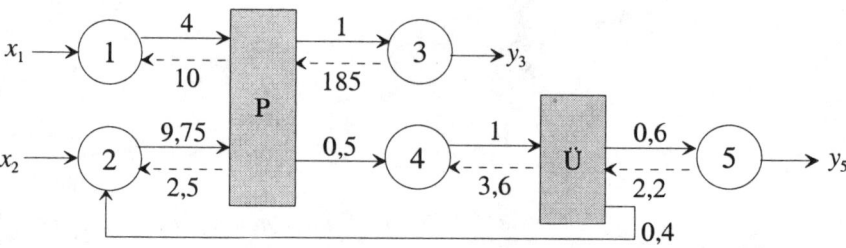

Bild 9.7-1: *I/O-Graph mit Zyklus*

(Hinweis: Zu beachten ist, dass für den wieder eingesetzten Reststoff keine Beschaffungskosten in Höhe von 2,5 GE anfallen. Dies könnte im I/O-Graphen dadurch kenntlich gemacht werden, dass die gestrichelten Wertpfeile neben den Außenbezügen x_i bzw. y_j gezeichnet werden.)

b) Das *Produktionsmodell* lässt sich wie folgt darstellen:

$$x_1 = 4\lambda^P$$
$$x_2 = 9{,}75\lambda^P - 0{,}4\lambda^Ü$$
$$\lambda^P = y_3$$
$$0{,}5\lambda^P = y_4 = 1\lambda^Ü$$
$$y_5 = 0{,}6\lambda^Ü$$

Das Modell wird überschaubar, wenn man die Prozessvariablen λ^P und $\lambda^Ü$ eliminiert. Es ergeben sich dann folgende Beziehungen:

$$x_1 = 4y_3$$
$$x_2 = 9{,}75y_3 - 0{,}4y_4$$
$$0{,}5y_3 = y_4$$
$$y_5 = 0{,}6y_4$$

Da laut Aufgabenstellung Produkt 4 nur ein Nebenprodukt und Produkt 3 das einzige Hauptprodukt ist, bietet es sich an, alle Beziehungen als Funktionen von y_3 zu formulieren (d.h. die Technik wird durch das Hauptprodukt limitiert):

$$x_1 = 4y_3$$
$$x_2 = 9{,}55y_3$$
$$y_4 = 0{,}5y_3$$
$$y_5 = 0{,}3y_3$$

c) Bei der *Restwertkalkulation* werden alle Kosten und Erlöse auf das Hauptprodukt bezogen. Dementsprechend setzen sich die Stückkosten k_3 aus folgenden – 1 QE von Produkt 3 betreffenden – Bestandteilen zusammen:

– Kosten der in Produkt 3 eingehenden Faktoren
– Kostenreduktion durch Nutzung von 40% des Reststoffes
– Überarbeitungskosten des Reststoffes
– Verkaufserlös von 60% des Reststoffes.

Die *Stückkosten* betragen demnach:

$$k_3 = 4c_1 + 9{,}75c_2 - 0{,}5 \cdot 0{,}4c_2 + 0{,}5c_4 - 0{,}6 \cdot 0{,}5e_5$$
$$= 4 \cdot 10 + 9{,}55 \cdot 2{,}5 + 0{,}5 \cdot 3{,}6 - 0{,}3 \cdot 2{,}2 = 65{,}015$$

Als *produktspezifischer Deckungsbeitrag* ergibt sich:

$$d_3 = e_3 - k_3 = 185 - 65{,}015 = 119{,}985$$

Kapitel D

Elemente der Produktionsplanung und -steuerung (PPS)

Die vorangegangenen Kapitel A bis C geben einen einführenden Überblick über den grundsätzlichen Aufbau und die Zusammenhänge der statisch-deterministischen, transformationsorientierten Theorie betrieblicher Wertschöpfung. Erweitert um die Dynamik des Geschehens sollen im Folgenden bestimmte Aspekte vertieft werden, die im Rahmen des *operativen Produktionsmanagements* von zentraler Bedeutung sind. Die Ausführungen konzentrieren sich dabei auf reine Gütertechniken. An Hand ausgewählter Modelle behandelt Lektion 10 die *Faktorbedarfsermittlung* und *Kostenkalkulation*, Lektion 11 die *Anpassung an Beschäftigungsschwankungen* und Lektion 12 die *Losgrößenbestimmung*. Eine integrative, dynamische Betrachtung dieser Aspekte erfolgt in Lektion 13, welche der *Produktionsplanung und -steuerung* gewidmet ist.

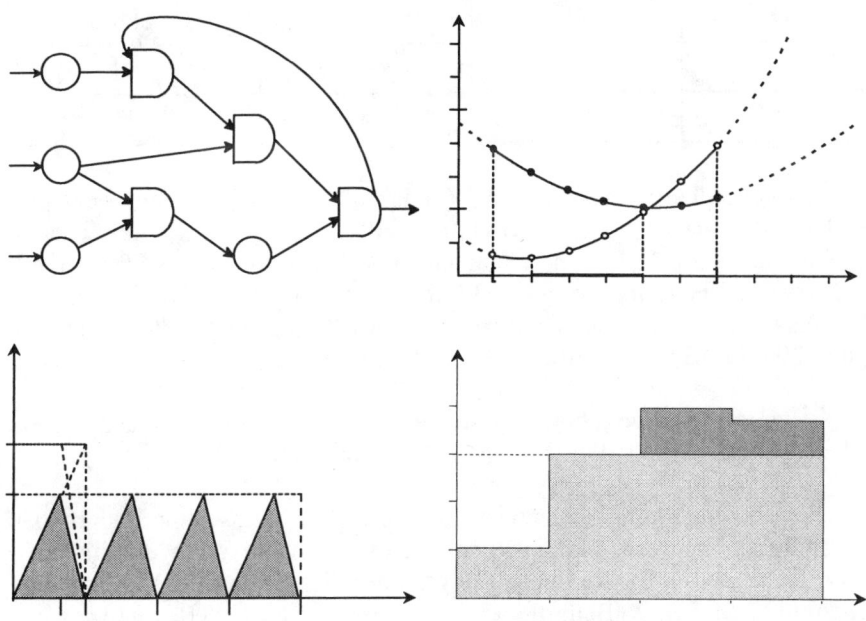

10 Bedarfsermittlung und Kostenkalkulation

Ü 10.1	Montageprozess als outputseitig determinierte Produktion	/DY 03/, L. 10.2
Ü 10.2	Produktkalkulation	/DY 03/, L. 10.2
Ü 10.3	Fremdbeschaffung und Änderung der Herstellkosten	/DY 03/, L. 10.2
Ü 10.4	Bruttobedarfsermittlung bei Lagerbeständen	/DY 03/, L. 10.2
Ü 10.5	Zyklische Produktion	/DY 03/, L. 10.3 + L. 10.4

Ü 10.1 Montageprozess als outputseitig determinierte Produktion

Folgende Tabelle stellt die Strukturstückliste eines Montageprozesses für ein Produkt P5 dar:

Fertigungsstufe	Sachnummer	Menge	Bezeichnung
2	E1	3	Teil
2	B4	2	Baugruppe
1	E1	4	Teil
1	E2	1	Teil
1	E3	5	Teil

Auf der zweiten Fertigungsstufe wird P5 durch Zusammensetzen der entsprechenden Quantitäten an E1 und B4 hergestellt. Baugruppe B4 wird auf einer vorgelagerten Stufe 1 aus den genannten Quantitäten von E1 bis E3 montiert. Die Preise der Faktoren betragen 3 GE/QE bei E1, 20 GE/QE bei E2 und 4 GE/QE bei E3. Die Montagekosten betragen 30 GE/QE für die Baugruppe B4 und 20 GE/QE für das Produkt P5.

a) Erstellen Sie den zugehörigen Gozinto-Graphen! Leiten Sie aus diesem die Direktbedarfs- und die Gesamtbedarfsmatrix ab!

b) Stellen Sie das Produktionsmodell für den Fall auf, dass keine Baugruppen fremdbeschafft werden können oder auf Lager liegen! Wie viele Einheiten der Teile E1 bis E3 werden benötigt, wenn der Produzent 100 Produkte P5 und zusätzlich 20 Baugruppen B4 als Ersatzteile herstellen will?

c) Der Unternehmung stehen 440 QE von E1, 78 QE von E2 und 600 QE von E3 zur Verfügung. Wie viele Quantitätseinheiten des Produktes lassen sich maximal produzieren? Wie ändert sich das Ergebnis, wenn 20 Baugruppen fremdbeschafft werden können?

d) Kalkulieren Sie die Stückkosten von P5! Zu welchem Preis lohnt sich eine Fremdbeschaffung von B4?

Lösung:

Im Rahmen der *Faktorbedarfsermittlung* bei mehrstufiger, outputseitig determinierter Produktion ist aus dem feststehenden Erzeugnisprogramm der Bedarf an Objektarten auf den vorgelagerten Produktionsstufen zu ermitteln. Diesbezüglich werden drei Gruppen von Objektarten unterschieden:

- *Primärfaktoren* stellen (ohne Handelswaren) stets nur Prozessinput dar (z.B. *Einzelteile* eines Fahrradreifens)
- *Zwischenprodukte* sind auf einer Produktionsstufe Output, auf einer der nächsten Stufen Input (z.B. aus mehreren Teilen zusammengesetzte Fahrradreifen als so genannte *Baugruppen*)
- *Endprodukte* stellen stets nur Prozessoutput dar (z.B. das *Erzeugnis* 'Fahrrad').

a) Ein *Gozinto-Graph* ist ein spezieller Input/Output-Graph (vgl. dazu /DY 03/, L. 1.3 und L. 10.1) zur vereinfachten Darstellung von Mengenflüssen (und ggf. Wertflüssen) zwischen relevanten Objektarten bei outputseitig determinierter Produktion. Die abgebildeten Mengenflüsse geben dabei jeweils die Quantität einer Objektart k an, welche zur Herstellung *genau einer* Quantitätseinheit der Objektart k' auf einer der nächsten Produktionsstufen benötigt wird. Dementsprechend ergibt sich der in Bild 10.1-1 dargestellte Gozinto-Graph.

Die *Direktbedarfsmatrix* **A** gibt an, wie viele Einheiten einer Objektart jeweils *direkt* (ohne 'Umwege' über weitere Objektarten) in eine der anderen Objektarten einfließen:

$$\mathbf{A} = \begin{pmatrix} 0 & 0 & 0 & 4 & 3 \\ 0 & 0 & 0 & 1 & 0 \\ 0 & 0 & 0 & 5 & 0 \\ 0 & 0 & 0 & 0 & 2 \\ 0 & 0 & 0 & 0 & 0 \end{pmatrix}$$

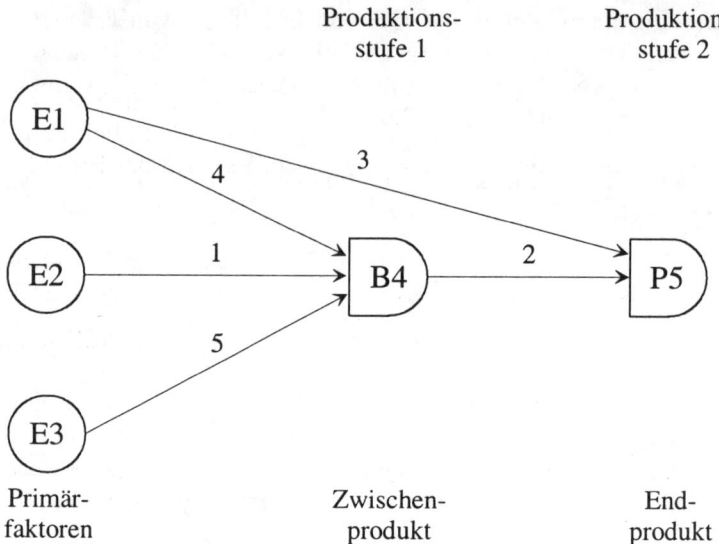

Bild 10.1-1: *Gozinto-Graph für den Montageprozess*

Die Spalten und Zeilen dieser Direktbedarfsmatrix entsprechen der Anzahl der Objektarten. Die Angaben in der ersten Zeile besagen beispielsweise, dass vom Einzelteil E1 auf direktem Wege 4 Quantitätseinheiten zur Herstellung einer Einheit von B4 bzw. 3 Quantitätseinheiten zur Herstellung einer Einheit von P5 benötigt werden. Diese Angaben sind auch aus dem Gozinto-Graphen ablesbar. (Hinweis: Sowohl die Diagonale als auch die untere Dreiecksmatrix bestehen bei nicht-zyklischer outputseitig determinierter Produktion nur aus Nullen.)

Die *Gesamtbedarfsmatrix* **G** gibt an, wie viele Einheiten einer Objektart jeweils *insgesamt* (direkt und durch 'Umwege' über weitere Objektarten) in eine der anderen Objektarten einfließen, und 'was das Objekt für sich selbst braucht'. Auch diese Werte lassen sich aus dem Gozinto-Graphen ablesen, indem man jeweils sämtlichen Wegen von einer bestimmten Objektart zu einer anderen Objektart nachgeht (Hinweis: **G** kann natürlich auch mittels Matrizeninversion aus **A** abgeleitet werden: $\mathbf{G} = (\mathbf{I} - \mathbf{A})^{-1}$; hier wie auch im Folgenden wird jedoch auf Matrizenrechnung verzichtet):

$$\mathbf{G} = \begin{pmatrix} 1 & 0 & 0 & 4 & 11 \\ 0 & 1 & 0 & 1 & 2 \\ 0 & 0 & 1 & 5 & 10 \\ 0 & 0 & 0 & 1 & 2 \\ 0 & 0 & 0 & 0 & 1 \end{pmatrix}$$

Beispielsweise besagen die Angaben zum Einzelteil E1 in der ersten Zeile dieser Gesamtbedarfsmatrix Folgendes:

- 1 Einheit 'braucht E1 für sich selbst'; diese eine Einheit stellt allerdings keinen realen Bedarf dar, sondern wird lediglich aus rechentechnischen Gründen berücksichtigt (im Rahmen der Ermittlung von **G** aus **A** auf mathematischem Wege)
- 4 Einheiten fließen insgesamt in B4 ein
- 11 Einheiten fließen insgesamt in P5 ein, und zwar 3 Einheiten auf direktem Wege und 4·2 Einheiten auf indirektem Wege über B4.

(Hinweis: Auch bei **G** besteht die untere Dreiecksmatrix aus Nullen, die Diagonale dagegen aus Einsen.)

b) Das *Produktionsmodell* bei (linearer) outputseitig determinierter Produktion nennt man auch 'Leontief-Modell'. In verdichteter Form lautet es hier:

$x_1 = 1 \cdot y_1 + 4 \cdot y_4 + 11 \cdot y_5$ (Hinweis: Zahlen lassen
$x_2 = 1 \cdot y_2 + 1 \cdot y_4 + 2 \cdot y_5$ sich aus den jeweiligen
$x_3 = 1 \cdot y_3 + 5 \cdot y_4 + 10 \cdot y_5$ Zeilen von **G** ablesen.)
für $y_1, y_2, y_3 \geq 0$

Unter Berücksichtigung der Absatzquantitäten $y_4 = 20$ und $y_5 = 100$ ergeben sich folgende Gleichungen:

$x_1 = 4 \cdot 20 + 11 \cdot 100 = 1.180$
$x_2 = 1 \cdot 20 + 2 \cdot 100 = 220$
$x_3 = 5 \cdot 20 + 10 \cdot 100 = 1.100$

Demnach werden 1.180 Stück von E1, 220 Stück von E2 und 1.100 Stück von E3 benötigt.

c) Folgende Restriktionen sind zu beachten: $x_1 \leq 440$; $x_2 \leq 78$; $x_3 \leq 600$. Die Ermittlung der *maximalen Endproduktquantität* y_5 ist durch einfaches Dividieren und anschließendes Vergleichen der sich ergebenden Ziffern möglich (Hinweis: Aus **G** ist ablesbar, wie viele Einheiten an x_1, x_2 bzw. x_3 für 1 Einheit P5 gebraucht werden):

$x_1 \leq 440 \Rightarrow y_5 \leq 440/11 = 40$
$x_2 \leq 78 \Rightarrow y_5 \leq 78/2 = 39$
$x_3 \leq 600 \Rightarrow y_5 \leq 600/10 = 60$

Maximal produziert werden kann nur der kleinste der drei ermittelten Werte:

min {40; 39; 60} = 39

Der Input x_2 stellt also den Engpass dar, wobei maximal 39 Einheiten des Produktes hergestellt werden können.

Falls zusätzlich 20 Baugruppen fremdbeschafft werden können, lässt sich dies allgemein darstellen, indem in den Gleichungen des obigen Produktionsmodells y_4 durch den Term $y_4 - 20$ ersetzt wird. Da weiterhin $y_1 = y_2 = y_3 = 0$ gilt, ergibt sich:

$$x_1 = 4 \cdot (y_4 - 20) + 11 \cdot y_5 \iff x_1 = 4y_4 + 11y_5 - 80$$
$$x_2 = 1 \cdot (y_4 - 20) + 2 \cdot y_5 \iff x_2 = 1y_4 + 2y_5 - 20$$
$$x_3 = 5 \cdot (y_4 - 20) + 10 \cdot y_5 \iff x_3 = 5y_4 + 10y_5 - 100$$

(Hinweis: Die Gleichungsbestandteile -80, -20 und -100 geben die Quantitäten der jeweiligen Einzelteile an, die in den 20 fremdbeschafften Baugruppen enthalten sind.)

Zur Bestimmung der maximalen Outputmenge werden die zuvor ermittelten Gleichungen mit den Restriktionen bezüglich der Einzelteile verknüpft; mit $y_4 = 0$ gilt dann:

$$x_1 = 11y_5 - 80; \quad x_1 \leq 440 \Rightarrow 440 \geq 11y_5 - 80 \Rightarrow y_5 \leq 47$$
$$x_2 = 2y_5 - 20; \quad x_2 \leq 78 \Rightarrow 78 \geq 2y_5 - 20 \Rightarrow y_5 \leq 49$$
$$x_3 = 10y_5 - 100; \quad x_3 \leq 600 \Rightarrow 600 \geq 10y_5 - 100 \Rightarrow y_5 \leq 70$$

Beispielsweise setzen sich die hinsichtlich x_1 ermittelten 47 Outputeinheiten zusammen aus den ursprünglichen 40 Stück plus den zusätzlich möglichen Stücken durch Nutzung der auf Grund Fremdbeschaffung der Baugruppe freiwerdenden 80 Einheiten von E1: $40 + 80/11$ ergibt unter Berücksichtigung der für Montageprozesse geltenden Ganzzahligkeitsbedingung 47 Outputeinheiten. (Hinweis: Das dargestellte Vorgehen ist nur korrekt, sofern nicht mehr Baugruppen eingekauft werden, als gebraucht werden, denn eine tatsächliche Wiederaufspaltung der Baugruppen in ihre Einzelteile ist nicht zulässig.)

Maximal produziert werden kann wiederum nur der kleinste der drei ermittelten Werte:

$$\min \{47; 49; 70\} = 47$$

Diesmal stellt Input x_1 den Engpass dar, wobei maximal 47 Einheiten des Produktes hergestellt werden können.

d) Zur Berechnung der *Stückkosten* von P5 (k_5) sind die Preise der Einzelteile bzw. die Montagekosten für die Baugruppe und das Produkt (siehe Aufgabenstellung) mit den benötigten bzw. zu montierenden Mengen (siehe letzte Spalte von **G**) zu multiplizieren:

$$k_5 = 11 \cdot 3 + 2 \cdot 20 + 10 \cdot 4 + 2 \cdot 30 + 1 \cdot 20 = 193$$

Die Stückkosten von P5 betragen also 193 Geldeinheiten (GE).

Um den Preis zu bestimmen, ab dem sich eine Fremdbeschaffung von B4 lohnt, sind die Kosten der Eigenfertigung von B4 zu errechnen:

$k_4 = 4 \cdot 3 + 1 \cdot 20 + 5 \cdot 4 + 1 \cdot 30 + 0 \cdot 20 = 82$

Eine Fremdbeschaffung ist somit lohnend, falls die Beschaffungskosten c_4 unter 82 GE liegen.

Ü 10.2 Produktkalkulation

Folgender Gozinto-Graph sei gegeben. Sämtliche Objektarten sind nicht lagerfähig.

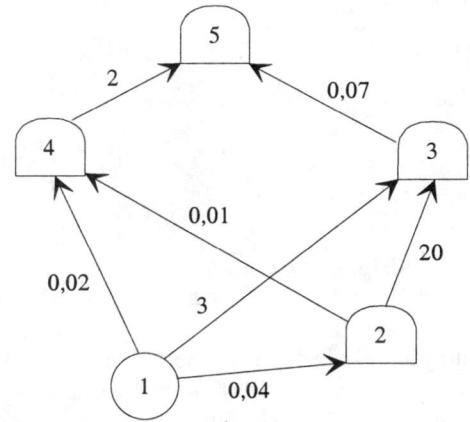

a) Erstellen Sie den zugehörigen I/O-Graphen!

b) Für die nächste Periode plant man, 2.000 QE von Produkt 5 und 10.000 QE von Produkt 4 an den Markt zu liefern. Wie hoch ist der Bedarf der einzelnen Güter?

c) Im beobachteten Zeitraum verursachte die Beschaffung und Produktion (Montage) je QE der Güterarten folgende Primärkosten: $c_1 = 110$, $c_2 = 1.000$, $c_3 = 86$, $c_4 = 150$, $c_5 = 12$ (jeweils GE/QE). Wie hoch sind die variablen Kosten pro QE in jeder Kostenstelle (im Sinne einer Produktionsstelle zur Herstellung eines der Produkte j) unter Einschluss der durch die innerbetriebliche Leistungsverflechtung entstehenden 'sekundären' Kosten? Wie hoch sind die Gesamtkosten für die in Teilaufgabe b) beschriebene Produktion?

Lösung:

a) Der zugehörige I/O-Graph ist dem Bild 10.2-1 zu entnehmen. In ihm sind die im Gozinto-Graphen durch die halbrunden Symbole lediglich angedeuteten Prozesse explizit dargestellt.

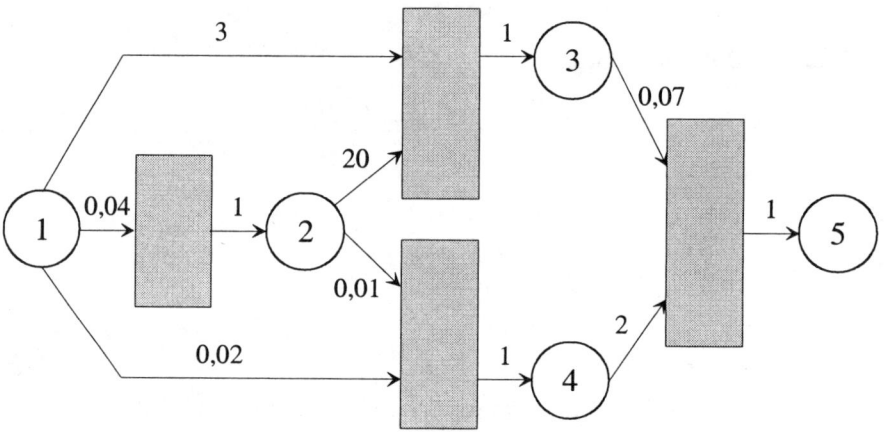

Bild 10.2-1: *Zugehöriger I/O-Graph*

b) Die Ermittlung der Bedarfe an Einzelteilen bzw. Baugruppen bei vorgegebenen Outputmengen von $y_4 = 10.000$ und $y_5 = 2.000$ ist auch ohne vorherige Aufstellung einer Gesamtbedarfsmatrix möglich. Dazu sind *rekursiv* aus den Outputmengen zunächst die benötigten Mengen an Baugruppen r_i (i = 2, 3, 4) und schließlich die benötigten Mengen an Einzelteil x_1 zu errechnen (die diesbezüglich relevanten Zusammenhänge sind dem I/O-Graphen bzw. Gozinto-Graphen zu entnehmen):

$r_4 = y_4 + 2 \cdot y_5$ $= 10.000 + 2 \cdot 2.000$
$= 14.000$
$r_3 = 0,07 \cdot y_5$ $= 0,07 \cdot 2.000$
$= 140$
$r_2 = 20 \cdot r_3 + 0,01 \cdot r_4$ $= 20 \cdot 140 + 0,01 \cdot 14.000$
$= 2.940$
$x_1 = 0,04 \cdot r_2 + 3 \cdot r_3 + 0,02 \cdot r_4 = 0,04 \cdot 2.940 + 3 \cdot 140 + 0,02 \cdot 14.000$
$= 817,6$

c) Die *variablen Kosten* k_j der Produkte j ergeben sich wie folgt (da man zur Errechnung der variablen Stückkosten einer nachgelagerten Produktionsstufe die variablen Stückkosten der vorgelagerten Produktionsstufen benötigt, beginnt man sinnvollerweise mit der Errechnung von k_1):

$$\begin{aligned}
k_1 &= c_1 & &= 110 \\
k_2 &= c_2 + 0{,}04 \cdot k_1 & &= 1.000 + 0{,}04 \cdot 110 \\
& & &= 1.004{,}4 \\
k_3 &= c_3 + 3 \cdot k_1 + 20 \cdot k_2 & &= 86 + 3 \cdot 110 + 20 \cdot 1004{,}4 \\
& & &= 20.504 \\
k_4 &= c_4 + 0{,}02 \cdot k_1 + 0{,}01 \cdot k_2 & &= 150 + 0{,}02 \cdot 110 + 0{,}01 \cdot 1.004{,}4 \\
& & &= 162{,}24 \\
k_5 &= c_5 + 0{,}07 \cdot k_3 + 2 \cdot k_4 & &= 12 + 0{,}07 \cdot 20.504 + 2 \cdot 162{,}24 \\
& & &= 1.771{,}76
\end{aligned}$$

Somit entstehen nachfolgende *Gesamtkosten* K für die in Teilaufgabe b) beschriebene Produktion:

$$\begin{aligned}
K = 10.000 \cdot k_4 + 2.000 \cdot k_5 &= 10.000 \cdot 162{,}24 + 2.000 \cdot 1.771{,}76 \\
&= 5.165.920
\end{aligned}$$

Ü 10.3 Fremdbeschaffung und Änderung der Herstellkosten

Der Produktionsprozess zur Herstellung eines Produktes P6 gestaltet sich wie folgt: Zur Herstellung einer Baugruppe B4 werden 4 QE eines Rohstoffes R1 und 5 QE von R2 benötigt. Eine QE der so produzierten Baugruppe B4 wird zusammen mit 2 QE von R2 und 3 QE eines dritten Rohstoffes R3 zur Baugruppe B5 zusammengefügt. Im Montageprozess wird das Endprodukt P6 aus 1 QE von B4 und 2 QE von B5 erstellt.

a) Zeichnen Sie den Gozinto-Graphen!

b) Stellen Sie die zugehörige Direktbedarfsmatrix auf!

c) Ermitteln Sie den Gesamtbedarfsvektor für 1 QE des Endprodukts (P6)! Wie viel Teile von R1 müssen bereitgestellt werden, um 20 QE des Produktes P6 zu erzeugen?

d) Von Faktor R2 können höchstens 190 QE beschafft werden. Wie wird die Herstellung des Endprodukts dadurch beschränkt?

e) Neben Faktor R2 sind auch von Faktor R1 nur 190 QE beschaffbar. Es bietet sich die Möglichkeit, Baugruppe B4 fremdzubeschaffen. Ändert sich durch eine Fremdbeschaffung die maximal herstellbare Produktionsquantität von Produkt P6?

f) Die primären Herstellkosten der Baugruppe B4 erhöhen sich um 5 GE pro QE. Welche Kostensteigerung ergibt sich daraus für das Endprodukt?

Lösung:

a) Der Gozinto-Graph hat die in Bild 10.3-1 wiedergegebene Gestalt:

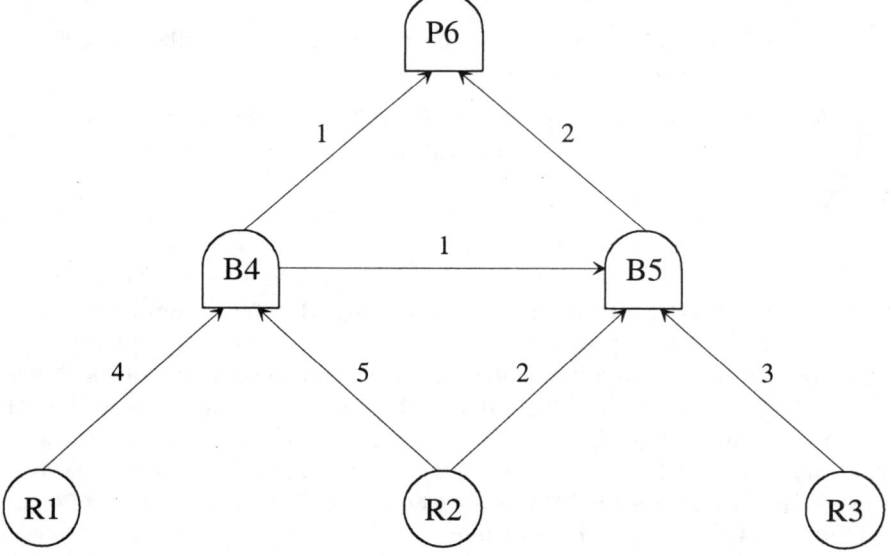

Bild 10.3-1: *Gozinto-Graph des Produktionsprozesses*

b) Die Direktbedarfsmatrix lautet:

$$\mathbf{A} = \begin{pmatrix} 0 & 0 & 0 & 4 & 0 & 0 \\ 0 & 0 & 0 & 5 & 2 & 0 \\ 0 & 0 & 0 & 0 & 3 & 0 \\ 0 & 0 & 0 & 0 & 1 & 1 \\ 0 & 0 & 0 & 0 & 0 & 2 \\ 0 & 0 & 0 & 0 & 0 & 0 \end{pmatrix}$$

c) Der *Gesamtbedarfsvektor* für P6 (z_6) entspricht der letzten Spalte der Gesamtbedarfsmatrix. Zur Ermittlung des Inhalts dieser Spalte sind sämtliche direkten und indirekten Verbindungen des jeweils betrachteten Rohstoffs bzw. der jeweils betrachteten Baugruppe zu P6 zu berücksichtigen:

$$
\begin{array}{llll}
R1 \to P6: & 4 \cdot 1 + 4 \cdot 1 \cdot 2 & = 12 \\
R2 \to P6: & 5 \cdot 1 + 5 \cdot 1 \cdot 2 + 2 \cdot 2 & = 19 \\
R3 \to P6: & 3 \cdot 2 & = 6 \\
B4 \to P6: & 1 \cdot 2 + 1 & = 3 \\
B5 \to P6: & 1 \cdot 2 & = 2 \\
P6 \to P6: & 1 \cdot 1 & = 1
\end{array}
\Rightarrow z_6 = \begin{pmatrix} 12 \\ 19 \\ 6 \\ 3 \\ 2 \\ 1 \end{pmatrix}
$$

Sollen 20 Einheiten von P6 erzeugt werden, so braucht man dazu $12 \cdot 20 = 240$ Einheiten von R1.

d) Von R2 werden gemäß Teilaufgabe c) 19 Einheiten benötigt, um 1 Einheit des Endprodukts herzustellen. Ist der Faktor R2 auf 190 Stück beschränkt, lassen sich maximal $190/19 = 10$ Einheiten des Endprodukts fertigen.

e) Klammert man die *Fremdbeschaffungsmöglichkeit* von B4 zunächst aus, ist neben der Restriktion aus d) eine zweite Beschränkung hinsichtlich R1 zu berücksichtigen. Letztere begrenzt die maximal herstellbare Menge des Endprodukts auf 15 Einheiten (diese Zahl ergibt sich aus 190/12 bei Unterstellung der Ganzzahligkeitsbedingung). Insgesamt gesehen sind somit noch immer höchstens 10 Einheiten des Endprodukts herstellbar.

Lässt sich B4 in ausreichender Quantität fremdbeschaffen, wird R1 überhaupt nicht mehr zur Produktion von P6 benötigt und bildet folglich keinen Engpass mehr. Darüber hinaus spart man 5 Einheiten von R2 je zugekauftem Stück von B4; zur Fertigung einer Einheit von P6 sind dann nur noch $2 \cdot 2 = 4$ Einheiten erforderlich. Daraus errechnet sich eine maximale Produktionsmenge für P6 von 47 Stück (190/4, unter Voraussetzung der Ganzzahligkeit).

f) Aus dem Gesamtbedarfsvektor von P6 geht hervor, dass B4 insgesamt dreimal in P6 einfließt, sodass sich eine Kostensteigerung von $3 \cdot 5 = 15$ GE für das Endprodukt ergibt.

Ü 10.4 Bruttobedarfsermittlung bei Lagerbeständen

Ermitteln Sie für den dargestellten Gozinto-Graphen die benötigten Inputquantitäten der Einzelteile, falls 500 Einheiten des Produktes 5 hergestellt werden sollen und (wie aus dem Gozinto-Graphen ersichtlich) 400 Einheiten des Zwischenprodukts 4 einem Lager entnommen werden!

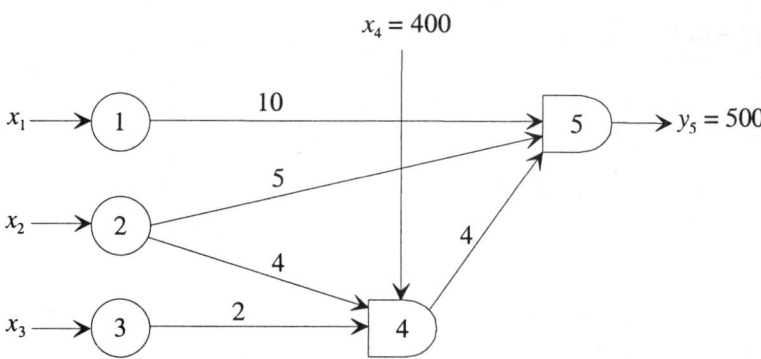

Lösung:

Die benötigten Inputquantitäten der Einzelteile lassen sich wie folgt ermitteln:

1. Schritt: Ermittlung des Bedarfs an Einzelteilen E1, E2 und E3 zur Herstellung einer Einheit des Endprodukts P5:

$$E1 \to P5: \quad 10$$
$$E2 \to P5: \quad 5 + 4 \cdot 4 = 21$$
$$E3 \to P5: \quad 2 \cdot 4 = 8$$

2. Schritt: Errechnung des Bruttobedarfs an Einzelteilen E1, E2 und E3 zur Herstellung von 500 Einheiten des Endprodukts P5:

$$E1 \to 500 \, P5: \quad 10 \cdot 500 = 5.000$$
$$E2 \to 500 \, P5: \quad 21 \cdot 500 = 10.500$$
$$E3 \to 500 \, P5: \quad 8 \cdot 500 = 4.000$$

3. Schritt: Errechnung der *Einsparung* an E1, E2 und E3 durch Entnahme von 400 Einheiten des Zwischenprodukts aus dem Lager:

$$E1 \to B4: \quad 0 \quad \Rightarrow \quad E1 \to 400 \, B4: \quad 0 \cdot 400 = 0$$
$$E2 \to B4: \quad 4 \quad \Rightarrow \quad E2 \to 400 \, B4: \quad 4 \cdot 400 = 1.600$$
$$E3 \to B4: \quad 2 \quad \Rightarrow \quad E3 \to 400 \, B4: \quad 2 \cdot 400 = 800$$

4. Schritt: Ermittlung des daraus resultierenden Nettobedarfs an Einzelteilen (vgl. auch Teilaufgabe c) von Ü 10.1):

benötigte Quantität von E1:   5.000 −   0 = 5.000
benötigte Quantität von E2: 10.500 − 1.600 = 8.900
benötigte Quantität von E3:   4.000 −   800 = 3.200

Ü 10.5 Zyklische Produktion

In einer Fleischfabrik werden je Charge 260 l Wasser (R1), 9 kg Gelatine (R2), 680 kg Fleisch 2. Wahl (sog. Abschnitte, R3) und 1 kg Gewürz (R4) als Primärfaktoren zur Herstellung von brutto 1 Tonne Bratwurstmasse (P8) benötigt.

In einem ersten Arbeitsschritt werden die Gelatine und die Abschnitte sowie 250 l Wasser und 0,9 kg Gewürz bei 95°C zur Rohmasse M5 vermischt. Gleichzeitig wird aus dem restlichen Wasser und 5% der in der vorangegangenen Charge hergestellten Bratwurstmasse bei nur 80°C eine Rohmasse M6 angerührt. (Der wieder eingesetzte Anteil des Endprodukts von erfahrungsgemäss 5% entspricht der bei jeder Charge an der Wand des Wurstkessels hängen bleibenden Bratwurstmasse, die vollautomatisch gesammelt und in den zur Herstellung von M6 genutzten Behälter zurückgeführt wird.)

In einem zweiten Arbeitsschritt werden die beiden Rohmassen zusammengemengt. Nach beschleunigter Abkühlung des so entstehenden Gemenges G7 erfolgt in einem dritten Schritt im Rahmen der geschmacklichen Feinabstimmung nochmals die Zugabe von 100 g des Gewürzes, sodass schließlich die gewünschte Bratwurstmasse entsteht.

1 kg Gewürz kostet die Fleischfabrik 8 GE, 1 Tonne Abschnitte 1.200 GE. Die Gelatine wird selbst produziert und mit nur 1 GE/kg kalkuliert. Während das benötigte Wasser bei der Kostenkalkulation vernachlässigt wird, berücksichtigt man folgende Energiekosten für die notwendige Erhitzung bzw. Abkühlung zur Herstellung von M5, M6 und G7: 0,045 GE je erzeugtem kg M5, 0,035 GE je erzeugtem kg M6 sowie 0,072 GE je erzeugtem kg G7. Die Bratwurstmasse kann für 2,5 GE/kg auf dem Markt abgesetzt werden.

a) Zeichnen Sie den Gozinto-Graphen und stellen Sie das Mengenmodell auf!

b) Welcher Deckungsbeitrag lässt sich durch Herstellung von brutto 1 Tonne Bratwurstmasse erzielen?

c) Wie ist die Darstellung des Herstellungsprozesses mittels Gozinto-Graphen zu beurteilen?

Lösung:

a) Da 5% der brutto hergestellten Bratwurstmasse (P8) in den Prozess zur Herstellung des Zwischenprodukts M6 zurückfließen, weist der geforderte Gozinto-Graph einen Zyklus auf. P8 entsteht dabei nicht unmittelbar aus M6, sondern es muss als weiteres Zwischenprodukt erst noch das Gemenge G7 hergestellt werden. Somit handelt es sich um einen *dreistufigen Zyklus*. Den gesamten Gozinto-Graphen gibt Bild 10.5-1 wieder.

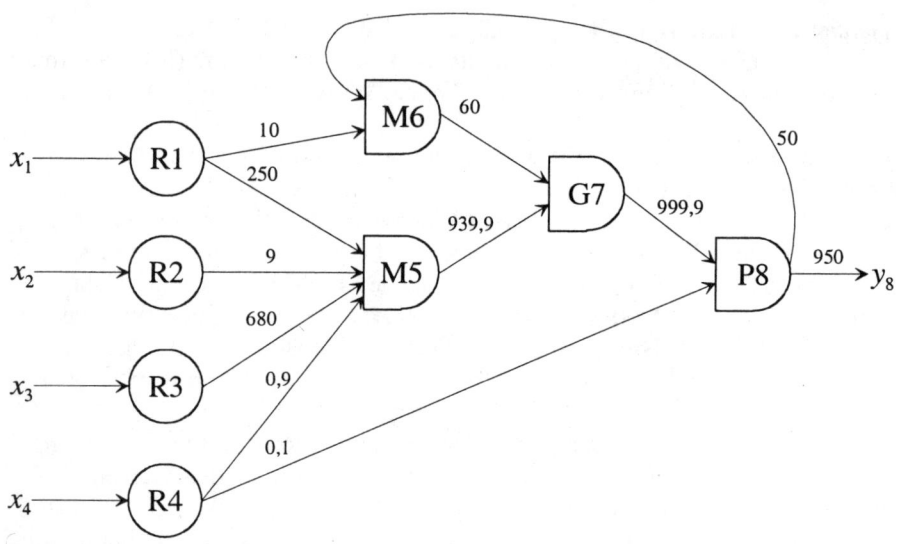

Legende:
x_1: Wasser in l x_2: Gelatine in kg x_3: Abschnitte in kg
x_4: Gewürz in kg y_8: Wurstmasse in kg

Bild 10.5-1: *Gozinto-Graph mit Zyklus*

Das *Mengenmodell* lautet wie folgt:

$x_1 = (250/939{,}9) \cdot r_5 + (10/60) \cdot r_6$
$x_2 = (9/939{,}9) \cdot r_5$
$x_3 = (680/939{,}9) \cdot r_5$
$x_4 = (0{,}9/939{,}9) \cdot r_5 + (0{,}1/1.000) \cdot r_8$
$r_5 = (939{,}9/999{,}9) \cdot r_7$
$r_6 = (60/999{,}9) \cdot r_7$
$r_7 = (999{,}9/1.000) \cdot r_8$
$r_8 = (50/60) \cdot r_6 + y_8$

b) Das *Erfolgsmodell* lautet allgemein:

$$D = 2{,}5 \cdot y_8 - 0 \cdot x_1 - 1 \cdot x_2 - 1{,}2 \cdot x_3 - 8 \cdot x_4 - 0{,}045 \cdot r_5$$
$$- 0{,}035 \cdot r_6 - 0{,}072 \cdot r_7$$

Ausgehend von brutto 1.000 kg hergestellter Bratwurstmasse (r_8 = 1.000) gilt (vgl. die Zahlenangaben im Gozinto-Graphen):

$y_8 = 950;\ r_7 = 999{,}9;\ r_5 = 939{,}9;\ r_6 = 60;\ x_4 = 1;$
$x_3 = 680;\ x_2 = 9;\ x_1 = 260$

Daraus ergibt sich nachstehender *Deckungsbeitrag*:

$$D = 2{,}5 \cdot 950 - 0 \cdot 260 - 1 \cdot 9 - 1{,}2 \cdot 680 - 8 \cdot 1$$
$$- 0{,}045 \cdot 939{,}9 - 0{,}035 \cdot 60 - 0{,}072 \cdot 999{,}9$$
$$= 1.425{,}61$$

c) Streng genommen entstehen im Rahmen von P8 *zwei unterschiedliche Qualitäten* an Bratwurstmasse, diejenige, die sofort abgesetzt werden kann, und diejenige, die nur durch Wiedereinsatz in M6 nutzbar ist. Beim dritten Arbeitsschritt handelt es sich damit um einen *Kuppelprozess*, also um nicht outputseitig determinierte Produktion (vgl. auch /DY 03/, L. 10.4). Die Verwendung des Gozinto-Graphen führt zwar zu einer vereinfachten Abbildung des Herstellungsprozesses. Eine korrekte Darstellung ist aber nur mittels I/O-Graphen gemäß folgendem Bild 10.5-2 möglich:

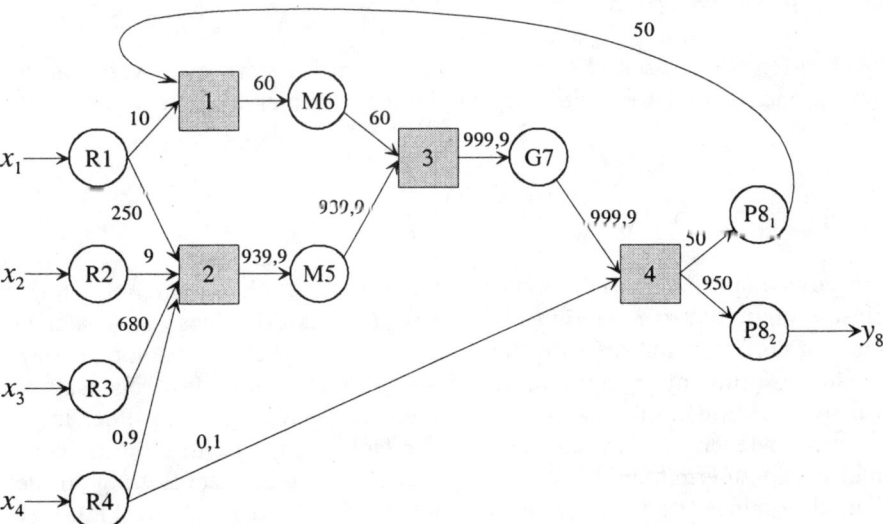

Bild 10.5-2: *I/O-Graph mit Zyklus*

11 Anpassung an Beschäftigungsschwankungen

Ü 11.1	Effiziente Produktionsintensitäten	/DY 03/, L. 11.2.1 + 11.3.1
Ü 11.2	Zeitliche und intensitätsmäßige Anpassung für einen einzigen Verbrauchsfaktor	/DY 03/, L. 11.3.1
Ü 11.3	Zeitliche und intensitätsmäßige Anpassung für zwei Verbrauchsfaktoren	/DY 03/, L. 11.3.1
Ü 11.4	Quantitative Anpassung	/DY 03/, L. 11.3.1 + L. 11.3.3

Ü 11.1 Effiziente Produktionsintensitäten

Zur Herstellung des Produktes 5 auf einer Maschine werden vier Faktoren verbraucht. Gegeben seien die nachfolgenden produktspezifischen Verbrauchsverläufe für $\rho \in [1, 11]$:

I) $a_{1,5} = \dfrac{10}{\rho}$

II) $a_{2,5} = 4$

III) $a_{3,5} = (\rho-5)^2 + 7$

IV) $a_{4,5} = 2\rho + 5$

Überprüfen Sie sukzessive (durch Hinzufügen des Verbrauchsverlaufs des jeweils nächsten Faktors) die effizienten Intensitätsintervalle!

Lösung:

Die produktspezifischen Verbrauchsverläufe bzw. -funktionen a_{ij} bilden den Einsatz eines Faktors i zur Herstellung *einer QE* des Produktes j in Abhängigkeit von der Intensität ρ (= Produktionsgeschwindigkeit, meist gemessen in Produktausbringungsmenge pro Zeiteinheit) ab. (Hinweis: Im Gegensatz zu früheren Lektionen gibt a_{ij} somit keinen eindeutigen Produktionskoeffizienten mehr wieder, sondern variiert mit der Höhe von ρ.) Um die effizienten Intensitäten zu ermitteln, bietet sich eine grafisch unterstützte Lösung auf der Grundlage einer Wertetabelle an. Demgemäß sind in der Tabelle 11.1-1 die von ρ abhängigen Ausprägungen der vier produktspezifischen Verbrauchsfunktionen dargestellt. Aus diesen Werten lassen sich die den Bildern 11.1-1 bis 11.1-4 zu entnehmenden Funktionsverläufe ableiten.

Tab. 11.1-1: *Wertetabelle für die produktspezifischen Verbrauchsfunktionen*

ρ	$a_{1,5} = 10/\rho$	$a_{2,5} = 4$	$a_{3,5} = (\rho - 5)^2 + 7$	$a_{4,5} = 2\rho + 5$
1	10	4	23	7
2	5	4	16	9
3	3,33	4	11	11
4	2,5	4	8	13
5	2	4	7	15
6	1,67	4	8	17
7	1,43	4	11	19
8	1,25	4	16	21
9	1,11	4	23	23
10	1	4	32	25
11	0,91	4	43	27

Aus dem fallenden Verlauf von $a_{1,5}$ in Bild 11.1-1 geht hervor, dass sich der notwendige Faktoreinsatz mit zunehmender Intensität verringert. Infolgedessen ist – ausschließlich bezogen auf $a_{1,5}$ – eine möglichst hohe Intensität wünschenswert, und *effizient* ist allein $\rho = 11$.

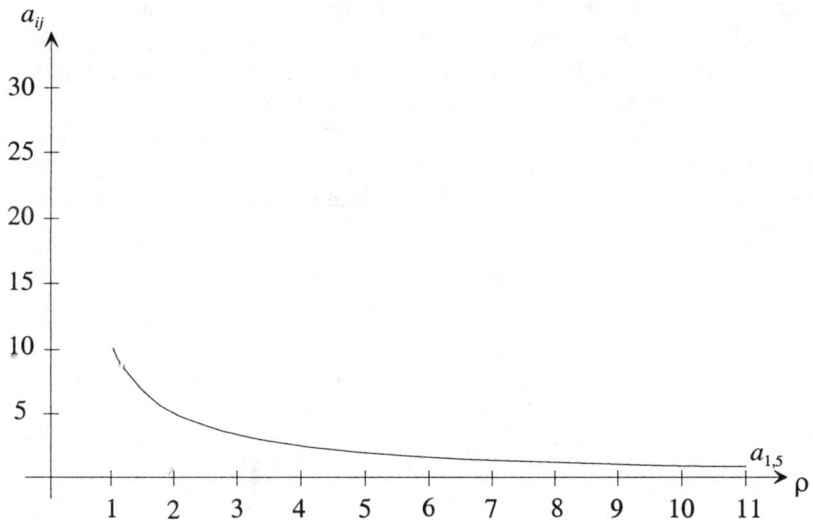

Bild 11.1-1: *Verbrauch des Faktors 1 in Abhängigkeit von ρ bei $y_5 = 1$*

Bild 11.1-2 enthält zusätzlich die produktspezifische Verbrauchsfunktion $a_{2,5}$. Da es sich um eine Konstante handelt, beeinflusst sie die ursprünglich nur den Faktor 1 betreffende Effizienzaussage nicht. Denn dazu müsste – ausgehend von $a_{1,5} = 0{,}91$ bei $\rho = 11$ – der aus sinkendem ρ folgende Mehreinsatz an Faktor 1 mit einem Mindereinsatz an Faktor 2 verbunden sein. Dies trifft für kein $\rho < 11$ zu, und *effizient* ist deshalb immer noch ausschließlich $\rho = 11$.

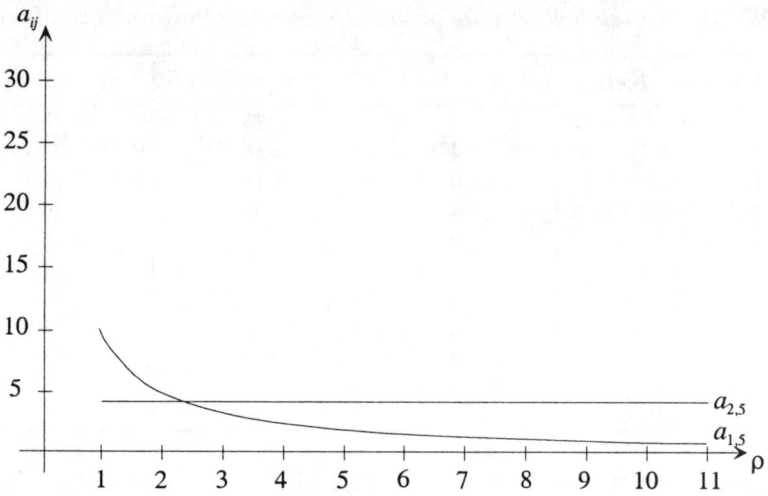

Bild 11.1-2: *Verbrauch der Faktoren 1 und 2 in Abhängigkeit von ρ bei $y_5 = 1$*

In Bild 11.1-3 ist die produktspezifische Verbrauchsfunktion $a_{3,5}$ ergänzt, die als Parabel bei $\rho = 5$ ihr Minimum hat. Unter Zugrundelegung des Aspekts, dass bei gleichzeitiger Betrachtung mehrerer Faktoren in einem effizienten Intervall der Mehreinsatz (bzw. Mindereinsatz) eines Faktors mit dem Mindereinsatz (bzw. Mehreinsatz) wenigstens eines anderen Faktors einhergehen muss, ändert sich nun die obige Effizienzaussage. Im Intervall $5 \leq \rho \leq 11$ gilt nämlich, dass mit steigender Intensität zwar weniger von Faktor 1, dafür aber mehr von Faktor 3 benötigt wird. Deshalb ist jede Intensität im Intervall $5 \leq \rho \leq 11$ *effizient*.

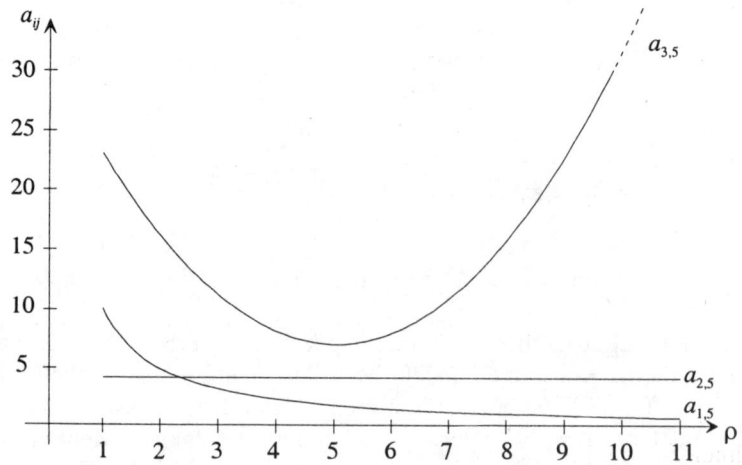

Bild 11.1-3: *Verbrauch der Faktoren 1 bis 3 in Abhängigkeit von ρ bei $y_5 = 1$*

In Bild 11.1-4 ist schließlich auch die produktspezifische Verbrauchsfunktion $a_{4,5}$ aufgenommen. Durch Vergleich dieser ansteigenden Gerade mit der stetig fallenden Verbrauchsfunktion $a_{1,5}$ ist erkennbar, dass jede Erhöhung der Intensität zwar zur Einsparung von Faktor 1, aber auch zu erhöhtem Verbrauch von Faktor 4 führt. Umgekehrt folgt aus jeder Senkung der Intensität ein Mehreinsatz an Faktor 1 und ein Mindereinsatz an Faktor 4. Damit ist jetzt das gesamte Intervall $1 \leq \rho \leq 11$ *effizient*.

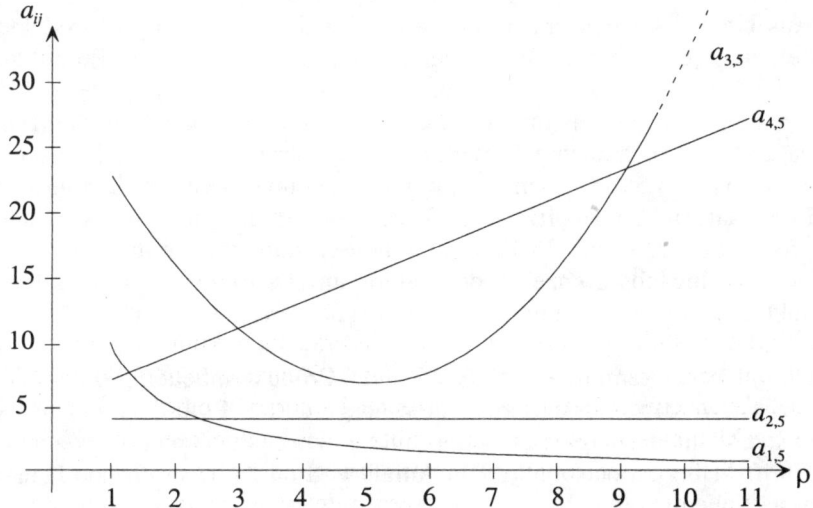

Bild 11.1-4: *Verbrauch der Faktoren 1 bis 4 in Abhängigkeit von ρ bei $y_5 = 1$*

Ü 11.2 Zeitliche und intensitätsmäßige Anpassung für einen einzigen Verbrauchsfaktor (vgl. /DR02/, S. 172ff.)

Der Verbrauch eines Faktors 1 bei der Herstellung eines Produktes 2 ergibt sich gemäß der produktspezifischen Verbrauchsfunktion

$$a_{1,2}(\rho) = (\rho - 3)^2 + 1$$

Die Intensität kann zwischen 3 und 6 Produkteinheiten pro Zeiteinheit variieren. Das Produktionssystem kann täglich zwischen 10 und 20 Zeiteinheiten genutzt werden. Die maximal beschaffbare Faktorquantität beträgt 1.200 Einheiten; mindestens 30 Produkteinheiten müssen hergestellt werden.

a) Zeichnen Sie die produktspezifische Verbrauchsfunktion!

b) Wie hoch ist der effiziente Verbrauch des Faktors während eines Arbeitstages in Abhängigkeit von der ausgebrachten Quantität?

c) Sie erhalten für heute einen Produktionsauftrag über 50 Einheiten und für morgen über 85 Einheiten. Lagerhaltung ist ausgeschlossen. Welche Kombinationen aus Zeit und Intensität würden Sie zwecks Minimierung des Faktorverbrauchs wählen?

d) Aus Umweltschutzgründen dürfen nur 5 Faktoreinheiten pro Produkteinheit eingesetzt werden. Bestimmen Sie die maximal mögliche Produktion!

e) Um den Verschleiß beim Gebrauch der Produktionsanlage in Grenzen zu halten, wird zusätzlich gefordert, dass bei einer intensitätsmäßigen Anpassung ab $\rho = 3{,}5$ die maximal verfügbare Zeit um 4 Zeiteinheiten linear pro Intensitätseinheit gekürzt wird. Des Weiteren erhöht sich die Mindestproduktquantität auf 36 Produkteinheiten; außerdem reduziert sich die Beschaffungsobergrenze für den Faktor auf 500 Einheiten. Wie viele Produkteinheiten können nun noch maximal hergestellt werden?

f) Die Intensität kann nun zwischen 2 und 6 Produkteinheiten pro Zeiteinheit variiert werden. Zusätzlich zu dem hergestellten Produkt 2 entsteht ein bisher vernachlässigtes Nebenprodukt 3. Dieses ist unter Aufwand vorschriftsmäßig zu entsorgen. Sein Anfall wird durch nachstehende Funktion beschrieben:

$$b_{3,2} = 0{,}2\rho^2$$

Bestimmen Sie die effizienten Intensitäten!

Lösung:

a) Die produktspezifische Verbrauchsfunktion $a_{1,2}$ besitzt den in Bild 11.2-1 dargestellten Verlauf.

b) Der Faktorverbrauch in Abhängigkeit von der Produktquantität lässt sich allgemein darstellen als $x_1(y_2) = a_{1,2}(\rho) \cdot y_2$ mit $y_2 = \rho \cdot t$. Unter Effizienzgesichtspunkten ist nun so weit wie möglich eine zeitliche Anpassung bei optimalem ρ zu realisieren. (Hinweis: Bei sukzessiver Erhöhung der zu fertigenden Produktquantität wird man also zunächst bei optimalem ρ die Produktionszeit verlängern, bis diese ausgeschöpft ist; erst dann wird man bei maximaler Produktionszeit schrittweise ρ erhöhen.)

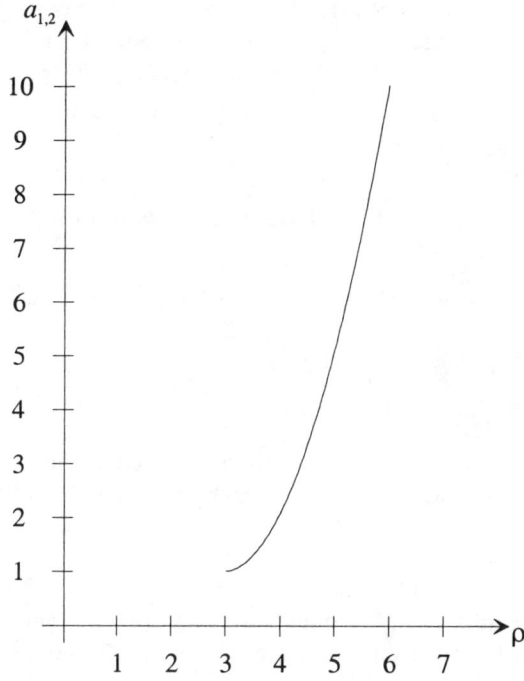

Bild 11.2-1: *Verbrauch des Faktors x_1 in Abhängigkeit von ρ bei $y_2 = 1$*

Im Beispiel ist $\rho = 3$ als einzige effiziente Intensität optimal. Daraus ergibt sich für x_1:

$$x_1(y_2) = a_{1,2}(\rho) \cdot y_2 = [(\rho - 3)^2 + 1] \cdot y_2 \qquad |\rho = 3$$
$$\Rightarrow \quad x_1(y_2) = [(3 - 3)^2 + 1] \cdot y_2 = y_2$$

Die mögliche Tagesproduktion bei optimaler Intensität ist in Abhängigkeit vom vorgegebenen Zeitintervall $10 \le t \le 20$ für die Nutzung des Produktionssystems zu bestimmen. Es gilt:

$$\rho = y_2 / t$$
$$\Leftrightarrow \quad y_2 = \rho \cdot t \qquad |\rho = 3;\ 10 \le t \le 20$$
$$\Rightarrow \quad 3 \cdot 10 \le y_2 \le 3 \cdot 20$$
$$\Leftrightarrow \quad 30 \le y_2 \le 60$$

Somit beläuft sich der *effiziente Faktorverbrauch* im Intervall $30 \le y_2 \le 60$ während eines Arbeitstages auf $x_1(y_2) = y_2$. Innerhalb dieses Intervalls kann mit der optimalen Intensität produziert werden.

Sollen mehr als 60 Einheiten des Produktes hergestellt werden, ist dies nicht mehr mit der effizienten Intensität $\rho = 3$ möglich. An die Stelle einer zeitlichen Anpassung tritt dann die intensitätsmäßige Anpassung bei maximaler Arbeitszeit, wobei ein möglichst geringes ρ angestrebt wird. Als Intervall der möglichen Tagesproduktion für t^{max} und einer Intensität $3 < \rho \leq 6$ ergibt sich:

$$y_2 = \rho \cdot t \qquad \qquad |3 < \rho \leq 6;\ t^{max} = 20$$

$\Rightarrow\ 60 < y_2 \leq 120$

In diesem Intervall gilt für den effizienten Faktorverbrauch in Abhängigkeit von der Produktquantität:

$$x_1(y_2) = [(\rho - 3)^2 + 1] \cdot y_2 \qquad \qquad |\rho = y_2/t^{max};\ t^{max} = 20$$

$\Rightarrow\ x_1(y_2) = [(y_2/20 - 3)^2 + 1] \cdot y_2$
$\Leftrightarrow\ x_1(y_2) = [1/400 \cdot y_2^2 - 0{,}3 \cdot y_2 + 10] \cdot y_2$
$\Leftrightarrow\ x_1(y_2) = 0{,}0025 y_2^3 - 0{,}3 y_2^2 + 10 y_2$

Demnach beläuft sich der *effiziente Faktorverbrauch* im Intervall $60 < y_2 \leq 120$ während eines Arbeitstages auf $x_1(y_2) = 0{,}0025 y_2^3 - 0{,}3 y_2^2 + 10 y_2$.

c) Wie die Ergebnisse aus Teilaufgabe b) zeigen, können 50 Produkteinheiten unter Zugrundelegung der effizienten Intensität $\rho = 3$ hergestellt werden. Die Produktionsdauer beträgt dann $t = y_2/\rho = 50/3 = 16{,}67$ Zeiteinheiten. Als minimaler Faktorverbrauch für $y_2 = 50$ ergibt sich:

$$x_1(50) = a_{1,2}(3) \cdot 50 = 1 \cdot 50 = 50$$

Zur Herstellung von 85 Produkteinheiten ist dagegen eine Produktionsgeschwindigkeit von $\rho = 3$ nicht mehr ausreichend, und daher wird eine intensitätsmäßige Anpassung bei maximaler Arbeitszeit notwendig:

$$\rho = y_2/t^{max} = 85/20 = 4{,}25$$

Damit lässt sich der minimale Faktorverbrauch wie folgt errechnen:

$$x_1(85) = [(4{,}25 - 3)^2 + 1] \cdot 85 = 217{,}81$$

d) Falls der Faktorbedarf je Produkteinheit höchstens 5 QE betragen darf, gilt:

$\quad a_{1,2}(\rho) \leq 5$
$\Leftrightarrow\ (\rho - 3)^2 + 1 \leq 5$
$\Leftrightarrow\ (\rho - 3)^2 \leq 4$
$\Leftrightarrow\ \rho - 3 \leq 2$
$\Leftrightarrow\ \rho \leq 5$

Als *maximal mögliche Tagesproduktion* ergibt sich daraus:

$$y_2^{max} = \rho^{max} \cdot t^{max} = 5 \cdot 20 = 100$$

e) Für $\rho = 3{,}5$ ergibt sich als maximal mögliche Produktionsmenge:

$$y_2 = \rho \cdot t^{max} = 3{,}5 \cdot 20 = 70$$

Zu untersuchen ist nun, ob durch Erhöhung der Intensität – bei gleichzeitiger Reduzierung der maximalen Produktionszeit – die Produktionsmenge noch gesteigert werden kann. Diesbezüglich gilt für $\rho > 3{,}5$:

$$y_2 = \rho \cdot [20 - 4 \cdot (\rho - 3{,}5)] = 34\rho - 4\rho^2$$

Der Term $4 \cdot (\rho - 3{,}5)$ bildet dabei die zu berücksichtigende Verringerung der maximal verfügbaren Zeit ab. Beispielsweise folgt aus $\rho = 5{,}5$ eine Verringerung der verfügbaren Zeit um $4 \cdot (5{,}5 - 3{,}5) = 8$ Einheiten.

Um das Maximum der Funktion $y_2 = 34\rho - 4\rho^2$ zu bestimmen, ist diese nach ρ abzuleiten und gleich Null zu setzen:

$$\frac{dy_2}{d\rho} = 34 - 8\rho = 0$$

$\Rightarrow \quad \rho = 34/8 = 4{,}25$

Daraus ergibt sich als maximale Produktionsmenge:

$$y_2 = \rho \cdot t = 4{,}25 \cdot [20 - 4 \cdot (4{,}25 - 3{,}5)]$$
$$= 4{,}25 \cdot 17 = 72{,}25$$

Damit ist $\rho = 4{,}25$ im Hinblick auf die maximal mögliche Produktionsmenge besser als $\rho = 3{,}5$. Zu prüfen ist allerdings noch, ob bei $\rho = 4{,}25$ die in der Aufgabenstellung angegebenen Restriktionen eingehalten werden. Diesbezüglich wird die geforderte Mindestproduktquantität von 36 QE offensichtlich übertroffen. Auch der maximal mögliche Faktorverbrauch von 500 QE wird nicht überschritten, denn es gilt:

$$x_1 = a_{1,2}(\rho) \cdot y_2 = a_{1,2}(4{,}25) \cdot 72{,}25$$
$$= [(4{,}25 - 3)^2 + 1] \cdot 72{,}25$$
$$\approx 185{,}14 \leq 500$$

Die *maximal herstellbare Produktionsmenge* beträgt damit 72,25 QE bei einer Intensität von $\rho = 4{,}25$ und einer Produktionszeit von $t = 17$.

f) Die produktspezifische Ausbringungsfunktion $b_{3,2} = 0{,}2\rho^2$ steigt im Intervall $2 \leq \rho \leq 6$ monoton an. Zusammen mit $a_{1,2}$ aus Teilaufgabe a) ergeben sich die in Bild 11.2-2 dargestellten Funktionsverläufe.

Der *effiziente Bereich* wird durch das Intervall $2 \leq \rho \leq 3$ beschrieben. Nur in diesem Bereich ist eine Erhöhung (bzw. Verringerung) des Faktorverbrauchs mit einer verringerten (erhöhten) Produktion des unerwünschten Nebenprodukts verbunden. Der Bereich $3 < \rho \leq 6$ wird dagegen von $\rho = 3$ dominiert.

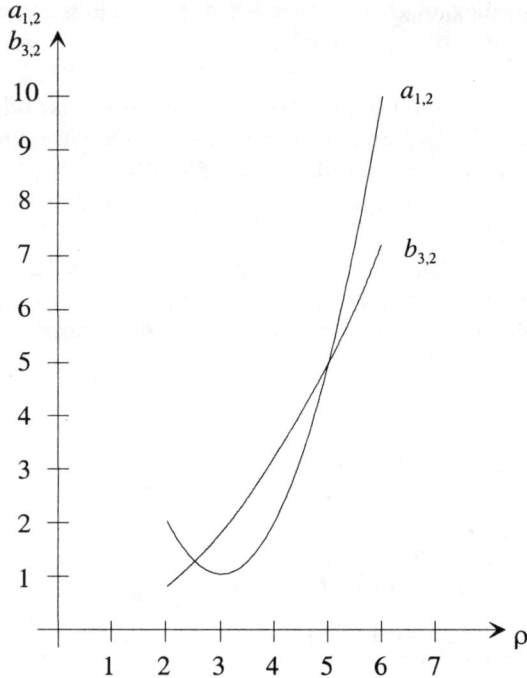

Bild 11.2-2: *Verbrauch des Faktors x_1 und Erzeugung des unerwünschten Nebenprodukts y_3 in Abhängigkeit von ρ bei $y_2 = 1$*

Ü 11.3 Zeitliche und intensitätsmäßige Anpassung für zwei Verbrauchsfaktoren

Zur Herstellung eines Produktes 3 werden zwei Faktoren 1 und 2 eingesetzt. Der Verbrauch der Faktoren ist abhängig von der Intensität, mit der die zur Produktion notwendige Maschine betrieben wird. Die Intensität kann zwischen 2 und 7 Einheiten pro Stunde variieren. Die maximale Betriebszeit beträgt 8 Stunden pro Tag. Folgender funktionaler Zusammenhang wird für die zeitspezifischen Verbrauchs- und Ausbringungsfunktionen unterstellt:

$$a_1 = 2\rho + 0{,}1\rho^2$$
$$a_2 = 0{,}3\rho^3 - 2\rho^2 + 5\rho$$
$$b_3 = \rho$$

a) Bestimmen Sie die produktspezifischen Verbrauchsfunktionen der Faktoren! Stellen Sie diese grafisch dar, und ermitteln Sie die effizienten Intensitäten!

b) Ermitteln Sie die kostenminimale Intensität bei folgender Kostenvorgabe der beiden Faktoren: $c_1 = 2$ und $c_2 = 1$!

c) Wie würden Sie sich an Erhöhungen der Tagesproduktionsquantität anpassen? Ermitteln Sie Kosten-, Grenzkosten- und Durchschnittskostenfunktion in Abhängigkeit von der Produktquantität! Wie hoch ist die deckungsbeitragsmaximale Produktquantität, wenn pro Produkteinheit ein Erlös von 20 GE erzielbar ist?

d) Bei der Produktion fällt grundsätzlich auch Ausschuss (als Abprodukt 4) an, der auf Grund neuerer Gesetze entsorgt werden muss. Die zeitspezifische Ausschussquantität lässt sich an Hand folgender Gleichung ermitteln:

$$b_4 = 0{,}05\rho^2$$

(Bei der Bestimmung der Produktquantität ist die Ausschussquantität nicht zu berücksichtigen, sodass die obigen Gleichungen weiterhin Bestand haben.) Die Vernichtung einer Ausschusseinheit kostet 5 GE. Ermitteln Sie die produktspezifische Ausbringungsfunktion des Ausschusses! Bestimmen Sie auch hier die effizienten Intensitäten, die kostenminimale Intensität sowie die deckungsbeitragsmaximale Produktquantität! Wie lässt sich die Deckungsbeitragsdifferenz zum Ergebnis in Teilaufgabe c) erklären?

Lösung:

a) Die zeitspezifischen Verbrauchsfunktionen a_1 und a_2 geben an, wie viele Faktoreinheiten (QE_F) bei einer Intensität ρ *je Zeiteinheit* (ZE) verbraucht werden. Diese Funktionen sind durch die (von ρ abhängige) Ausbringungsmenge (QE_P) je Zeiteinheit (= zeitspezifische Ausbringungsfunktion b_3) zu dividieren, um die gesuchten produktspezifischen Verbrauchsfunktionen zu ermitteln:

$$a_{1,3} = \frac{a_1\left[QE_F/ZE\right]}{b_3\left[QE_P/ZE\right]} = \frac{2\rho + 0{,}1\rho^2}{\rho}\left[QE_F/QE_P\right] = 2 + 0{,}1\rho$$

$$a_{2,3} = \frac{a_2\left[QE_F/ZE\right]}{b_3\left[QE_P/ZE\right]} = \frac{0{,}3\rho^3 - 2\rho^2 + 5\rho}{\rho}\left[QE_F/QE_P\right] = 0{,}3\rho^2 - 2\rho + 5$$

Während auf Grund des linear steigenden Verlaufs von $a_{1,3}$ die Intensität $\rho = 2$ unmittelbar als Funktionsminimum identifiziert werden kann, ist bezüglich $a_{2,3}$ nicht ohne weiteres erkennbar, wo das für die Effizienzbetrachtung wichtige

Minimum dieser Funktion liegt. Zu seiner Bestimmung wird $a_{2,3}$ deshalb nach ρ abgeleitet und gleich Null gesetzt:

$$\frac{da_{2,3}}{d\rho} = 2 \cdot 0{,}3\rho - 2 = 0$$

$\Rightarrow \quad \rho = 10/3$

$\Rightarrow \quad a_{2,3} = 5/3$

Die produktspezifischen Verbrauchsfunktionen haben somit den in Bild 11.3-1 dargestellten Verlauf:

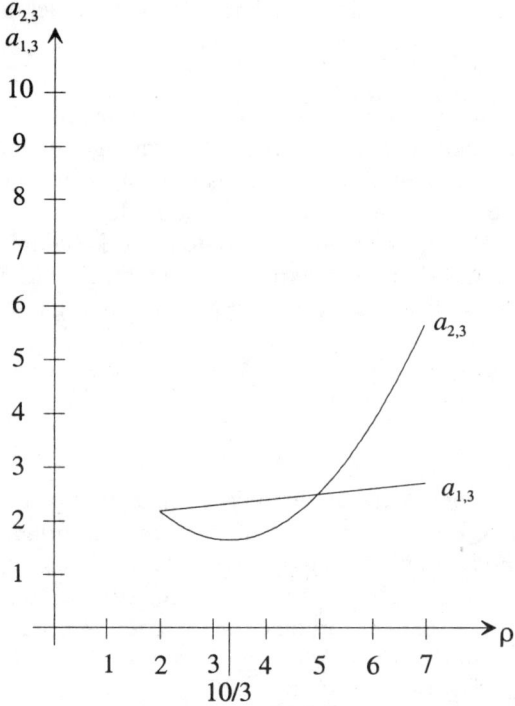

Bild 11.3-1: *Verbrauch der Faktoren x_1 und x_2 in Abhängigkeit von ρ bei $y_3 = 1$*

Aus dem Bild wird ersichtlich, dass die effizienten Intensitäten im Hinblick auf die Herstellung *einer* Produkteinheit zwischen den beiden Minima der produktspezifischen Verbrauchsfunktionen liegen, also zwischen $\rho = 2$ und $\rho = 10/3$. Nur in diesem Bereich führt eine Erhöhung von ρ bei einem Mehreinsatz an Faktor 1 zu einer Ersparnis an Faktor 2.

b) Zur Bestimmung der kostenminimalen Intensität (bei Produktion einer QE des Produktes) ist zunächst die Stückkostenfunktion in Abhängigkeit von ρ aufzustellen:

$$\begin{aligned} k(\rho) &= c_1 \cdot a_{1,3} + c_2 \cdot a_{2,3} \\ &= 2 \cdot (2 + 0{,}1\rho) + 1 \cdot (0{,}3\rho^2 - 2\rho + 5) \\ &= 0{,}3\rho^2 - 1{,}8\rho + 9 \end{aligned}$$

Zur Identifizierung des Kostenminimums ist diese Funktion abzuleiten und gleich Null zu setzen:

$$k'(\rho) = 2 \cdot 0{,}3\rho - 1{,}8 = 0$$

$\Rightarrow \quad 0{,}6\rho^{opt} = 1{,}8$

$\Leftrightarrow \quad \rho^{opt} = 3$

(Hinweis: ρ^{opt} muss im Intervall der effizienten Intensitäten liegen.)

Daraus ergibt sich:

$$k(3) = 0{,}3 \cdot 3^2 - 1{,}8 \cdot 3 + 9 = 6{,}3$$

Die *minimalen Kosten* zur Herstellung von 1 QE des Produktes entstehen demnach bei $\rho^{opt} = 3$ und betragen 6,3 GE.

c) Um möglichst kostengünstig zu produzieren, sollten folgende Anpassungsmöglichkeiten ausgeschöpft werden:

- zunächst *zeitliche Anpassung* bei kostenminimaler Intensität; im Hinblick auf die hier vorgegebenen Daten gilt diesbezüglich:

  $\rho^{opt} \cdot t^{max} = 3$ [QE/Stunde] $\cdot$ 8 [Stunden/Tag] = 24 [QE/Tag];

  von 0 QE bis 24 QE erforderlicher Tagesproduktion sollte also eine zeitliche Anpassung bei ρ^{opt} vorgenommen werden

- dann *intensitätsmäßige Anpassung* bis ρ^{max}; daraus resultiert folgende maximale Tagesproduktion:

  $\rho^{max} \cdot t^{max} = 7$ [QE/Stunde] $\cdot$ 8 [Stunden/Tag] = 56 [QE/Tag]

(Hinweis: Von einer denkbaren quantitativen Anpassung – z.B. indem man eine weitere Maschine mietet – wird hier abgesehen.)

Auf Basis der im Rahmen verschiedener Anpassungsmöglichkeiten bestimmten Produktmengenintervalle $0 \leq y_3 \leq 24$ und $24 \leq y_3 \leq 56$ lassen sich nun die von y_3 abhängigen Kosten-, Grenzkosten- und Durchschnittskostenfunktionen ermitteln.

Unter Zugrundelegung der in Teilaufgabe b) ermittelten Stückkosten $k(\rho)$ gilt für die *Kostenfunktion*:

$0 \leq y_3 \leq 24$: $\begin{aligned}K(y_3) &= k(\rho)\cdot y_3 \\ &= (0{,}3\rho^2 - 1{,}8\rho + 9)\cdot y_3 \\ &= 6{,}3y_3\end{aligned}$ $\quad |\rho = 3$

$24 \leq y_3 \leq 56$: $\begin{aligned}K(y_3) &= k(\rho)\cdot y_3 \\ &= (0{,}3\rho^2 - 1{,}8\rho + 9)\cdot y_3 \\ &= (0{,}3(y_3/8)^2 - 1{,}8(y_3/8) + 9)\cdot y_3 \\ &= 0{,}0046875y_3^3 - 0{,}225y_3^2 + 9y_3\end{aligned}$ $\quad |\rho = y_3/8$

Für die *Grenzkostenfunktion* ergibt sich:

$0 \leq y_3 \leq 24$: $K'(y_3) = 6{,}3$

$24 \leq y_3 \leq 56$: $K'(y_3) = 0{,}0140625\, y_3^2 - 0{,}45y_3 + 9$

Die *Durchschnittskostenfunktion* hat folgende Gestalt:

$0 \leq y_3 \leq 24$: $K(y_3)/y_3 = 6{,}3y_3/y_3 = 6{,}3$

$24 \leq y_3 \leq 56$: $\begin{aligned}K(y_3)/y_3 &= (0{,}0046875y_3^3 - 0{,}225y_3^2 + 9y_3)/y_3 \\ &= 0{,}0046875y_3^2 - 0{,}225y_3 + 9\end{aligned}$

Um die *deckungsbeitragsmaximale Tagesproduktion* zu ermitteln, ist ebenfalls zwischen den beiden Produktmengenintervallen zu differenzieren. Im Intervall $0 \leq y_3 \leq 24$ gilt:

$$\begin{aligned}D &= L - K^{var} = e_3\cdot y_3 - k(\rho)\cdot y_3 \\ &= 20y_3 - 6{,}3y_3 = 13{,}7y_3\end{aligned}$$

Als Grenzdeckungsbeitrag D' ergibt sich ein Wert von 13,7. Jede zusätzlich verkaufte Produkteinheit bringt demnach einen positiven Deckungsbeitrag. Es sollte deshalb mindestens die innerhalb des Intervalls $0 \leq y_3 \leq 24$ maximale Produktquantität hergestellt werden, die zu folgendem Deckungsbeitrag führt:

$$D = D(y_3 = 24) = 328{,}8$$

Zu prüfen ist nun, ob im Intervall $24 \leq y_3 \leq 56$ ein noch höherer Deckungsbeitrag erzielbar ist. Dazu wird D ermittelt, abgeleitet und gleich Null gesetzt:

$$\begin{aligned}D &= e_3\cdot y_3 - k(\rho)\cdot y_3 \\ &= 20y_3 - 0{,}0046875y_3^3 + 0{,}225\, y_3^2 - 9y_3 \\ &= -0{,}0046875y_3^3 + 0{,}225y_3^2 + 11y_3\end{aligned}$$

$D' = -0{,}0140625y_3^2 + 0{,}45y_3 + 11 = 0$

$\Rightarrow \quad 0{,}0140625y_3^2 - 0{,}45y_3 - 11 = 0$

$\Leftrightarrow \quad y_3^2 - 32y_3 - 782{,}\overline{2} = 0$

Unter Zuhilfenahme der bereits in Ü 5.4 genutzten p-q-Formel (mit p = –32 und q = $-782,\overline{2}$) lässt sich y_3 wie folgt errechnen:

$$y_3 = -\left(\frac{-32}{2}\right) \pm \sqrt{\left(\frac{-32}{2}\right)^2 - (-782,\overline{2})}$$

$$= 16 \pm \sqrt{256 + 782,\overline{2}}$$

$$= 16 \pm 32,22$$

Da $y_3 \geq 0$ sein muss, ist die potenzielle Lösung y_3 = 16 – 32,22 unmöglich. Als Lösung bleibt mithin nur noch y_3 = 16 + 32,22 = 48,22 übrig. (Hinweis: Es muss sich um ein Maximum handeln, da gilt: D $\to$ – ∞ für $y_3 \to \infty$.) Die Lösung führt zu folgendem maximal erzielbaren Deckungsbeitrag:

$$D(y_3 = 48,22) = D^{max} = 528,02$$

Die *deckungsbeitragsmaximale Produktquantität* beträgt somit 48,22 (bei einer Intensität von ρ = 48,22/8 = 6,0275).

d) Diese Teilaufgabe, gemäß der eine zusätzliche Objektart zu berücksichtigen ist, lässt sich analog zu den Teilaufgaben a) bis c) lösen. So resultiert aus der zeitspezifischen Ausbringungsfunktion b_4, die je Zeiteinheit den Output des Abprodukts 4 bei einer Intensität ρ wiedergibt, folgende *produktspezifische Ausbringungsfunktion* $b_{4,3}$:

$$b_{4,3} = b_4/b_3 = 0,05\rho^2/\rho = 0,05\rho$$

Als monoton steigende Funktion bewirkt $b_{4,3}$ keine Veränderung hinsichtlich der *effizienten Intensitäten*, die immer noch zwischen ρ = 2 und ρ = 10/3 liegen.

Die *kostenminimale Intensität* und die *minimalen Stückkosten* errechnen sich jetzt wie folgt:

$$k(\rho) = c_1 \cdot a_{1,3} + c_2 \cdot a_{2,3} + c_4 \cdot b_{4,3}$$
$$= 2 \cdot (2 + 0,1\rho) + 1 \cdot (0,3\rho^2 - 2\rho + 5) + 5 \cdot 0,05\rho$$
$$= 0,3\rho^2 - 1,55\rho + 9$$

$\Rightarrow \quad k'(\rho) = 2 \cdot 0,3\rho - 1,55 = 0$

$\Rightarrow \quad 0,6\rho^{opt} = 1,55$

$\Leftrightarrow \quad \rho^{opt} = 2,58\overline{3}$

$\Rightarrow \quad k(2,58\overline{3}) = 0,3 \cdot 2,58\overline{3}^2 - 1,55 \cdot 2,58\overline{3} + 9 \approx 7$

Zur Ermittlung der *deckungsbeitragsmaximalen Produktquantität* ist wiederum eine Differenzierung in zwei Produktionsmengenintervalle notwendig. Sie ergeben sich wie folgt:

- zeitliche Anpassung bei kostenminimaler Intensität:
  $\rho^{opt} \cdot t^{max} = 2{,}58\overline{3}$ [QE/Stunde] · 8 [Stunden/Tag] ≈ 20,7 [QE/Tag]

- intensitätsmäßige Anpassung bis ρ^{max}:
  $\rho^{max} \cdot t^{max} = 7$ [QE/Stunde] · 8 [Stunden/Tag] = 56 [QE/Tag]

Auf Basis der im Rahmen der unterschiedlichen Anpassungsmöglichkeiten ermittelten Produktmengenintervalle $0 \leq y_3 \leq 20{,}7$ und $20{,}7 \leq y_3 \leq 56$ lässt sich nun schrittweise die deckungsbeitragsmaximale Produktquantität herleiten:

Ermittlung der Kostenfunktion:

$0 \leq y_3 \leq 20{,}7$: $K(y_3) = k(\rho) \cdot y_3$
$\phantom{0 \leq y_3 \leq 20{,}7: K(y_3)} = 7 y_3$

$20{,}7 \leq y_3 \leq 56$: $K(y_3) = k(\rho) \cdot y_3$
$\phantom{20{,}7 \leq y_3 \leq 56: K(y_3)} = (0{,}3\rho^2 - 1{,}55\rho + 9) \cdot y_3$ $\qquad |\rho = y_3/8$
$\phantom{20{,}7 \leq y_3 \leq 56: K(y_3)} = (0{,}3(y_3/8)^2 - 1{,}55(y_3/8) + 9) \cdot y_3$
$\phantom{20{,}7 \leq y_3 \leq 56: K(y_3)} = 0{,}0046875 y_3^3 - 0{,}19375 y_3^2 + 9 y_3$

Ermittlung der Deckungsbeitragsfunktion:

$0 \leq y_3 \leq 20{,}7$: $D = 20 y_3 - 7 y_3 = 13 y_3$

$20{,}7 \leq y_3 \leq 56$: $D = 20 y_3 - 0{,}0046875 y_3^3 + 0{,}19375 y_3^2 - 9 y_3$

Maximierung des Deckungsbeitrags:

$0 \leq y_3 \leq 20{,}7$: $D = D(y_3 = 20{,}7) = 269{,}1$

$20{,}7 \leq y_3 \leq 56$: $D = 20 y_3 - 0{,}0046875 y_3^3 + 0{,}19375 y_3^2 - 9 y_3$

$\phantom{20{,}7 \leq y_3 \leq 56:}$ $D' = -0{,}0140625 y_3^2 + 0{,}3875 y_3 + 11 = 0$

$\Rightarrow \qquad y_3^2 - 27{,}\overline{5}\, y_3 - 782{,}\overline{2} = 0 \qquad$ |p-q-Formel

$\Leftrightarrow \qquad y_3 = -\left(\dfrac{-27{,}\overline{5}}{2}\right) \pm \sqrt{\left(\dfrac{27{,}\overline{5}}{2}\right)^2 - (-782{,}\overline{2})}$

$ = 13{,}\overline{7} \pm \sqrt{972{,}05}$

$ = 44{,}96$

$\Rightarrow \qquad D = D(y_3 = 44{,}96) = 460{,}20$

Damit ergibt sich insgesamt gesehen $y_3 = 44{,}96$ als deckungsbeitragsmaximale Produktmenge (bei einer Intensität von $\rho = 44{,}96/8 = 5{,}62$).

Die Differenz zwischen dem Deckungsbeitrag aus Teilaufgabe c) und dem aus Teilaufgabe d) in Höhe von $528{,}02 - 460{,}20 = 67{,}82$ GE lässt sich – bis auf einen Rundungsfehler von 0,01 – auf 3 Bestandteile zurückführen:

1) Erlössenkung (wegen geringerer optimaler Absatzmenge $y_3^{d)}$):
$(y_3^{c)} - y_3^{d)}) \cdot 20 = (48{,}22 - 44{,}96) \cdot 20 \qquad = 65{,}20$

2) Faktorkosteneinsparung (wegen geringerem Faktoraufwand für $y_3^{d)}$):
$K^{c)}(48{,}22) - K^{c)}(44{,}96) = 436{,}38 - 375{,}84 \ = 60{,}54$

3) Ausschusskosten (wegen Entsorgungszwang von Abprodukt 4):
$b_{4,3} \cdot y_3^{d)} \cdot 5 = 0{,}05 \cdot 5{,}62 \cdot 44{,}96 \cdot 5 \qquad = 63{,}17$

$\Rightarrow$ Gesamtdifferenz: $65{,}2 - 60{,}54 + 63{,}17 = 67{,}83$

Ü 11.4 Quantitative Anpassung

Zur Herstellung der Tagesproduktion eines Produktes 3 werden zwei Faktoren 1 und 2 eingesetzt. Der Verbrauch dieser Faktoren ist abhängig von der Intensität ρ (gemessen in Produkteinheiten pro Stunde), mit der die zur Produktion notwendige Maschine betrieben wird (mit $\rho \in [2, 5]$). Die maximale Betriebszeit beträgt 8 Stunden. Es gelten folgende produktspezifischen Verbrauchsfunktionen der Faktoren:

$$a_{1,3} = 2 + 4\rho$$
$$a_{2,3} = \rho^2 - 4\rho + 5$$

a) Ermitteln Sie die kostenminimale Intensität zur Herstellung einer Produkteinheit, falls die Faktorstückkosten $c_1 = 1{,}5$ GE/PE und $c_2 = 3$ GE/PE betragen!

b) Reicht die kostenminimale Intensität zur Herstellung von 36 Produkteinheiten aus? Mit welcher Intensität/Zeit-Kombination würden Sie 36 Produkteinheiten produzieren? Welche Gesamtkosten entstehen dabei?

c) Sie haben die Möglichkeit, durch einen Leiharbeiter die Betriebszeit der Maschine auf 16 Stunden zu erhöhen. Wie viel wären Sie insgesamt maximal bereit, für den Leiharbeiter zu zahlen, wenn weiterhin nur der Auftrag über 36 Produkteinheiten vorliegt? (Hinweis: Gehen Sie davon aus, dass außer den Lohnkosten für den Leiharbeiter keine zusätzlichen Kosten anfallen.)

d) An Stelle einer Verlängerung der Maschinenbetriebszeit ist es auch möglich, eine zweite (zwischenzeitlich ausrangierte) identische Maschine wieder in Betrieb zu nehmen. Beide Maschinen können gleichzeitig vom vorhandenen Personal bedient werden, sodass außer den Kosten für die beiden o.g. Verbrauchsfaktoren nur noch einmalige Kosten für die Inbetriebnahme der *zweiten* Maschine anfallen. Lohnt es sich, zur Herstellung der 36 Produkteinheiten die zweite Maschine einzusetzen, wenn die Kosten ihrer Inbetriebnahme mit 500 GE veranschlagt werden?

e) Stellen Sie – ausgehend von den Angaben in Teilaufgabe d) – den kostenoptimalen Anpassungspfad in Abhängigkeit von der Produktionsquantität grafisch dar!

Lösung:

a) Zur Ermittlung der *kostenminimalen Intensität* wird die Stückkostenfunktion in Abhängigkeit von ρ aufgestellt und deren Ableitung gleich Null gesetzt:

$$k(\rho) = (2 + 4\rho)\cdot 1{,}5 + (\rho^2 - 4\rho + 5)\cdot 3$$
$$= 3 + 6\rho + 3\rho^2 - 12\rho + 15$$
$$= 3\rho^2 - 6\rho + 18$$

$$k'(\rho) = 6\rho - 6 = 0$$

$\Rightarrow \quad \rho = 1$

Da dieser Wert außerhalb des zulässigen Intervalls [2, 5] liegt, ergibt sich – auf Grund des stetig steigenden Verlaufs von $k(\rho)$ im Intervall [2, 5] – als optimale Intensität $\rho = 2$. Dabei entstehen folgende minimale Kosten:

$$k(2) = 3\cdot 2^2 - 6\cdot 2 + 18 = 18$$

b) Die maximale Ausbringungsmenge bei kostenminimaler Intensität und ganztägiger Produktion beträgt 16 PE/Tag (= 2 PE/h · 8 h/Tag). Zur Produktion von 36 PE ist daher eine *intensitätsmäßige Anpassung* bei t^{max} erforderlich. Die notwendige Intensität ρ errechnet sich wie folgt:

$$\rho = y_3/t^{max} = 36/8 = 4{,}5$$

Dabei entstehen folgende *Gesamtkosten*:

$$K(y_3) = k(\rho)\cdot y_3 = (3\rho^2 - 6\rho + 18)\cdot y_3 \qquad |\rho = 4{,}5;\ y_3 = 36$$
$$= 1.863$$

c) Durch Einsatz des Leiharbeiters ließen sich bei kostenminimaler Intensität 32 PE/Tag (= 2 PE/h · 16 h/Tag) herstellen. Es ist also noch immer eine intensitätsmäßige Anpassung notwendig, die zu folgendem kostenminimalen ρ führt:

$$\rho = y_3/t^{max} = 36/16 = 2{,}25$$

Daraus resultieren nachstehende Herstellungskosten (ohne Berücksichtigung des Leiharbeiters):

$$K(y_3) = k(\rho) \cdot y_3 = (3\rho^2 - 6\rho + 18) \cdot y_3 \qquad |\rho = 2{,}25;\ y_3 = 36$$
$$= 708{,}75$$

Der *Einsatz des Leiharbeiters* ist mithin lohnend, wenn er weniger als die eingesparte Summe in Höhe von 1.154,25 GE (= 1.863 − 708,75) kostet.

d) Falls beide Maschinen *gleichzeitig* eingesetzt werden, ist es optimal, sie mit identischer Intensität laufen zu lassen. (Hinweis: Unterschiedliche Intensitäten führen stets zu höheren Kosten). Zur Herstellung von 36 Produkteinheiten würden demnach auf jeder Maschine 18 Einheiten gefertigt. Dazu ist folgende Intensität nötig:

$$\rho = y_3/t^{max} = 18/8 = 2{,}25$$

Die resultierenden Kosten setzen sich zusammen aus den (sprungfixen) Inbetriebnahmekosten K^{sfix} für Maschine 2 und den für beide Maschinen gleichen variablen Herstellungskosten (welche auf Grund des identischen Wertes für ρ hier gleich den Kosten aus Teilaufgabe c) sind):

$$K(y_3) = K^{sfix} + 2 \cdot (3\rho^2 - 6\rho + 18) \cdot y_3/2 \qquad |\rho = 2{,}25;\ y_3 = 36$$
$$= 500 + 708{,}75$$
$$= 1.208{,}75$$

Verglichen mit dem Ergebnis der Teilaufgabe b) lohnt sich demnach die Inbetriebnahme der zweiten Maschine. (Hinweis: Wenn diese zweite Maschine auch noch an den Folgetagen genutzt wird, sind die Kosten ihrer Inbetriebnahme auf den gesamten Nutzungszeitraum zu verteilen.)

e) Um den kostenoptimalen Anpassungspfad zu ermitteln, werden die Kostenfunktionen bei sukzessivem und gleichzeitigem Betrieb beider Maschinen gegenübergestellt.

Im Falle einer *sukzessiven Inbetriebnahme* ist zunächst Maschine 1 zu nutzen, weil dann nur variable Herstellungskosten anfallen. Diese werden im Folgenden als $K^1(y_3)$ bezeichnet und haben – aufgeteilt in einen zeitlichen und einen intensitätsmäßigen Anpassungsbereich – nachstehenden Verlauf:

$$K^1(y_3) = \begin{cases} 18 \cdot y_3 & \text{für } 0 \leq y_3 \leq 16 \\ (3\rho^2 - 6\rho + 18) \cdot y_3 & \text{für } 16 \leq y_3 \leq 40 \\ & \text{und } \rho = \dfrac{y_3}{8} \end{cases}$$

Ab einer Fertigung von mehr als 40 Produkteinheiten wird zusätzlich Maschine 2 eingesetzt. Die dabei entstehenden Kosten $K^{1+2}(y_3)$ setzen sich aus folgenden Bestandteilen zusammen:

- Kosten der Fertigung von 40 PE mittels Maschine 1:
  $K^1(40) = (3 \cdot 5^2 - 6 \cdot 5 + 18) \cdot 40 = 2.520$

- Inbetriebnahmekosten der Maschine 2:
  $K^{sfix} = 500$

- variable Herstellungskosten bezüglich Maschine 2:
  $K^2(y_3) = K^1(y_3 - 40)$

Als Kostenfunktion ergibt sich daraus:

$$K^{1+2}(y_3) = \begin{cases} 2.520 + 500 + 18 \cdot (y_3 - 40) & \text{für } 40 < y_3 \leq 56 \\ 2.520 + 500 + (3\rho^2 - 6\rho + 18) \cdot (y_3 - 40) & \text{für } 56 \leq y_3 \leq 80 \\ & \text{und } \rho = \dfrac{y_3 - 40}{8} \end{cases}$$

Bei *gleichzeitigem Betrieb* beider Maschinen laufen diese mit identischer Intensität, weil dies kostengünstiger als mit verschiedenen Intensitätsgraden ist. Die resultierende Kostenfunktion $K^{1/2}(y_3)$, bei der wie zuvor zwischen zeitlicher und intensitätsmäßiger Anpassung zu differenzieren ist, hat folgende Gestalt:

$$K^{1/2}(y_3) = \begin{cases} 500 + 2 \cdot 18 \cdot \dfrac{y_3}{2} & \text{für } 0 \leq y_3 \leq 32 \\ 500 + 2 \cdot (3\rho^2 - 6\rho + 18) \cdot \dfrac{y_3}{2} & \text{für } 32 \leq y_3 \leq 80 \\ & \text{und } \rho = \dfrac{y_3}{2 \cdot 8} \end{cases}$$

Bild 11.4-1 gibt die Funktionsverläufe bei sukzessivem bzw. gleichzeitigem Betrieb beider Maschinen wieder. Der kostenoptimale Anpassungspfad ist durch eine gestrichelte Linie kenntlich gemacht. Demnach ist es bis zur Fertigung von etwa 29 Produkteinheiten optimal, nur Maschine 1 einzusetzen; für eine darüber hinausgehende Produktion sollten beide Maschinen gleichzeitig mit identischer Intensität gefahren werden.

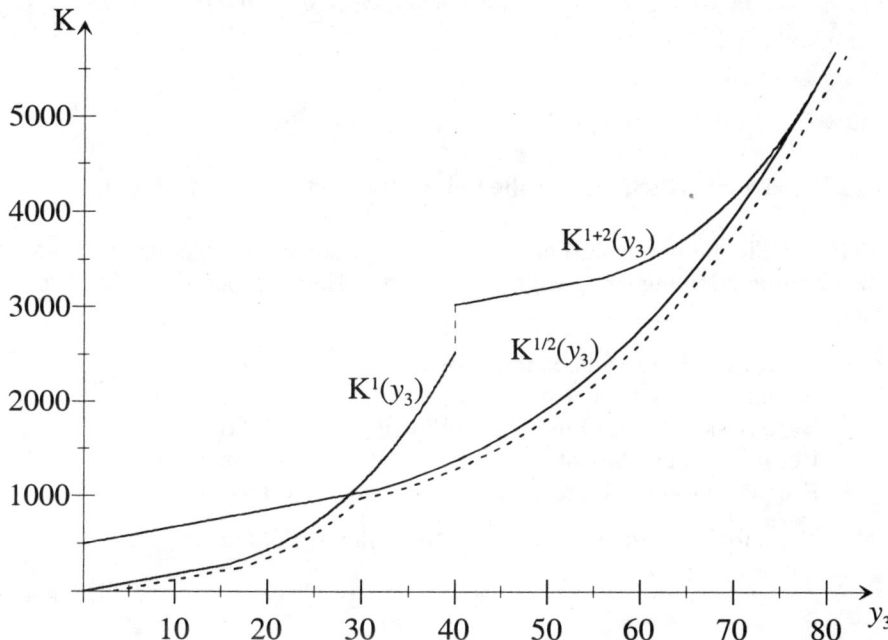

Bild 11.4-1: *Kostenverläufe bei sukzessivem bzw. gleichzeitigem Betrieb zweier Maschinen unter Berücksichtigung sprungfixer Kosten*

12 Losgrößenbestimmung

Ü 12.1 Wirtschaftliche Losgröße beim erweiterten Harris-Modell /DY 03/, L. 12.2
Ü 12.2 Wirkung sich verändernder Parameter /DY 03/, L. 12.2
Ü 12.3 Zentrale Kennzahlen und die Wirkung von Outsourcing /DY 03/, L. 12.2
Ü 12.4 Klassisches Harris-Modell und Lagerraumengpass /DY 03/, L. 12.1 + 12.3.1
Ü 12.5 Kapazitätsabgleich bei Wechselproduktion /DY 03/, L. 12.2 + 12.3.2

Ü 12.1 Wirtschaftliche Losgröße beim erweiterten Harris-Modell

Errechnen Sie die wirtschaftliche Losgröße und die davon abhängigen Kosten unter Zugrundelegung des geeignet erweiterten Harris-Modells mit folgenden Daten:

- Bedarf des Erzeugnisses pro Monat: 12.000 QE
- Auflagekosten pro Fertigungslos: 600 GE
- Bestandskosten pro Einheit und Monat: 0,90 GE
- Betriebszeit pro Monat: 160 Stunden
- Produktionsausstoß pro Stunde: 100 QE

Gehen Sie dabei von einem konstanten Nachfrageverlauf aus!

Lösung:

Im Rahmen der Losgrößenbestimmung geht es um die Frage, wann jeweils ein neues Los (als ununterbrochen in einem Zusammenhang hergestellte Produktquantität) in welcher Höhe aufgelegt werden soll. Ziel ist dabei die Minimierung der (losgrößenfixen) Rüst- und (lagermengenabhängigen) Bestandskosten als losabhängige Kosten. Die kostenminimale Losgröße wird als '*wirtschaftliche Losgröße*' bezeichnet. Sie lässt sich in Abhängigkeit von den zu Grunde gelegten Lagerzugangs- und -abgangsraten bestimmen. Aus ihren jeweiligen angenommenen Verläufen resultieren verschiedene *Modelle zur Ermittlung des gesuchten Kostenminimums*. Diese werden nach dem US-Amerikaner Harris, der als Erster ein solches Modell entwickelt hat, als Harris-Modelle bezeichnet.

Lektion 12: Losgrößenbestimmung

Zu beachten ist, dass das im jeweiligen Einzelfall heranzuziehende Harris-Modell von den Zeitpunkten abhängt, zu denen die Bestandskosten *tatsächlich* anfallen. Diese Zeitpunkte müssen nicht unbedingt mit den Zeitpunkten der Produktion, Anlieferung, Auslieferung oder Veräußerung der Produkte übereinstimmen. Davon wird allerdings im Folgenden regelmäßig ausgegangen, falls keine gegenteiligen Annahmen getroffen wurden.

So lässt sich aus den Angaben der Aufgabenstellung von Ü 12.1 ableiten, dass die Produktion wegen der begrenzten monatlichen Betriebszeit in Schüben erfolgen muss, die Nachfrage dagegen einen konstanten Verlauf aufweist. Daraus resultiert ein *periodischer Lagerzugang* und ein *gleichmäßiger Lagerabgang*. Zur Ermittlung der wirtschaftlichen Losgröße q^* sind hier diesbezüglich folgende Parameter relevant:

- Absatzmenge: y = 12.000 [QE/Monat]
- Rüstkostensatz: c^{los} = 600 [GE]
- Bestandskosten: c^{lag} = 0,90 [GE/QE und Monat]
- Umrechungsfaktor hinsichtlich der zu Grunde gelegten Zeiteinheit: τ = 1
- Absatzrate: β = 12.000 [QE/Monat]
- Produktionsrate: α = 160 [h/Monat] · 100 [QE/h]
  = 16.000 [QE/Monat]

(Hinweis: Es ist stets sicherzustellen, dass den Parametern c^{lag}, β und α die gleiche Zeiteinheit zu Grunde gelegt wird. Sie ist frei wählbar und wurde hier auf 1 Monat festgesetzt, da dies auch die Bezugsgröße der angegebenen Bestandskosten ist. Damit entspricht τ zufällig dem im Beispiel relevanten Planungszeitraum, der sich aus der Angabe 'Bedarf des Erzeugnisses *pro Monat*' ableitet. Durch diese Übereinstimmung sind die Werte für y und β identisch.)

Bei periodischem Lagerzugang und gleichmäßigem Lagerabgang setzen sich die *monatlichen losabhängigen Kosten* K(q) wie folgt zusammen:

$$K(q) = \text{Rüstkosten} + \text{Lagerhaltungskosten}$$

$$= c^{los} \cdot \frac{y}{q} + c^{lag} \cdot \tau \cdot \frac{q}{2} \cdot \left(1 - \frac{\beta}{\alpha}\right)$$

Dabei kennzeichnet der Term y/q die Anzahl der im betrachteten Zeitraum aufzulegenden Lose, der Term $(q/2) \cdot (1 - \beta/\alpha)$ den durchschnittlichen Lagerbestand. Letzterer ergibt sich aus dem Mittelwert zwischen dem minimalen Lagerbestand 0 und dem maximalen Lagerbestand $q \cdot (1 - \beta/\alpha)$:

$$\frac{0 + q \cdot \left(1 - \beta/\alpha\right)}{2} = \frac{q}{2} \cdot \left(1 - \beta/\alpha\right)$$

Der maximale Lagerbestand ist hier nicht gleich q, da während der Auffüllung des Lagers auch bereits Produkte verkauft werden. Dieser Abgangsrate entspricht der Term β/α, die resultierende Einlagerungsrate wird durch $(1 - \beta/\alpha)$ abgebildet.

Wird $K(q)$ abgeleitet, gleich Null gesetzt und nach q umgeformt, erhält man die *Formel* für die kostenminimale Losgröße q^*:

$$K'(q) = -c^{los} \cdot \frac{y}{q^2} + c^{lag} \cdot \frac{\tau}{2} \cdot \left(1 - \frac{\beta}{\alpha}\right) = 0$$

$$\Rightarrow \quad c^{los} \cdot \frac{y}{q^2} = c^{lag} \cdot \frac{\tau}{2} \cdot \left(1 - \frac{\beta}{\alpha}\right)$$

$$\Leftrightarrow \quad q^2 = \frac{c^{los} \cdot y}{c^{lag} \cdot \frac{\tau}{2} \cdot \left(1 - \frac{\beta}{\alpha}\right)}$$

$$\Rightarrow \quad q^* = \sqrt{\frac{2 \cdot y \cdot c^{los}}{\tau \cdot c^{lag} \cdot \left(1 - \frac{\beta}{\alpha}\right)}}$$

Durch Einsetzen der hier relevanten Daten kann q^* ermittelt werden:

$$q^* = \sqrt{\frac{2 \cdot 12.000 \cdot 600}{1 \cdot 0{,}9 \cdot \left(1 - \frac{12.000}{16.000}\right)}}$$

$$= 8.000$$

Die *wirtschaftliche Losgröße* beträgt demnach 8.000 QE. Als Kosten entstehen:

$$K(q^*) = 600 \cdot 12.000/8.000 + 0{,}9 \cdot 1 \cdot (8.000/2) \cdot (1 - 12.000/16.000)$$
$$= 900 + 900$$
$$= 1.800$$

(Hinweis: Typischerweise sind bei den Harris-Modellen die Rüstkosten und die Bestandskosten im Minimum der losabhängigen Kosten identisch. Dies kann als Prüfkriterium herangezogen werden, ob man richtig gerechnet hat oder nicht.)

Ü 12.2 Wirkung sich verändernder Parameter

Eine Unternehmung verkauft ein Produkt in konstanter, stets gleich bleibender Quantität. Sie versucht, die Gesamtkosten zu minimieren, indem sie das Produkt losweise in jeweils einem gewissen Herstellungszeitraum fertigt. Hängt die wirtschaftliche Losgröße von den Parametern

- Produktionsrate
- Bestandskostensatz
- variable Herstellungsstückkosten

ab? Falls ja, wie verändert sie sich bei alleiniger Erhöhung des jeweiligen Parameters?

Lösung:

Ausgangspunkt der Überlegungen ist die Formel für q^* bei *periodischem Lagerzugang* und *gleichmäßigem Lagerabgang* (vgl. Ü 12.1):

$$q^* = \sqrt{\frac{2 \cdot y \cdot c^{los}}{\tau \cdot c^{lag} \cdot \left(1 - \frac{\beta}{\alpha}\right)}}$$

An Hand der Formel lässt sich erkennen, dass eine *Erhöhung der Produktionsrate* α zu einer Senkung der wirtschaftlichen Losgröße führt. Dieser Effekt beruht auf folgender Wirkungskette:

$$\alpha \uparrow \Rightarrow \frac{\beta}{\alpha} \downarrow \Rightarrow \left(1 - \frac{\beta}{\alpha}\right) \uparrow \Rightarrow \text{Nenner} \uparrow \Rightarrow q^* \downarrow$$

Der gleiche Effekt entsteht durch *Erhöhung des Bestandskostensatzes* c^{lag}:

$$c^{lag} \uparrow \Rightarrow \text{Nenner} \uparrow \Rightarrow q^* \downarrow$$

Die *variablen Herstellungs(stück)kosten* c^{var} haben dagegen keinen Einfluss auf die wirtschaftliche Losgröße. Sie spielen zwar im Hinblick auf die Gesamtkosten eine Rolle, ihre Höhe ist aber unabhängig davon, ob viele oder wenige Quantitätseinheiten in einem Los hergestellt werden. Für die Bestimmung von q^* reicht es folglich aus, die entstehenden Rüst- und Bestandskosten zu minimieren, weil dadurch gleichzeitig die Gesamtkosten minimiert werden. Der Parameter c^{var} kommt deshalb in der Formel für q^* nicht vor.

Ü 12.3 Zentrale Kennzahlen und die Wirkung von Outsourcing

Eine Kofferfabrik hat für einen Monat (= 30 Tage) ein Auftragsvolumen von 960 Stück des Koffertyps 'Travelmaster' mit einer konstanten Absatzrate von 32 Koffern pro Tag. Die Kunden kaufen direkt ab Werk. Die variablen Herstellungskosten pro Koffer betragen 79 GE. Die Rüstkosten für die Maschine, auf der die Koffer produziert werden, belaufen sich auf 80 GE. Die Bestandskosten betragen 0,40 GE pro Tag und Koffer. Die Unternehmung arbeitet im 2-Schicht-Betrieb, bei dem 64 Koffer pro Tag produziert werden können.

a) Bestimmen Sie die wirtschaftliche Losgröße und beantworten Sie folgende Fragen:

 – Wie hoch sind die sich daraus ergebenden monatlichen Rüstkosten, Bestandskosten und Gesamtkosten?
 – Nach wie vielen Tagen wird ein neues Los aufgelegt?
 – Wie lang sind die reine Produktions- und die reine Absatzzeit?
 – Wie hoch ist der maximale Lagerbestand?
 – Wie wirkt sich eine Erhöhung der täglichen Absatzquantität auf die wirtschaftliche Losgröße aus?

a) Der Unternehmer zieht sich im Rahmen eines Outsourcing von Teilen der Produktion aus der Fertigung des 'Travelmasters' zurück und setzt diesen Koffertyp nur noch als Händler ab. Die bestellten Koffer werden per LKW angeliefert und unmittelbar bezahlt. Der Einkaufspreis pro Koffer beläuft sich auf 90 GE. Mit jeder Bestellung fallen zusätzlich bestellfixe Kosten von 80 GE an. Welche Losgröße ist jetzt optimal? Warum ist die optimale Bestellmenge kleiner als die optimale Seriengröße in Teilaufgabe a)?

Lösung:

a) Zur Berechnung der wirtschaftlichen Losgröße sind folgende Parameter relevant:

 – Absatzmenge: $y = 960$ [QE/Monat]
 – Rüstkostensatz: $c^{los} = 80$ [GE]
 – Bestandskosten: $c^{lag} = 0{,}40$ [GE/QE und Tag]
 – Umrechnungsfaktor hinsichtlich der zu Grunde gelegten Zeiteinheit: $\tau = 30$
 – Absatzrate: $\beta = y/\tau = 32$ [QE/Tag]
 – Produktionsrate: $\alpha = 64$ [QE/Tag]

Die *wirtschaftliche Losgröße* q^* errechnet sich wie folgt:

$$q^* = \sqrt{\frac{2 \cdot y \cdot c^{los}}{\tau \cdot c^{lag} \cdot \left(1 - \frac{\beta}{\alpha}\right)}}$$

$$= \sqrt{\frac{2 \cdot 960 \cdot 80}{30 \cdot 0,4 \cdot \left(1 - \frac{32}{64}\right)}}$$

$$= 160$$

Dabei fallen an:

monatliche Rüstkosten: $\quad K^{los} = c^{los} \cdot y/q^*$
$\qquad\qquad\qquad\qquad\qquad\; = 80 \cdot 960/160 = 480$

monatliche Bestandskosten: $K^{lag} = c^{lag} \cdot (q^*/2) \cdot \tau \cdot (1 - \beta/\alpha)$
$\qquad\qquad\qquad\qquad\qquad\; = 0,4 \cdot (160/2) \cdot 30 \cdot (1 - 32/64) = 480$

$\Rightarrow$ *monatliche Gesamtkosten*: $\;K^{ges} = K^{los} + K^{lag} + K^{var} + K^{fix}$
$\qquad\qquad\qquad\qquad\qquad\; = 480 + 480 + c^{var} \cdot y + 0$
$\qquad\qquad\qquad\qquad\qquad\; = 480 + 480 + 79 \cdot 960 = 76.800$

Um zu ermitteln, nach wie vielen Tagen jeweils ein neues Los aufzulegen ist, kann von den notwendigen Losen pro Monat ausgegangen werden:

$$\frac{960^{\text{QE}}/_{\text{Monat}}}{160^{\text{QE}}/_{\text{Los}}} = 6^{\text{Lose}}/_{\text{Monat}}$$

$$\Rightarrow \frac{30^{\text{Tage}}/_{\text{Monat}}}{6^{\text{Lose}}/_{\text{Monat}}} = 5^{\text{Tage}}/_{\text{Los}}$$

Demnach wird alle 5 Tage ein neues Los aufgelegt. Diese Zeitspanne bezeichnet man auch als *Zykluslänge* (bzw. Eindeckzeit) t. (Hinweis: t lässt sich auch direkt über die Formel $t = q^*/\beta$ errechnen.)

Unter der *reinen Produktionszeit* ρ eines Loses versteht man denjenigen Zeitraum innerhalb der Zykluslänge, in dem tatsächlich produziert wird:

$$\rho = \frac{q^*}{\alpha} = \frac{160^{\text{Stück}}/_{\text{Los}}}{64^{\text{Stück}}/_{\text{Tage}}} = 2,5^{\text{Tage}}/_{\text{Los}}$$

Die *reine Absatzzeit* σ bezeichnet denjenigen Zeitraum innerhalb der Zykluslänge, in dem nur verkauft, aber nicht produziert wird:

$$\sigma = t - \rho = 5\,{}^{\text{Tage}}\!/\!_{\text{Los}} - 2{,}5\,{}^{\text{Tage}}\!/\!_{\text{Los}} = 2{,}5\,{}^{\text{Tage}}\!/\!_{\text{Los}}$$

Im Hinblick auf die Berechnung des *maximalen Lagerbestands s* ist zu berücksichtigen, dass sich der Lagerbestand während der Produktionszeit auf Grund des gleichzeitig stattfindenden Absatzes nur um einen bestimmten Anteil der produzierten Menge erhöht. Diese Quote wird durch den Term $1 - \beta/\alpha$ abgebildet, woraus sich nachstehender Wert für s ergibt:

$$s = \left(1 - \frac{\beta}{\alpha}\right) \cdot q^{*} = \left(1 - \frac{32}{64}\right) \cdot 160 = 80 \text{ QE}$$

An Hand der (bisher vorgestellten) Formel für q^{*} ist erkennbar, dass eine *Steigerung der täglichen Absatzquantität* β eine höhere wirtschaftliche Losgröße nach sich zieht. Dieser Effekt beruht zum einen auf folgender Wirkungskette:

$$\beta\!\uparrow\; \Rightarrow\; \frac{\beta}{\alpha}\!\uparrow\; \Rightarrow\; \left(1 - \frac{\beta}{\alpha}\right)\!\downarrow\; \Rightarrow\; \text{Nenner der Losgrößenformel}\!\downarrow\; \Rightarrow\; q^{*}\!\uparrow$$

Darüber hinaus ist eine zweite Wirkungskette relevant, zu deren Erläuterung die vorgestellte Losgrößenformel umgeformt werden muss (beachte: $\beta = y/\tau$):

$$q^{*} = \sqrt{\frac{2 \cdot y \cdot c^{los}}{\tau \cdot c^{lag} \cdot \left(1 - \dfrac{\beta}{\alpha}\right)}}$$

$$= \sqrt{\frac{2 \cdot \beta \cdot c^{los}}{c^{lag} \cdot \left(1 - \dfrac{\beta}{\alpha}\right)}}$$

Der Parameter β taucht nun auch in Nenner auf. Diesbezüglich gilt analog:

$$\beta\!\uparrow\; \Rightarrow\; \text{Zähler der Losgrößenformel}\!\uparrow\; \Rightarrow\; q^{*}\!\uparrow$$

b) Durch die Auslagerung der Produktion fallen zwar die Rüstkosten der Maschine weg, jedoch entstehen dem Unternehmer *fixe Bestellkosten*, die sich als c^{los} interpretieren lassen. Ebenso kann zwar nicht mehr von einer Produktionsrate im eigentlichen Sinne gesprochen werden, an ihre Stelle treten aber die Anlieferung(sbedingung)en der Koffer. Diesbezüglich sind im Beispiel nicht die faktischen Lieferungszeitpunkte und -höhen relevant, sondern die *Zahlungsmodalitäten*. Da eine unmittelbare Bezahlung nach Lieferung zu erfolgen hat, ist dies gleich bedeutend mit einem *schlagartigen Lagerzugang*. Der Parameter α geht damit gegen ∞, sodass $(1 - \beta/\alpha)$ den Wert 1 annimmt (α bezieht sich nicht mehr auf einen Zeitraum, sondern auf einen Zeitpunkt). Die losabhängigen Kosten setzen sich nunmehr wie folgt zusammen:

$$K(q) = c^{los} \cdot y/q + c^{lag} \cdot (q/2) \cdot \tau$$

Als vereinfachte Formel für die Situation eines schlagartigen Lagerzugangs und gleichmäßigen Lagerabgangs kann daraus die so genannte *klassische Losgrößenformel* abgeleitet werden:

$$q^* = \sqrt{\frac{2 \cdot y \cdot c^{los}}{\tau \cdot c^{lag}}} \quad \left(= \sqrt{\frac{2 \cdot \beta \cdot c^{los}}{c^{lag}}} \right)$$

Auf Basis dieser Formel errechnet sich q^* wie folgt:

$$q^* = \sqrt{\frac{2 \cdot 960 \cdot 80}{30 \cdot 0{,}4}}$$
$$= 113{,}14$$

Eine Anlieferung von 113,14 Koffern ist allerdings nicht möglich. Zu prüfen ist daher, ob eine Bestellmenge von 113 oder von 114 Koffer günstiger ist:

$$K(113) = 80 \cdot \frac{960}{113} + 0{,}4 \cdot 30 \cdot \frac{113}{2} = 1.357{,}65$$

$$K(114) = 80 \cdot \frac{960}{114} + 0{,}4 \cdot 30 \cdot \frac{114}{2} = 1.357{,}68$$

Die wirtschaftliche Losgröße (bzw. hier eigentlich: Bestellmenge) umfasst demnach 113 QE.

Die Verringerung gegenüber q^* aus Teilaufgabe a) beruht auf der *schnelleren* (unendlich schnellen) *Produktionsrate* (bzw. hier besser: Anlieferungsrate) α, was – bezogen auf die Losgrößenformel – zu nachstehender Wirkungskette führt (vgl. Ü 12.2):

$$\alpha \uparrow \Rightarrow \frac{\beta}{\alpha} \downarrow \Rightarrow \left(1 - \frac{\beta}{\alpha}\right) \uparrow \Rightarrow \text{Nenner} \uparrow \Rightarrow q^* \downarrow$$

Ü 12.4 Klassisches Harris-Modell und Lagerraumengpass

Ein kleiner Hersteller von Hifi-Geräten setzt monatlich 100 Stück seiner Luxus-Lautsprecherbox 'Watt-Master' ab. Es ist zu überlegen, in welchen Serien die Box gefertigt werden soll. Jede Serie erfordert Auflagekosten von 450 GE. Die Bestandskosten für das in den Fertigerzeugnissen gebundene Material betragen 4 GE pro Box und Monat.

a) Was ist die wirtschaftliche Seriengröße (= Losgröße)?

b) Welche Auflagekosten und welche Bestandskosten entstehen monatlich bei Realisierung der wirtschaftlichen Seriengröße?

c) Neben dem 'Watt-Master' wird auch der 'Dröhn-Master' produziert. Von diesem können 250 Stück pro Monat abgesetzt werden. Die Rüstkosten bei der Herstellung eines Loses des Dröhn-Masters betragen 400 GE. Für die Lagerhaltung des Dröhn-Masters fallen 5 GE pro Stück und Monat an. Beide Boxentypen müssen in einem gemeinsamen Lager gelagert werden. Im Lager stehen nur 450 m² Fläche zur Verfügung. Der Watt-Master benötigt 1 m² Lagerfläche, der Dröhn-Master 2 m² Lagerfläche. Reicht der Lagerraum aus, um die jeweils individuell wirtschaftlichen Losgrößen zu produzieren? Versuchen Sie, den Schattenpreis der Lagerkapazität zu ermitteln! (Hinweis: Als geeigneter Startwert kann 1 gewählt werden.) Mit welchen Bestandskostensätzen, einschließlich der Opportunitätskosten, sollte der Unternehmer zweckmäßigerweise rechnen?

Lösung:

a) Für den Watt-Master ist von einem schlagartigen Lagerzugang und einem gleichmäßigen Lagerabgang auszugehen. Damit kann die *klassische Losgrößenformel* Anwendung finden:

$$q^* = \sqrt{\frac{2 \cdot y \cdot c^{los}}{\tau \cdot c^{lag}}} = \sqrt{\frac{2 \cdot 100 \cdot 450}{1 \cdot 4}} = 150$$

b) Als *Auflagekosten* K^{los} bzw. als *Bestandskosten* K^{lag} entstehen monatlich:

$$K^{los} = c^{los} \cdot \frac{y}{q^*} = 450 \cdot \frac{100}{150} = 300$$

$$K^{lag} = c^{lag} \cdot \frac{q^*}{2} \cdot \tau = 4 \cdot \frac{150}{2} \cdot 1 = 300$$

c) Um festzustellen, ob im Rahmen der Minimierung losabhängiger Kosten für beide Boxentypen der insgesamt vorhandene Lagerraum ausreicht, ist auch für den Dröhn-Master die wirtschaftliche Losgröße zu ermitteln:

$$q^* = \sqrt{\frac{2 \cdot y \cdot c^{los}}{\tau \cdot c^{lag}}} = \sqrt{\frac{2 \cdot 250 \cdot 400}{1 \cdot 5}} = 200$$

Lektion 12: Losgrößenbestimmung

Als losabhängige Kosten ergeben sich:

$$K = c^{los} \cdot \frac{y}{q^*} + c^{lag} \cdot \frac{q^*}{2} \cdot \tau = 400 \cdot \frac{250}{200} + 5 \cdot \frac{200}{2} \cdot 1 = 500 + 500 = 1.000$$

Zur Berechnung der insgesamt *benötigten Lagerfläche* F sind die maximalen Lagerbestände der Produkte (die im Beispiel wegen des schlagartigen Lagerzugangs den optimalen Losgrößen entsprechen) zu multiplizieren mit dem jeweiligen Lagerbedarf f_j des Produktes j ($j = 1$: Watt-Master; $j = 2$: Dröhn-Master):

$$F = f_1 \cdot q_1^* + f_2 \cdot q_2^* = 1 \cdot 150 + 2 \cdot 200 = 550$$

Benötigt wird also eine Fläche von 550 m², vorhanden sind jedoch nur 450 m².

Da die wirtschaftlichen Losgrößen nicht realisiert werden können, stellt sich die Frage, *welche* Losgrößen unter *Berücksichtigung der Nebenbedingung* begrenzter Lagerkapazität kostenminimal sind. Als Optimierungsaufgabe ergibt sich:

$$\text{Min! } K = \sum_{j=1}^{2} \left(c_j^{los} \cdot \frac{y_j}{q_j} + c_j^{lag} \cdot \frac{\tau \cdot q_j}{2} \right)$$

wobei $\quad \sum_{j=1}^{2} f_j q_j = 450$

Sie ist lösbar unter Zuhilfenahme der so genannten Lagrange-Multiplikatorenmethode, die zu nachstehender Lagrange-Funktion $\mathcal{L}$ führt:

$$\mathcal{L} = \sum_{j=1}^{2} \left(c_j^{los} \cdot \frac{y_j}{q_j} + c_j^{lag} \cdot \frac{\tau \cdot q_j}{2} \right) + \mu \left(\sum_{j=1}^{2} f_j q_j - 450 \right)$$

Leitet man diese Funktion ab und setzt die Ableitung gleich Null, dann ergibt sich für jedes j ($j = 1, 2$) folgende Losgrößenformel:

$$\mathcal{L}' = -c_j^{los} \frac{y_j}{(q_j)^2} + c_j^{lag} \frac{\tau}{2} + \mu f_j = 0$$

$$\Rightarrow \quad c_j^{los} \frac{y_j}{(q_j)^2} = c_j^{lag} \frac{\tau}{2} + \mu f_j$$

$$\Leftrightarrow \quad (q_j)^2 = \frac{y_j \cdot c_j^{los}}{c_j^{lag} \frac{\tau}{2} + \mu f_j}$$

$$\Rightarrow \quad q_j^* = \sqrt{\frac{y_j \cdot c_j^{los}}{c_j^{lag} \cdot \frac{\tau}{2} + \mu \cdot f_j}}$$

Im Vergleich zur klassischen Losgrößenformel erkennt man, dass im Nenner der Wurzel zusätzlich der Term $\mu \cdot f_j$ steht. Im Sinne von Opportunitätskosten beziffert er die Grenzkosten der Nutzung des Lagerengpasses durch eine QE des Produktes j. Dabei heißt μ *Schattenpreis* der Engpassressource.

Falls man nicht ein mathematisches Approximationsverfahren zur Lösung des – aus der Flächennebenbedingung sowie den Lösgrößenformeln für $j = 1$ und $j = 2$ bestehenden – Gleichungssystems nutzen kann, lässt sich μ näherungsweise auch mit Hilfe eines systematischen *Iterationsverfahrens* bestimmen. Beginnend mit dem Startwert $\mu = 1$ wird sukzessive versucht, auf Basis der obigen Formel diejenigen Losgrößen zu ermitteln, bei denen der verfügbare Lagerraum von 450 m² gerade ausgeschöpft wird. Die Tabelle 12.4-1 gibt mögliche Iterationsschritte wieder.

Tab. 12.4-1: *Sukzessive Ermittlung optimaler Losgrößen bei Lagerengpass*

μ	q_1	q_2	$F = f_1 \cdot q_1 + f_2 \cdot q_2 \leq 450$?	Raumkapazität
1	122,47	149,07	420,61	nicht ausgeschöpft $\Rightarrow \mu$ zu hoch
0,5	134,16	169,03	472,22	überschritten $\Rightarrow \mu$ zu niedrig
0,75	127,92	158,11	444,14	nicht ausgeschöpft $\Rightarrow \mu$ wieder zu hoch
0,65	130,31	162,22	454,75	überschritten $\Rightarrow \mu$ wieder zu niedrig
0,7	129,10	160,13	449,36	fast ausgeschöpft $\Rightarrow \mu$ ein wenig zu hoch

Bei $\mu = 1$ errechnet sich beispielsweise q_1 wie folgt:

$$q_1 = \sqrt{\frac{y_j \cdot c_j^{los}}{c_j^{lag} \cdot \frac{\tau}{2} + \mu \cdot f_j}} = \sqrt{\frac{100 \cdot 450}{4 \cdot \frac{1}{2} + 1 \cdot 1}} = 122{,}47$$

Bei weiterer Konkretisierung von μ würden sich schließlich folgende Werte ergeben:

$\mu = 0{,}6939$
$\Rightarrow \quad q_1^* = 129{,}25; \quad q_2^* = 160{,}38$

Allerdings handelt es sich bei den betrachteten Produkten um Stückgüter. Unter der Bedingung der Ganzzahligkeit lässt sich zeigen, dass $q_1^* = 130$ und $q_2^* = 160$ optimal sind.

Da in der Praxis eine exakte Ermittlung der losabhängigen Kosten i.a. nicht möglich sein wird, muss man sich mit *Schätzwerten* zufrieden geben. Diesbezüglich ist es nahe liegend, den traditionellen Bestandskostensatz c_j^{lag} mit einem Zuschlag Δc_j^{lag} zu versehen und die Losgröße dann an Hand der klassischen Formel zu berechnen. Im Idealfall ist Δc_j^{lag} gleich $2 \cdot \mu \cdot f_j/\tau$, denn dann gilt:

$$q_j^* = \sqrt{\frac{y_j \cdot c_j^{los}}{\left(c_j^{lag} + \Delta c_j^{lag}\right) \cdot \frac{\tau}{2}}} = \sqrt{\frac{y_j \cdot c_j^{los}}{\left(c_j^{lag} + 2 \cdot \mu \cdot f_j/\tau\right) \cdot \frac{\tau}{2}}}$$

$$= \sqrt{\frac{y_j \cdot c_j^{los}}{c_j^{lag} \cdot \frac{\tau}{2} + \mu \cdot f_j}}$$

Im Beispiel ergeben sich als *ideale Zuschlagwerte* $\Delta c_j^{*\,lag}$ bzw. als *optimale Bestandskostensätze* $c_j^{*\,lag}$:

$$\Delta c_1^{*\,lag} = 2 \cdot \mu \cdot f_1/\tau = 2 \cdot 0{,}6939 \cdot 1/1 = 1{,}3878$$
$$\Delta c_2^{*\,lag} = 2 \cdot \mu \cdot f_2/\tau = 2 \cdot 0{,}6939 \cdot 2/1 = 2{,}7756$$

$$c_1^{*\,lag} = 4 + 1{,}3878 = 5{,}3878$$
$$c_2^{*\,lag} = 5 + 2{,}7756 = 7{,}7756$$

Ü 12.5 Kapazitätsabgleich bei Wechselproduktion

Ein Produzent stellt auf einer Maschine drei Produkte her, die alle einen konstanten Absatzverlauf aufweisen. Die zur Produktion benötigten Einsatzstoffe werden bedarfssynchron angeliefert und direkt nach Erhalt bezahlt, sodass sich die in den Bestandskosten enthaltene Kapitalbindung ausschließlich auf die fertigen Produkte bezieht. Folgende Daten seien gegeben:

	Produkt 1	Produkt 2	Produkt 3
Absatzrate [QE pro Monat]	1.600	3.200	960
Produktionsrate [QE pro Monat]	6.000	8.000	12.000
Rüstkosten [GE pro Los]	440	150	276
Bestandskosten [GE pro QE und Monat]	15	10	5

a) Berechnen Sie die wirtschaftlichen Losgrößen für die drei Produkte, und zwar jeweils mit Hilfe des erweiterten Harris-Modells! Begründen Sie kurz, warum das erweiterte Harris-Modell in diesem Fall dem einfachen Harris-Modell vorzuziehen ist!

b) Wie groß sind die jeweiligen optimalen Zykluslängen (in Monaten)? Wie lange ist die jeweilige Bearbeitungszeit eines Loses?

c) Überprüfen Sie grafisch, ob die gefundene Lösung realisierbar ist! Falls dies nicht der Fall ist, ermitteln Sie eine realisierbare Lösung! Welche Kosten verursacht die 'optimale' und welche die realisierbare Lösung?

Lösung:

a) Das einfache Harris-Modell impliziert, dass – neben einem gleichmäßigen Absatz – bereits zu Beginn der Herstellung der *ersten Produkteinheit* alle für das gesamte Los benötigten Faktoren kostenwirksam sind. Laut Aufgabenstellung sind hingegen die Faktoren erst dann zu bezahlen, wenn sie tatsächlich eingesetzt werden. Deshalb ist das erweiterte Harris-Modell zur Abbildung eines *periodischen Lagerzugangs* und eines *gleichmäßigen Lagerabgangs* vorzuziehen:

$$q^* = \sqrt{\frac{2 \cdot y \cdot c^{los}}{\tau \cdot c^{lag} \cdot \left(1 - \frac{\beta}{\alpha}\right)}}$$

Für die 3 Produkte ergeben sich daraus folgende wirtschaftliche Losgrößen:

$$q_1^* = \sqrt{\frac{2 \cdot 1600 \cdot 440}{1 \cdot 15 \cdot \left(1 - \frac{1.600}{6.000}\right)}} = 357{,}77$$

$$q_2^* = \sqrt{\frac{2 \cdot 3200 \cdot 150}{1 \cdot 10 \cdot \left(1 - \frac{3.200}{8.000}\right)}} = 400$$

$$q_3^* = \sqrt{\frac{2 \cdot 960 \cdot 276}{1 \cdot 5 \cdot \left(1 - \frac{960}{12.000}\right)}} = 339{,}41$$

b) Die Zykluslänge t (= q/β) beziffert diejenige Zeitspanne, zu deren Beginn jeweils ein neues Los aufgelegt wird:

$$t = \frac{q}{\beta}\left[\frac{QE}{QE/_{Monat}}\right] = \frac{q}{\beta}[\text{Monate}]$$

$$t_1 = \frac{357{,}77}{1.600} = 0{,}224$$

$$t_2 = \frac{400}{3.200} = 0{,}125$$

$$t_3 = \frac{339{,}41}{960} = 0{,}354$$

Die Bearbeitungszeit ρ eines Loses entspricht der (reinen) Produktionszeit, d.h. demjenigen Zeitraum innerhalb einer Zykluslänge, in dem tatsächlich produziert wird:

$$\rho = \frac{q}{\alpha}\left[\frac{QE/_{Los}}{QE/_{Monat}}\right] = \frac{q}{\alpha}\left[\frac{\text{Monate}}{\text{Los}}\right]$$

$$\rho_1 = \frac{357{,}77}{6.000} = 0{,}0596$$

$$\rho_2 = \frac{400}{8.000} = 0{,}05$$

$$\rho_3 = \frac{339{,}41}{12.000} = 0{,}0283$$

c) Die Auswirkungen der ermittelten q_j^* bezüglich des resultierenden Kapazitätsbedarfs gibt Bild 12.5-1 wieder. Da nur eine Maschine zur Herstellung aller drei Produkte verfügbar ist, sind Überschneidungen von Bearbeitungszeiten gleich bedeutend mit *Kapazitätsdefiziten*. (Hinweis: Die so genannten Belegungszeiten der Maschinen müssten als Summe aus Bearbeitungs- und Rüstzeiten Berücksichtigung finden. Hier wird aber vereinfachend von Rüstzeiten abgesehen, sodass die Belegungszeiten den Bearbeitungszeiten entsprechen.)

Um nicht schon von Zeitpunkt 0 an solche Überschneidungen zu erhalten, beginnt die Bearbeitungszeit von Produkt 2 (bzw. 3) erst, nachdem die Bearbeitungszeit von Produkt 1 (bzw. 2) beendet ist. Dennoch kommt es zu Engpässen. Beispielsweise überschneiden sich die Produktionszeiten des jeweils zweiten Loses der Produkte 1 und 2 bzw. des dritten Loses von Produkt 1, des vierten Loses von Produkt 2 und des zweiten Loses von Produkt 3. Solche Engpässe sind in Bild 12.5-1 durch schwarze Balken auf der Zeitachse hervorgehoben.

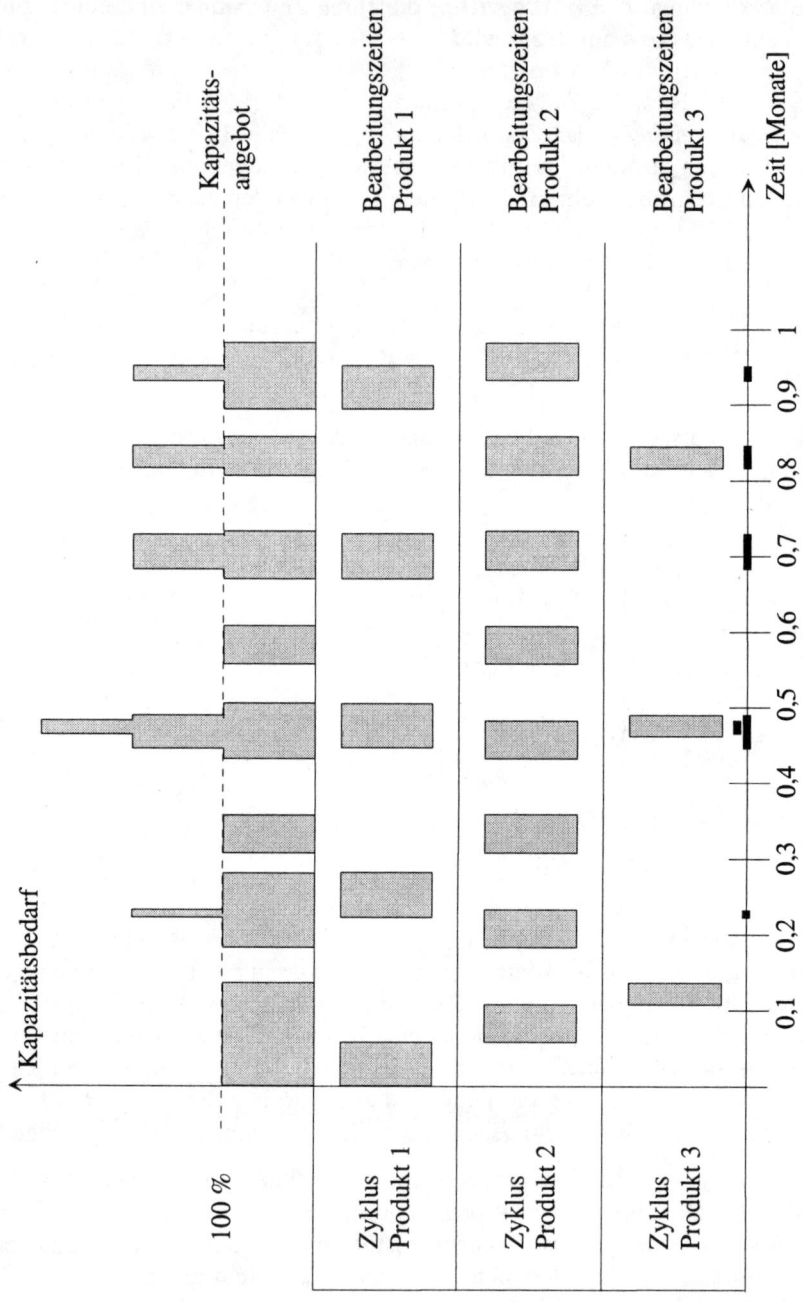

Bild 12.5-1: *Kapazitätsüberschneidungen bei geplanter Umsetzung der q_j^**

Lektion 12: Losgrößenbestimmung

Auch durch *Verschiebung* der Produktionsrhythmen lassen sich Kapazitätsengpässe nicht vermeiden. Eine realisierbare Lösung erfordert daher die *Veränderung* der Rhythmen. Im Rahmen der notwendigen Abstimmung der t_j bietet es sich z.B. an, die kostenminimale Lösung für den Fall einer noch zu bestimmenden, *einheitlichen Zykluslänge t* – in der jedes Los genau einmal aufgelegt wird – zu ermitteln. (Hinweis: Dies wird zu gegenüber Teilaufgabe a) veränderten Losgrößen führen, die deshalb im Folgenden als q_j^{ges} gekennzeichnet werden.) Die dabei zu berücksichtigende Kostenfunktion, welche die gesamten Rüst- und Bestandskosten abbildet, hat nachstehende Gestalt:

$$K = \sum_{j=1}^{3} \frac{y_j}{q_j^{ges}} \cdot c_j^{los} + \sum_{j=1}^{3} \frac{q_j^{ges}}{2} \cdot \tau \cdot c_j^{lag} \cdot \left(1 - \frac{\beta_j}{\alpha_j}\right)$$

Dabei gilt:

$$y_j = \beta_j \cdot \tau = \beta_j; \quad t = \frac{q_j^{ges}}{\beta_j}$$

$$\Rightarrow \quad y_j = \beta_j = \frac{q_j^{ges}}{t}; \quad q_j^{ges} = \beta_j \cdot t$$

Durch entsprechende Substitution von y_j im ersten Teil und q_j^{ges} im zweiten Teil der Kostenfunktion ergibt sich:

$$K(t) = \sum_{j=1}^{3} \frac{q_j^{ges}}{q_j^{ges} \cdot t} \cdot c_j^{los} + \sum_{j=1}^{3} \frac{\beta_j \cdot t}{2} \cdot \tau \cdot c_j^{lag} \cdot \left(1 - \frac{\beta_j}{\alpha_j}\right)$$

Setzt man die in Teilaufgabe b) errechneten Werte ein, so gilt für K(*t*):

$$K(t) = \frac{440}{t} + \frac{150}{t} + \frac{276}{t}$$
$$+ \frac{1.600 \cdot t}{2} \cdot 15 \cdot 0,7\overline{3} + \frac{3.200 \cdot t}{2} \cdot 10 \cdot 0,6 + \frac{960 \cdot t}{2} \cdot 5 \cdot 0,92$$
$$= \frac{866}{t} + 20.608t$$

Zur Ermittlung des Kostenminimums wird die Funktion abgeleitet und gleich Null gesetzt:

$K'(t) = -866/t^2 + 20.608 = 0$

$\Rightarrow \quad 866/t^2 = 20.608$

$\Leftrightarrow \quad t = 0,2050$

Demnach beträgt die optimale *kostenminimale Zykluszeit* t^*, in der jedes Los genau einmal aufgelegt wird, 0,2050 Monate. Folgende neue Losgrößen ($q_j^{ges} = t^* \cdot \beta_j$) und Bearbeitungszeiten ($\rho_j = q_j^{ges}/\alpha_j$) ergeben sich:

$q_1^{ges} = 0{,}2050 \cdot 1.600 = 328$
$q_2^{ges} = 0{,}2050 \cdot 3.200 = 656$
$q_3^{ges} = 0{,}2050 \cdot 960 = 196{,}8$

$\rho_1 = 328/6.000 = 0{,}0547$
$\rho_2 = 656/8.000 = 0{,}082$
$\rho_3 = 196{,}8/12.000 = 0{,}0164$

Wie Bild 12.5-2 verdeutlicht, führen diese Bearbeitungszeiten in Verbindung mit der einheitlichen Zykluszeit von 0,2050 Monaten nicht mehr zu Kapazitätsdefiziten. (Allerdings ist q_3^{ges} nicht ganzzahlig. Dieser Aspekt kann hier aber vernachlässigt werden, zumal sich viermal eine Losgröße von 197 Stück und einmal eine Losgröße von 196 Stück realisieren lässt.)

Aus der gefundenen Lösung resultieren folgende Kosten:

$K(t^*) = 866/t^* + 20.608 t^*$
$= 866/0{,}2050 + 20.608 \cdot 0{,}2050$
$= 8.449{,}03$

(Hinweis: Wird von der Vorgabe abgewichen, innerhalb einer einheitlichen Zykluszeit genau ein Los jedes Produktes aufzulegen, lässt sich unter Umständen noch eine bessere Lösung finden. Beispielsweise könnte es vorteilhaft sein, Produkt 3 nur in jedem zweiten Zyklus aufzulegen.)

Die ursprünglich ermittelte, 'optimale' – aber wegen des Kapazitätsengpasses nicht realisierbare – Lösung hätte dagegen zu nachstehenden Kosten geführt:

$$K = \sum_{j=1}^{3} \frac{y_j}{q_j} \cdot c_j^{los} + \sum_{j=1}^{3} \frac{q_j}{2} \cdot \tau \cdot c_j^{lag} \cdot \left(1 - \frac{\beta_j}{\alpha_j}\right)$$

$$= \frac{1.600}{357{,}77} \cdot 440 + \frac{3.200}{400} \cdot 150 + \frac{960}{339{,}41} \cdot 276$$

$$+ \frac{357{,}77}{2} \cdot 1 \cdot 15 \cdot 0{,}7\overline{3} + \frac{400}{2} \cdot 1 \cdot 10 \cdot 0{,}6 + \frac{339{,}41}{2} \cdot 1 \cdot 5 \cdot 0{,}92$$

$$= 7.896{,}77$$

Lektion 12: Losgrößenbestimmung

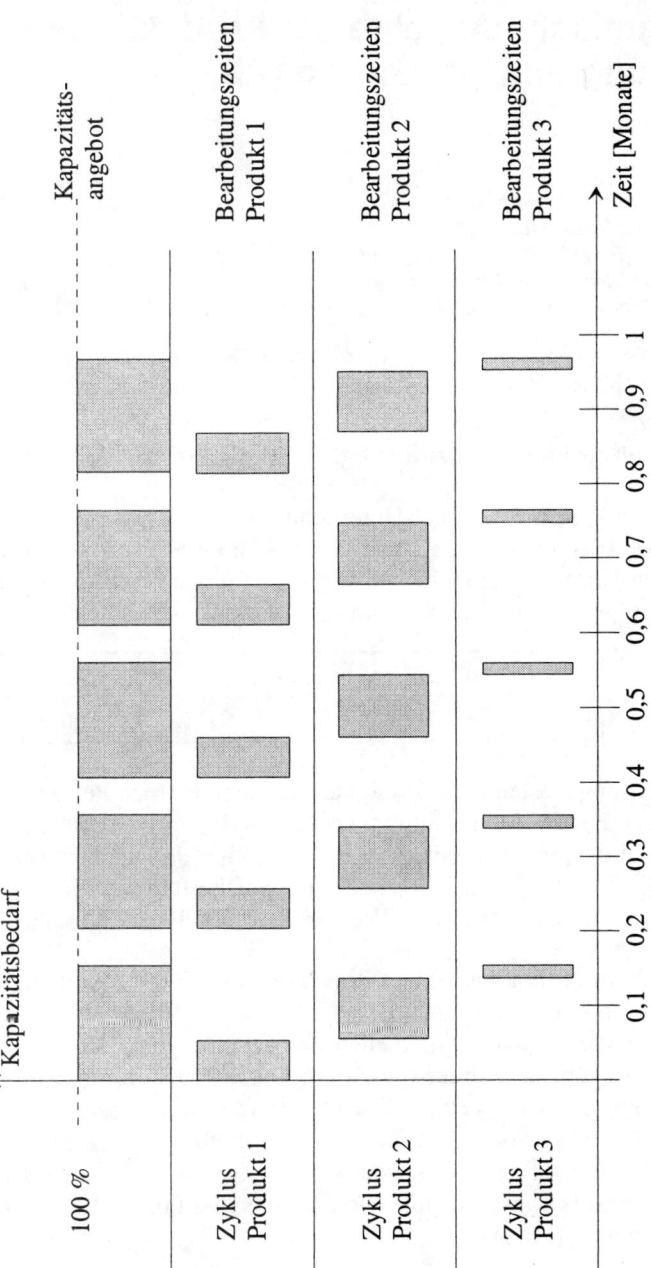

Bild 12.5-2: *Kapazitätsbeanspruchung bei einheitlicher Zykluszeit $t^* = 0,2050$*

13 Dynamische Aspekte der Produktionsplanung und -steuerung (PPS)

Ü 13.1   Mittelfristiger Kapazitätsabgleich   /DY 03/, L. 13.1.2
Ü 13.2   Nettobedarfsermittlung   /DY 03/, L. 13.2.2
Ü 13.3   Terminierte Bedarfsermittlung auf Basis des
         Dispositionsstufenverfahrens   /DY 03/, L. 13.2.2
Ü 13.4   Erweiterte terminierte Faktorbedarfsermittlung   /DY 03/, L. 13.2.2

Ü 13.1   Mittelfristiger Kapazitätsabgleich (vgl. /GT 03/, S. 155ff.)

a) Die Personalkapazität in einer Unternehmung ist auf jeweils 100 Einheiten pro Periode beschränkt. Jede Nachfrageeinheit eines Produktes beansprucht genau eine Kapazitätseinheit. Die voraussichtliche Nachfrageentwicklung kann der folgenden Tabelle entnommen werden:

Periode	1	2	3	4	5	6
Nachfrage	90	110	50	110	100	130

Die Herstellungskosten eines Produktes betragen in allen Perioden 12 Geldeinheiten (GE), die Lagerhaltungskosten 1 GE pro Produkt und Periode. Wie viele Einheiten des Produktes sind in welcher Periode herzustellen, falls die Nachfrage befriedigt werden soll, und welche Lagerquantitäten ergeben sich in den einzelnen Perioden? Welche Kosten fallen insgesamt an?

b) Ergänzend zur Aufgabenstellung des Teils a) kann die beschränkte Personalkapazität nun um eine Zusatzkapazität von je 10 Einheiten pro Periode erweitert werden. Einem eventuellen Kapazitätsengpass kann damit nicht nur durch Lagerung, sondern auch durch die Inanspruchnahme der Zusatzkapazität begegnet werden. Der Lagerhaltungskostensatz beträgt 1 GE pro Produkt und Periode, und für jedes innerhalb der Zusatzkapazität produzierte Produkt fallen Mehrkosten von 1,5 GE an. Wie lautet der kostenminimale Produktionsplan, und welche entscheidungsrelevanten Kosten fallen dabei an?

c) Gehen Sie der Frage nach, wie hoch der Absatzpreis bzw. der Nettostückerlös des Produktes mindestens sein muss, damit sich die Befriedigung der Nachfrage auch noch bei Inanspruchnahme der Zusatzkapazität oder vorgezogener Produktion lohnt!

Lösung:

a) In den Perioden 2, 4 und 6 übersteigt die Nachfrage das Angebot an Personalkapazität. Diesen Nachfrageüberschüssen kann durch *Vorverlagerung der Produktion* in frühere Perioden mit noch ungenutzter Kapazität begegnet werden. Tabelle 13.1-1 stellt für jede Periode die Nachfrage und das Angebot an Personalkapazität sowie deren Saldo dar. Zudem sind die notwendige, durch Pfeile kenntlich gemachte Vorverlagerung der Produktion, der daraus resultierende Lagerbestand und die tatsächliche Produktion wiedergegeben.

Tab. 13.1-1: *Deckung der Kapazitätsnachfrage durch Lagerproduktion*

Periode	Kapaz.-Nachfrage	Kapaz.-Angebot	Kapaz.-Überschuss/Defizit	Nutzung des Überschusses	Lagerbestand	Produktion
1	90	100	+10	10	10	100
2	110	100	−10		0	100
3	50	100	+50	10 30	40	90
4	110	100	−10		30	100
5	100	100	0		30	100
6	130	100	−30		0	100
	Σ: 590	Σ: 600				Σ: 590

Die anfallenden *Gesamtkosten* setzen sich aus den (variablen) Produktionskosten und den Lager(haltungs)kosten zusammen (letztere erhält man durch Multiplikation der zu lagernden Menge mit der Anzahl der Lagerperioden):

$$\begin{aligned}\text{Gesamtkosten} &= \text{Produktionskosten} + \text{Lagerhaltungskosten} \\ &= 590 \cdot 12 + 10 \cdot 1 + 10 \cdot 1 + 30 \cdot 3 \\ &= 7.080 + 110 \\ &= 7.190\end{aligned}$$

b) Unter Kostengesichtspunkten ist zu prüfen, ob die Restnachfrage in der zweiten, vierten und sechsten Periode (P) durch *Lagerproduktion* oder durch *Nutzung von Zusatzkapazitäten* gedeckt werden soll. Dazu werden die sich jeweils ergebenden Herstellkosten verglichen:

P2: Herstellkosten bei Zusatzkapazität in P2: $12 + 1{,}5 = 13{,}5$
Herstellkosten bei Lagerproduktion in P1: $12 + 1\ \ = 13$
⇒ Die Lagerproduktion in der Vorperiode ist günstiger.

P4: Herstellkosten bei Zusatzkapazität in P4: $12 + 1{,}5 = 13{,}5$
Herstellkosten bei Lagerproduktion in P3: $12 + 1\ \ = 13$
⇒ Die Lagerproduktion in der Vorperiode ist günstiger.

P6: Der Übersicht halber werden zunächst alle prinzipiellen Möglichkeiten aufgelistet:
Herstellkosten bei Zusatzkapazität in P6: $12 + 1,5$ $= 13,5$
Herstellkosten bei Zusatzkapazität in P5: $12 + 1,5 + 1$ $= 14,5$
Herstellkosten bei Zusatzkapazität in P4: $12 + 1,5 + 1 + 1 = 15,5$
Herstellkosten bei Normalkapazität in P3: $12 + 1 + 1 + 1$ $= 15$

$\Rightarrow$ Zur Befriedigung der Restnachfrage sollte demnach wie folgt vorgegangen werden:
zunächst Zusatzkapazität in P6 nutzen $(30 - 10 \rightarrow \text{Rest } 20)$;
dann Zusatzkapazität in P5 ausschöpfen $(20 - 10 \rightarrow \text{Rest } 10)$;
dann Normalkapazität in P3 beanspruchen $(10 - 10 \rightarrow \text{Rest } 0)$.

Den resultierenden *optimalen Produktionsplan* gibt Tabelle 13.1-2 wieder.

Tab. 13.1-2: *Deckung der Kapazitätsnachfrage durch Lagerproduktion bzw. Zusatzkapazität*

Periode	Kapaz.-Nachfrage	Kapaz.-Angebot	Deckung durch Normalkapaz.	Restnachfrage	Restkapazität	Nutzung der Restkapaz.	Lagerbestand	Produktion
1	90	100+10	90	-	10+10	10	10	100
2	110	100+10	100	10	0+10		0	100
3	50	100+10	50	-	50+10	10 10	20	70
4	110	100+10	100	10	0+10		10	100
5	100	100+10	100	-	0+10	10	20	110
6	130	100+10	100	30	0+10	10	0	110

Die anfallenden *Gesamtkosten* setzen sich wie folgt zusammen:

Gesamtkosten = Kosten aus der Nutzung der Normalkapazität
+ Kosten aus der Nutzung der Zusatzkapazität
+ Lagerhaltungskosten
= 590·12
+ (10 + 10)·1,5
+ (10 + 20 + 10 + 20)·1
= 590·12 + 20·1,5 + 60·1
= 7.170

c) Der *erzielbare Absatzpreis* muss höher als die durchschnittlichen Stückkosten sein. Letztere ergeben sich durch Division der Gesamtkosten durch die Produktionsmenge:

7.170/590 = 12,15

Demnach muss der Absatzpreis 12,15 GE übersteigen.

Ü 13.2 Nettobedarfsermittlung (vgl. /GT 03/, S. 185f.)

Gegeben sei nachstehender Gozinto-Graph:

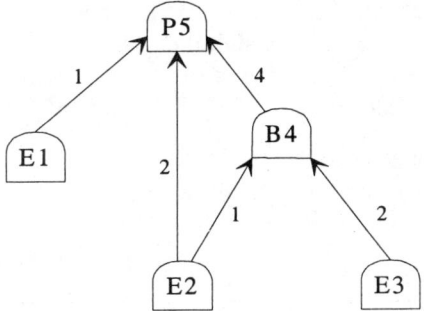

Für E1, E2 und P5 liegen Primärbedarfe vor, und zwar in folgender Höhe:

Periode	1	2	3	4	5	6	7	8	9	10
P5			300			330		250		310
E3		100		420				600		
E1				10		10			10	

Zu Beginn der ersten Periode ist vom Endprodukt P5 ein Bestand von 60 QE verfügbar; zudem liegen 700 QE von E1, 900 QE von E2, 500 QE von E3 und 990 QE von B4 vor. Ermitteln Sie die Nettobedarfe (unter Vernachlässigung eigentlich zu beachtender Produktionszeiten und Losgrößenrestriktionen)!

Lösung:

Die Ermittlung der Nettobedarfe erfolgt *sukzessiv* zunächst für das Endprodukt (Dispositionsstufe 0), darauf aufbauend für die Baugruppe B4 sowie das Einzelteil E1 (Dispositionsstufe 1) und schließlich für E2 und E3 (Dispositionsstufe 2). Dabei kann folgendes *allgemeines Schema* zu Grunde gelegt werden:

> Primärbedarf
> + Sekundärbedarf
> = Bruttobedarf
>
> physischer Lagerbestand
> – Sicherheitsbestand
> = disponibler Bestand

Nettobedarf (= Bruttobedarf – disponibler Bestand)

(Hinweis: Es ergibt sich nur dann ein Nettobedarf, wenn der Saldo aus Bruttobedarf und disponiblem Bestand > 0 ist. Ein Saldo ≤ 0 fließt vom Betrag her in den physischen Lagerbestand der nächsten Periode ein.)

Das Schema lässt sich für die betrachtete Aufgabe insofern vereinfachen, als kein Sicherheitsbestand zu berücksichtigen ist. Dementsprechend ist in den Tabellen 13.2-1 bis 13.2-5, aus denen die zu ermittelnden Nettobedarfe hervorgehen, jeweils nur der *physische* Lagerbestand aufgeführt.

Tab. 13.2-1: *Nettobedarf für Endprodukt P5*

P5	1	2	3	4	5	6	7	8	9	10
Primärbedarf	-	-	300	-	-	330	-	250	-	310
− physischer Lagerbestand	60	60	60	-	-	-	-	-	-	-
= Nettobedarf	-	-	240	-	-	330	-	250	-	310

Tab. 13.2-2: *Nettobedarf für Baugruppe B4*

B4	1	2	3	4	5	6	7	8	9	10
Sekundärbedarf für P5	-	-	960	-	-	1.320	-	1.000	-	1.240
− physischer Lagerbestand	990	990	990	30	30	30	-	-	-	-
= Nettobedarf	-	-	-	-	-	1.290	-	1.000	-	1.240

Tab. 13.2-3: *Nettobedarf für Einzelteil E1*

E1	1	2	3	4	5	6	7	8	9	10
Primärbedarf	-	-	-	10	-	10	-	-	10	-
+ Sekundärbedarf für P5	-	-	240	-	-	330	-	250	-	310
= Bruttobedarf	-	-	240	10	-	340	-	250	10	310
− physischer Lagerbestand	700	700	700	460	450	450	110	110	-	-
= Nettobedarf	-	-	-	-	-	-	-	140	10	310

Tab. 13.2-4: *Nettobedarf für Einzelteil E2*

E2	1	2	3	4	5	6	7	8	9	10
Sekundärbedarf für P5	-	-	480	-	-	660	-	500	-	620
+ Sekundärbedarf für B4	-	-	-	-	-	1.290	-	1.000	-	1.240
= Bruttobedarf	-	-	480	-	-	1.950	-	1.500	-	1.860
– physischer Lagerbestand	900	900	900	420	420	420	-	-	-	-
= Nettobedarf	-	-	-	-	-	1.530	-	1.500	-	1.860

Tab. 13.2-5: *Nettobedarf für Einzelteil E3*

E3	1	2	3	4	5	6	7	8	9	10
Primärbedarf	-	100	-	420	-	-	-	600	-	-
+ Sekundärbedarf für B4	-	-	-	-	-	2.580	-	2.000	-	2.480
= Bruttobedarf	-	100	-	420	-	2.580	-	2.600	-	2.480
– Lagerbestand	500	500	400	400	-	-	-	-	-	-
= Nettobedarf	-	-	-	20	-	2.580	-	2.600	-	2.480

(Hinweis: Aus didaktischen Gründen waren gemäß Aufgabentext weder Produktionszeiten noch Losgrößenrestriktionen zu berücksichtigen. Dies entspricht einer so genannten Vorlaufverschiebung von Null und einer als 'Los für Los' bezeichneten Los(größen)politik. Die Nettobedarfe stimmen dadurch mit den Betriebsaufträgen überein. Die explizite Berücksichtigung unterschiedlicher Vorlaufzeitverschiebungen und Losgrößenpolitiken erfolgt in den nachstehenden Übungsaufgaben.)

Ü 13.3 Terminierte Bedarfsermittlung auf Basis des Dispositionsstufenverfahrens

Eine Unternehmung der Möbelindustrie stellt einen Schreibtisch mit folgender Fertigungsstruktur her: Auf der ersten Fertigungsstufe wird der Schreibtisch aus einer Platte und je einem Gestell und einem Unterschrank montiert. Auf einer vorgelagerten Stufe wird der Unterschrank aus einer Rückwand, je zwei Seitenwänden und Böden sowie drei Schubladen zusammengesetzt. Platte und Gestell des Schreibtischs werden fremdbezogen, die Schubladen ebenfalls, sodass deren Teilefertigung nicht mehr betrachtet werden muss. Der folgenden Tabelle kann der Primärbedarf an Schreibtischen entnommen werden. Für die anderen Teile liegt kein Primärbedarf vor.

Woche	1	2	3	4	5	6	7
Primärbedarf	–	–	–	200	300	500	400

Zu Beginn der ersten Woche liegen 250 Schreibtische, 80 Platten und 60 Unterschränke auf Lager. Von Gestellen, Rückwänden, Seitenwänden, Böden und Schubladen sind keine Lagerbestände vorhanden. Die Durchlaufzeit eines Schreibtischs beträgt 1 Woche, ebenso wie die von Unterschränken, Rückwänden, Seitenwänden und Böden. Platten haben eine Lieferzeit von 2 Wochen, Gestelle von 3 Wochen und Schubladen von 2 Wochen.

Die Schreibtische werden 'Los für Los' gefertigt, analog die Gestelle geliefert. Die Platten können jeweils nur in Richtlosgrößen von 100 Stück oder einem Mehrfachen davon bezogen werden. Unterschränke werden 'Los für Los' gefertigt, falls die resultierende Losgröße mindestens 300 Stück beträgt; ist dagegen der Nettobedarf kleiner als 300, so soll der Bedarf der nächsten Woche mitproduziert werden; ist der Bedarf beider Wochen immer noch kleiner als 300, wird auch der Bedarf der übernächsten Woche mitproduziert usw. Die übrigen Objektarten werden 'Los für Los' gefertigt.

Ermitteln Sie den terminierten Materialbedarf!

Lösung:

Um einen besseren Überblick zu gewinnen, bietet es sich an, den *Erzeugniszusammenhang* zwischen Endprodukt, Baugruppen und Einzelteilen grafisch darzustellen. Bild 13.3-1 verdeutlicht diesen Zusammenhang.

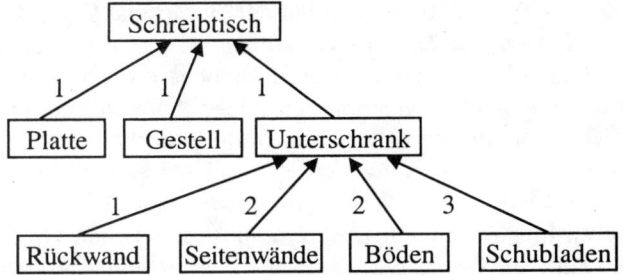

Bild 13.3-1: *Erzeugniszusammenhang der Schreibtischfertigung*

Die Ermittlung des terminierten Materialbedarfs aller Objektarten erfolgt gemäss des *Dispositionsstufenverfahrens* in drei Schritten:

- Ermittlung des Nettobedarfs
- Bestimmung der Losgrößen
- Ermittlung der Betriebsaufträge.

Eine Aufgliederung der Schritte (vgl. Ü 13.2) führt zu folgendem Schema:

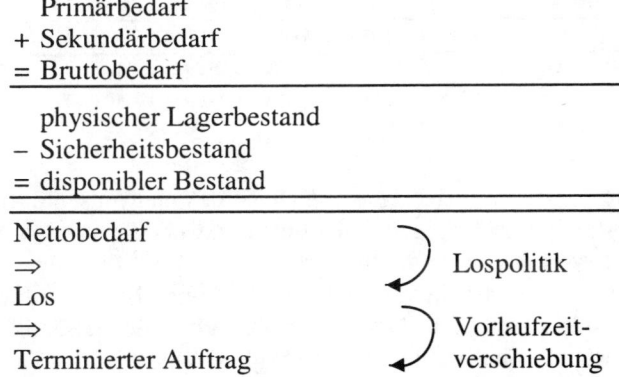

Auf Basis dieses Schemas geben die Tabellen 13.3-1 bis 13.3-7 die Ableitung des *terminierten Materialbedarfs* (= der Betriebsaufträge) für alle Objektarten wieder.

Tab. 13.3-1: *Terminierte Bedarfsermittlung für den Schreibtisch*

Schreibtisch	1	2	3	4	5	6	7
Primärbedarf	-	-	-	200	300	500	400
Lagerbestand	250	250	250	250	50	-	-
Nettobedarf	-	-	-	-	250	500	400
Fertigungslos	-	-	-	-	250	500	400
Betriebsauftrag	-	-	-	250	500	400	-

Wie aus Tabelle 13.3-1 ersichtlich, sind bei der zu Grunde liegenden Losgrößenpolitik *'Fertigung Los für Los'* die Losgrößen identisch mit den jeweiligen Nettobedarfen. Beispielsweise muss in der 5. Woche ein Los von 250 Stück vorliegen. Bei *einer Woche Produktionszeit* (siehe Aufgabenstellung) bedeutet dies, dass die entsprechenden Betriebsaufträge jeweils 1 Woche früher zu terminieren sind.

Auch die weiteren hier relevanten *Losgrößenpolitiken* sollen kurz kommentiert werden. So sind auf Grund der für die Plattenfertigung geltenden Richtlosgröße von 100 Stück oder einem Mehrfachen davon nur durch 100 teilbare Losgrößen zulässig. Daher umfasst in Tabelle 13.3-2 die Losgröße der Periode 4 nicht die eigentlich benötigten 170 Stück, sondern 200 Stück. Die der Tabelle 13.3-4 zu entnehmende Losgröße von 690 Stück für Periode 4 setzt sich aus den Nettobedarfen der Perioden 4 und 5 zusammen, da laut Aufgabenstellung die Losgröße mindestens 300 Stück betragen muss.

Tab. 13.3-2: *Terminierte Bedarfsermittlung für die Platte*

Platte	1	2	3	4	5	6	7
Sekundärbedarf	-	-	-	250	500	400	-
Lagerbestand	80	80	80	80	-	-	-
Nettobedarf	-	-	-	170	500	400	-
Fertigungslos	-	-	-	200	500	400	-
Betriebsauftrag	-	200	500	400	-	-	-

An Hand der Tabelle 13.3-2 lässt sich eine *Schwäche* des hier präsentierten – und auch in der sonstigen einschlägigen Literatur vorzufindenden – Schemas des Dispositionsstufenverfahrens verdeutlichen. So entspricht der angegebene Lagerbestand lediglich dem (fiktiven) Bestand vor jeglicher Losbildung. Durch die Richtlosgröße ergibt sich dagegen ab Periode 5 ein tatsächlicher planmäßiger Lagerbestand von 30 Stück. Diesbezüglich müsste in der Tabelle eigentlich differenziert werden zwischen einem *Lagerbestand ohne Losbildung* und einem *Lagerbestand nach Losbildung* (vgl. diesbezüglich auch /ZÄ 01/, S. 126ff., sowie Ü 13.4).

Die im Zusammenhang mit Richtlosgrößen auftretende Problematik bleibt in Bezug auf die Daten aus Tabelle 13.3-2 nur zufällig ohne Auswirkungen. Betrüge der Sekundärbedarf in Periode 5 z.B. 510 Einheiten, so würde sich auf Basis des fiktiven Bestands von 0 Stück ein Fertigungslos von 600 Einheiten ergeben. Unter Berücksichtigung des tatsächlichen Lagerbestands von 30 Stück ist dagegen ein Los von 500 Einheiten ausreichend (bei einem daraus resultierenden tatsächlichen Lagerbestand von 20 Stück in Periode 6).

Tab. 13.3-3: *Terminierte Bedarfsermittlung für das Gestell*

Gestell	1	2	3	4	5	6	7
Sekundärbedarf	-	-	-	250	500	400	-
Lagerbestand	-	-	-	-	-	-	-
Nettobedarf	-	-	-	250	500	400	-
Fertigungslos	-	-	-	250	500	400	-
Betriebsauftrag	250	500	400	-	-	-	-

Tab. 13.3-4: *Terminierte Bedarfsermittlung für den Unterschrank*

Unterschrank	1	2	3	4	5	6	7
Sekundärbedarf	-	-	-	250	500	400	-
Lagerbestand	60	60	60	60	-	-	-
Nettobedarf	-	-	-	190	500	400	-
Fertigungslos	-	-	-	690	-	400	-
Betriebsauftrag	-	-	690	-	400	-	-

Tab. 13.3-5: *Terminierte Bedarfsermittlung für die Rückwand*

Rückwand	1	2	3	4	5	6	7
Sekundärbedarf	-	-	690	-	400	-	-
Lagerbestand	-	-	-	-	-	-	-
Nettobedarf	-	-	690	-	400	-	-
Fertigungslos	-	-	690	-	400	-	-
Betriebsauftrag	-	690	-	400	-	-	-

Tab. 13.3-6: *Terminierte Bedarfsermittlung für die Seitenwände bzw. die Böden*

Seitenwände/Böden	1	2	3	4	5	6	7
Sekundärbedarf	-	-	1.380	-	800	-	-
Lagerbestand	-	-	-	-	-	-	-
Nettobedarf	-	-	1.380	-	800	-	-
Fertigungslos	-	-	1.380	-	800	-	-
Betriebsauftrag	-	1.380	-	800	-	-	-

(Hinweis: Die Betriebsaufträge für Seitenwände und Böden sind nur deshalb identisch, weil der Erzeugniszusammenhang, der Sekundärbedarf, die Lospolitik, der Lagerbestand und die Vorlaufzeitverschiebung für beide Objektarten übereinstimmen.)

Tab. 13.3-7: *Terminierte Bedarfsermittlung für die Schubladen*

Schubladen	1	2	3	4	5	6	7
Sekundärbedarf	-	-	2.070	-	1.200	-	-
Lagerbestand	-	-	-	-	-	-	-
Nettobedarf	-	-	2.070	-	1.200	-	-
Fertigungslos	-	-	2.070	-	1.200	-	-
Betriebsauftrag	2.070	-	1.200	-	-	-	-

Ü 13.4 Erweiterte terminierte Faktorbedarfsermittlung

Gegeben sei der folgende Erzeugniszusammenhang mit Sicherheitsbeständen σ_k und Durchlaufzeiten τ_k:

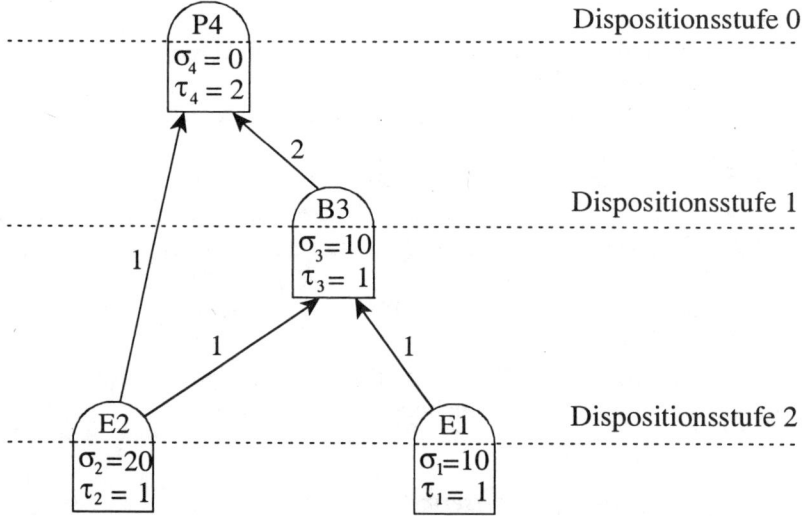

Als Anfangslagerbestände und Primärbedarfe sind zu berücksichtigen:

Objekt- art k	Anfangslager- bestand s_{k0}	Primärbedarf y_{kt} der Teilperiode t						
		1	2	3	4	5	6	7
P4	170	75	55	40	50	50	30	70
B3	150	–	–	20	10	10	–	–
E2	300	–	–	20	–	–	–	–
E1	100	–	10	–	–	–	–	–

Führen Sie für die nachstehend beschriebenen Fälle ein Dispositionsstufenverfahren durch:

a) P4 und B3 werden 'Los für Los' gefertigt; E1 und E2 werden jeweils in einer Richtlosgröße von 200 QE hergestellt!

b) P4 wird in einer Richtlosgröße von 150 Stück aufgelegt, zugleich geht ein offener Betriebsauftrag von 120 Stück von E1 zu Beginn der ersten Periode ein; B3, E1 und E2 werden jeweils 'Los für Los' gefertigt!

Lösung:

Bereits in Ü 13.3 wurde die bei Richtlosgrößen auftretende Problematik der Lagerbestandsermittlung nach dem üblichen Schema des Dispositionsstufenverfahrens erörtert. Diesbezüglich wird i.f. – falls notwendig – differenziert zwischen dem verfügbaren *Bestand ohne Losbildung* und dem jeweils nach Losbildung und Nettobedarfsermittlung *tatsächlich verfügbaren Bestand*. Letztgenannter errechnet sich nach folgendem Schema:

    tatsächlich verfügbarer Bestand der Vorperiode

+ in der betrachteten Periode fertiggestellte Betriebsaufträge aus den Vorperioden

− Bruttobedarf der betrachteten Periode

= tatsächlich verfügbarer Bestand der betrachteten Periode

a) Den Tabellen 10.4-1 bis 10.4-4 ist zu entnehmen, wie sich die *Betriebsaufträge* für die 4 Objektarten errechnen.

Tab. 13.4-1: *Terminierte Bedarfsermittlung für P4*

P4	1	2	3	4	5	6	7
Primärbedarf	75	55	40	50	50	30	70
Lagerbestand	170	95	40	-	-	-	-
Nettobedarf	-	-	-	50	50	30	70
Fertigungslos	-	-	-	50	50	30	70
Betriebsauftrag	-	50	50	30	70	-	-

Tab. 13.4-2: *Terminierte Bedarfsermittlung für B3*

B3	1	2	3	4	5	6	7
Primärbedarf	-	-	20	10	10	-	-
+ Sek.-Bedarf für P4	-	100	100	60	140	-	-
= Bruttobedarf	-	100	120	70	150	-	-
Lagerbestand	150	150	50	10	10	10	10
− Sicherheitsbestand	10	10	10	10	10	10	10
= verfügbarer Bestand	140	140	40	-	-	-	-
Nettobedarf	-	-	80	70	150	-	-
Fertigungslos	-	-	80	70	150	-	-
Betriebsauftrag	-	80	70	150	-	-	-

Tab. 13.4-3: *Terminierte Bedarfsermittlung für E2*

E2	1	2	3	4	5	6	7
Primärbedarf	-	-	20	-	-	-	-
+ Sek.-Bedarf für P4	-	50	50	30	70	-	-
+ Sek.-Bedarf für B3	-	80	70	150	-	-	-
= Bruttobedarf	-	130	140	180	70	-	-
Lagerbestand	300	300	170	30	20	20	20
− Sicherheitsbestand	20	20	20	20	20	20	20
= verfügbarer Bestand ohne Losbildung	280	280	150	10	-	-	-
Nettobedarf	-	-	-	170	70	-	-
Fertigungslos	-	-	-	200	200	-	-
Betriebsauftrag	-	-	200	200	-	-	-
tatsächlich verfügbarer Bestand	280	150	10	30	160	160	160

Tab. 13.4-4: *Terminierte Bedarfsermittlung für E1*

E1	1	2	3	4	5	6	7
Primärbedarf	-	10	-	-	-	-	-
+ Sek.-Bedarf für B3	-	80	70	150	-	-	-
= Bruttobedarf	-	90	70	150	-	-	-
Lagerbestand	100	100	10	10	10	10	10
− Sicherheitsbestand	10	10	10	10	10	10	10
= verfügbarer Bestand ohne Losbildung	90	90	-	-	-	-	-
Nettobedarf	-	-	70	150	-	-	-
Fertigungslos	-	-	200	200	-	-	-
Betriebsauftrag	-	200	200	-	-	-	-
tatsächlich verfügbarer Bestand	90	-	130	180	180	180	180

b) Neben veränderten Losgrößenpolitiken, denen in den Tabellen 13.4-5 bis 13.4-8 Rechnung getragen wird, ist der Eingang eines *offenen Betriebsauftrags* für E1 zu berücksichtigen. Demgemäß erhöht sich in Tabelle 13.4-8 der in Periode 1 verfügbare Lagerbestand um 120 Stück.

Tab. 13.4-5: *Terminierte Bedarfsermittlung für P4*

P4	1	2	3	4	5	6	7
Primärbedarf	75	55	40	50	50	30	70
verfügbarer Bestand ohne Losbildung	170	95	40	-	-	-	-
Nettobedarf	-	-	-	50	50	30	70
Fertigungslos	-	-	-	150	-	-	150
Betriebsauftrag	-	150	-	-	150	-	
tatsächlich verfügbarer Bestand	95	40	-	100	50	20	100

Tab. 13.4-6: *Terminierte Bedarfsermittlung für B3*

B3	1	2	3	4	5	6	7
Primärbedarf	-	-	20	10	10	-	-
+ Sek.-Bedarf für P4	-	300	-	-	300	-	-
= Bruttobedarf	-	300	20	10	310	-	-
Lagerbestand	150	150	10	10	10	10	10
– Sicherheitsbestand	10	10	10	10	10	10	10
= verfügbarer Bestand	140	140	-	-	-	-	-
Nettobedarf	-	160	20	10	310	-	-
Fertigungslos	-	160	20	10	310	-	-
Betriebsauftrag	160	20	10	310	-	-	-

Tab. 13.4-7: *Terminierte Bedarfsermittlung für E2*

E2	1	2	3	4	5	6	7
Primärbedarf	-	-	20	-	-	-	-
+ Sek.-Bedarf für P4	-	150	-	-	150	-	-
+ Sek.-Bedarf für B3	160	20	10	310	-	-	-
= Bruttobedarf	160	170	30	310	150	-	-
Lagerbestand	300	140	20	20	20	20	20
– Sicherheitsbestand	20	20	20	20	20	20	20
= verfügbarer Bestand	280	120	-	-	-	-	-
Nettobedarf	-	50	30	310	150	-	-
Fertigungslos	-	50	30	310	150	-	-
Betriebsauftrag	50	30	310	150	-	-	-

Tab. 13.4-8: *Terminierte Bedarfsermittlung für E1*

E1	1	2	3	4	5	6	7
Primärbedarf	-	10	-	-	-	-	-
+ Sek.-Bedarf für B3	160	20	10	310	-	-	-
= Bruttobedarf	160	30	10	310	-	-	-
Lagerbestand	100	60	30	20	10	10	10
+ eingehender Betriebsauftrag	120	-	-	-	-	-	-
– Sicherheitsbestand	10	10	10	10	10	10	10
= verfügbarer Bestand	210	50	20	10	-	-	-
Nettobedarf	-	-	-	300	-	-	-
Fertigungslos	-	-	-	300	-	-	-
Betriebsauftrag	-	-	300	-	-	-	-

Literaturverzeichnis

/BA 79/   Backhaus, K.: Fertigungsprogrammplanung, Stuttgart 1979.

/DR 02/   Dinkelbach, W./Rosenberg, O.: Erfolgs- und umweltorientierte Produktionstheorie, 4. Aufl., Berlin et al. 2002.

/DY 03/   Dyckhoff, H.: Grundzüge der Produktionswirtschaft – Einführung in die Theorie betrieblicher Wertschöpfung, 4. Aufl., Berlin et al. 2003.

/GT 03/   Günther, H.-O./Tempelmeier, H.: Produktion und Logistik, 5. Aufl., Berlin et al. 2002.

/PR 02/   Plinke, W./Rese, M.: Industrielle Kostenrechnung – Eine Einführung, 6. Auflage, Berlin et al. 2002.

/ZÄ 01/   Zäpfel, G.: Grundzüge des Produktions- und Logistikmanagement, 2. Aufl., München/Wien 2001.

Symbolverzeichnis

a	Input- oder Produktionskoeffizient	w	Erfolg, Wert(-schöpfung), Nutzen
$\mathbf{A}$	(Direkt-)Bedarfsmatrix	x	Primär- oder Systeminput, Fremdbezug
b	Outputkoeffizient		
c	spezifische Primärkosten, Einkaufspreis	y	Primär- oder Systemoutput, Primärbedarf
d	spezifischer Deckungs- oder Erfolgsbeitrag	z	Netto-Output, Nettoprimärbedarf
D	Deckungsbeitrag	$\mathbf{Z}$	Produktionsmöglichkeitenmenge, Produktionsraum
D'	Grenzdeckungsbeitrag		
e	spezifischer Erlös, Absatzpreis	α	Lagerzugangsrate bzw. sonstige Parameter
f	spezifischer Lagerbedarf	β	Lagerabgangsrate bzw. sonstige Parameter
F	Lagerfläche		
G	Gewinn	ε	Elastizität
$\mathbf{G}$	Gesamtbedarfsmatrix	κ	Zahl beachteter Objektarten
h	Stunde	λ	Aktivitätsniveau, -dauer
i	Inputart	μ	Schattenpreis
j	Outputart	π	Zahl der Grundaktivitäten
k	Objektart bzw. spezifische Kosten, Stückkosten	ρ	Prozess, Grundaktivität bzw. Intensität bzw. Produktionszeit
k'	Grenzstückkosten		
K	Kosten	σ	Sicherheitsbestand bzw. Absatzzeit
K'	Grenzkosten		
L	Leistung, Umsatz, Erlös	τ	Dauer eines Zeitintervalls, Durchlaufzeit
L'	Grenzleistung		
m	Zahl der Inputarten		
$\mathbf{M}$	Technikmatrix	$\mathcal{L}$	Lagrange-Funktion
n	Zahl der Outputarten	$\ln$	natürlicher Logarithmus
P	Periode	$\mathbb{N}$	Menge der natürlichen Zahlen
p	Preis		
q	Losgröße	$\mathbb{R}$	Menge der reellen Zahlen
r	Durchsatz	∞	unendlich
$\mathbf{R}$	Restriktionsfeld	FE	Faktoreinheit
s	(Lager-)Bestand	GE	Geld-, Werteinheit
t	Zeitpunkt, Zykluslänge, Periode	PE	Produkteinheit
		QE	Quantitäts-, Mengeneinheit
$\mathbf{T}$	Technik(menge)	ZE	Zeiteinheit
u	Prozessoutput, Eigenproduktion	$\gg, \ll$	Dominanzrelationen
v	Prozessinput, Sekundärbedarf	$\succ, \prec$	Präferenzrelationen